本书为河北省社会科学基金项目（HB17LS006）的研究成果之一
教育部人文社会科学重点研究基地建设经费资助
河北大学历史学强势特色学科建设经费资助
河北大学中国史学科"双一流"建设经费资助

杨辉算书及其经济数学思想研究

吕变庭／著

科学出版社
北京

内 容 简 介

杨辉算书包括的《详解九章算法》（1261 年）、《日用算法》（1262 年）、《乘除通变算宝》（1274 年）、《续古摘奇算法》（1275 年）、《田亩比类乘除捷法》（1275 年）是中国古代数学高峰时期的重要标志之一，对元明清数学的发展产生了重要影响。杨辉注重算题的典型性和趣味性，注重选择与生活实际和社会现实联系比较密切的问题，他在"算无定法，惟理是用"的原则指导下，主要围绕着实际问题而进行算法提炼和方法构造，并在此基础上形成了具有中国特色的古代经济数学思想体系。

本书可供历史、数学、科技类等领域的专业人员阅读参考。

图书在版编目（CIP）数据

杨辉算书及其经济数学思想研究 / 吕变庭著.–北京：科学出版社，2017.6
ISBN 978-7-03-053467-5

Ⅰ.①杨⋯　Ⅱ.①吕⋯　Ⅲ.①古典数学-中国-南宋 ②杨辉-数学-思想方法-研究
Ⅳ.①O112 ②O1-0

中国版本图书馆 CIP 数据核字（2017）第 136628 号

责任编辑：陈 亮 杨 静 穆 俊 / 责任校对：李 影
责任印制：徐晓晨 / 封面设计：黄华斌
编辑部电话：010-64011837
E-mail: yangjing@mail.sciencep.com

科 学 出 版 社 出版
北京东黄城根北街 16 号
邮政编码：100717
http://www.sciencep.com
北京凌奇印刷有限责任公司 印刷
科学出版社发行　各地新华书店经销
*

2017 年 6 月第 一 版　开本：787×1092　1/16
2021 年 1 月第三次印刷　印张：15 1/4
字数：320 000
定价：118.00 元
（如有印装质量问题，我社负责调换）

目录

第一章　绪　　论

宋代是一个承前启后的变革时代，尽管宋代的疆域被分割为几个部分，如北宋、辽、夏以及南宋、金、夏，先后鼎足而立，各自为政，但这并不影响宋朝在科学技术方面出现空前的繁荣与"大一统"局面。例如，沈括的《梦溪笔谈》可谓海纳百川，就其所含内容的广泛性而言，前及南北朝，后跨辽、夏，像"中国衣冠，自北齐以来，乃全用胡服"①，"外国之声，前世自别为四夷乐。自唐天宝十三载（754 年），始诏法曲与胡部合奏，自此乐奏全失古法。以先王之乐为'雅乐'，前世新声为'清乐'，合胡部者为'宴乐'"②，又"幽州僧行均，集佛书中字，为切韵训诂，凡十六万字，分四卷，号《龙龛手镜》，燕僧智光为之序，甚有词辩。契丹重熙二年（1033 年）集。契丹书禁甚严，传入中国者法皆死。熙宁中有人自虏中得之，入傅钦之家。蒲传正帅浙西，取以镂版。其序末旧云：'重熙二年五月序。'蒲公削去之。观其字音韵次序，皆有理法，后世殆不以其为燕人也"③ 等等，这些记载表明，中国古代科学技术经过隋、唐和五代 380 年的积累和发展，入宋以后，科学技术的综合已经成为新时期历史发展的必然趋势。仅就《九章算术》而言，自汉代张苍、耿寿昌等编纂《九章算术》以来，历代研究和注释者不绝，并被推为"算经之首"。例如，三国魏景元四年（263年），刘徽注《九章算术》九卷不仅是现存最早的注本，而且使中国的算学达到高峰，"成为途径方法大不相同而东西辉映的两大数学体系，欧几里得和刘徽则成为古代东西方两大数学代表人物"④。唐代李淳风注虽然成就不及刘徽，但是李注与刘注不同，后者仅仅是一种个人行为，而前者却是一种国家行为，据《新唐书·李淳风传》称，李淳风"奉诏与算经博士梁述、助教王真儒等是正《五曹》《孙子》等书，刊定注解，立于学官"⑤。而对于这《十部算经》在唐代的刊刻，《唐会要》载："永隆元年（650 年）十二月，太史李淳风注释《五曹》《孙子》等十部算经，分为二十卷"⑥，又"显庆元年（656 年）十二月十九日，尚书左仆射

---

① （宋）沈括著，侯真平校点：《梦溪笔谈》卷 1《故事一》，长沙：岳麓书社，1998 年，第 3 页。
② （宋）沈括著，侯真平校点：《梦溪笔谈》卷 5《乐律一》，长沙：岳麓书社，1998 年，第 39 页。
③ （宋）沈括著，侯真平校点：《梦溪笔谈》卷 15《艺文二》，长沙：岳麓书社，1998 年，第 127 页。
④ 《〈九章算术〉推出法文版》引吴文俊院士语，《科学时报》2005 年 8 月 4 日。
⑤ 《新唐书》卷 204《李淳风传》，北京：中华书局，1987 年，第 5798 页。
⑥ （宋）王溥撰：《唐会要》卷 36《修撰》，上海：上海古籍出版社，2006 年，第 766 页。

于志宁奏置，令习李淳风等注释《五曹》《孙子》等十部算经，为分二十卷行用"①。在这里，"行用"与"立于学官"是一个意思，即把《九章算术》纳入国家的官学系列，成为明算科的教材，此举意义重大，确为两宋代数学的超常发展奠定了坚实的理论基础。

与宋元的其他数学家相比，杨辉算学著作的主要内容不仅流传了下来，代代有人研究和发展，而且《杨辉算法》在14世纪传入朝鲜、日本等国家，对亚洲乃至欧洲数学的发展作出了巨大的历史贡献。

有鉴于此，笔者有必要从以下两个方面，试就国内外学界研究杨辉算书及其科学思想的历史状况略作阐述。

一、国外学界对杨辉数学著作及其数学思想的研究

（1）日本。由中国传入日本的几本数学书，尤以《杨辉算法》《算学启蒙》《算法统宗》的影响最为巨大。例如，被誉为"日本数学之父"的关孝和从《杨辉算法》中得到了"剪管术"的名称和问题形式，并结合自己发明的剩一术，再通过引入逐约和互约概念，进一步完善了"剪管术"。同时，他还从《杨辉算法》中类似于"霍纳法"的解方程方法中受到启发，从而提出了分别相当于霍纳法和牛顿逼近法的两种解方程方法。后来，经过石黑高树（亦称石黑信由）（1760—1836年）和三上义夫（1875—1950年）发扬光大，尤其是三上义夫对中算史的研究成就深刻影响了我国中算史的奠基者李俨和钱宝琮等人。1913年，三上义夫的代表作《中国和日本的数学发展》在欧洲出版，这是第一部用英语向西方世界系统介绍中国和日本古代数学的专著，全书共21章，其中该书的第13章专论杨辉。在三上义夫的影响下，日本学界涌现出了一批专心致力于研究中算史（包括杨辉数学思想研究）的学者，成绩斐然。例如，藤原著《宋元明数学の史料》（1944年）、薮内清著《宋末の数耷者杨辉てぃつに蒙启擎》（1956年）及《宋元时代の科学技术史》（1967年）、阿部楽方著《杨辉算法の方阵》（1976年）、川原秀城著《中国の数学》（1987年）、城地茂著《杨辉算法伝说再考》（2003年）及《中田高宽写·石黑信由藏〈杨辉算法〉について》（2004年）等。虽然学界对个别日本学者研究中算史的学术动机存有疑问，但就杨辉这个人物个案来说，日本学界确实取得了令世界震惊的成绩，并为我国学者开始利用近现代数学概念对中国数学史进行研究和整理，奠定了比较坚实的理论基础。

（2）朝鲜。据李俨先生考证，《九章算法》《算学启蒙》及《杨辉算学》三书于宋、元、明时传入朝鲜，之后李氏王朝加以复刻，遂成为其选仕（算官）的基本书籍。从时间看，《杨辉算法》传入朝鲜的时间（1143年）早于传入日本的时间（1660年），然而朝鲜学界对《杨

---

① （宋）王溥撰：《唐会要》卷66《广文馆》，上海：上海古籍出版社，2006年，第1163页。

辉算法》的研究成就在整体上显然稍弱于日本。众所周知，在朝鲜学界，研究《杨辉算法》的学者主要有金始振（1582—1667 年）、任濬（1605—1675 年）、庆善徵（1616—? ）、崔锡鼎（1645—1715 年）、黄胤锡（1729—1791 年）等，其中庆善徵在吸收和消化《杨辉算法》《算学启蒙》《算法统宗》等中算内容的前提下，撰写了具有东算（朝鲜算学）特色的《莫思集算法》，对 17—18 世纪的东算发展产生了深远影响。而作为"儒家名算法者"的崔锡鼎（1645—1715 年）则将《摘奇算法》（即《杨辉算法》）、《算学启蒙》等中算著作加以形而上的"儒学"解释，遂撰成《九数略》一书。在《九数略》里，杨辉的"纵横图"变成了崔锡鼎的"魔方阵"，崔锡鼎用儒学的阴阳、三才、八卦、纲常伦理等核心概念去比附杨辉著作的数学思想和内容，出现了杨辉数学思想被儒化的倾向。例如，他在评价杨辉的"连环图"时说："此乃易象八范数九，错综变化之数，河洛生成之数、化裁通变之妙，至此而无以复加矣。"将"数学"儒学化和神秘化，实际上就走上了欧洲数学神侣化的进路。因此，金容云认为，崔锡鼎的《九数略》堪与欧洲僧侣波依修斯（480—525 年）的数学著作相媲美。从长远的观点看，这种把数学儒学化和神秘化的研究进路，极大地妨碍了数学研究向更高的层次和水平提升与发展，因为它使数学研究失去了相对独立的个性，更背离了杨辉数学思想的本质。

（3）欧美。美国李约瑟研究所设法从中国获得了李俨 1917 年校勘本的日本三上义夫《杨辉算书》抄本的副本（即 microfilm，微型胶片），这也成为李约瑟研究杨辉数学思想的第一手史料。1959 年，李约瑟撰著的《中国科学技术史》第三卷《数学、天文学和地学》由剑桥大学出版社出版。在该著中，李约瑟虽然片面地认为"中国古代数学没有形式逻辑，尤其没有演绎逻辑"，但面对《杨辉算法》中的数学成就，他还是不得不承认杨辉有演绎推理的倾向。为了向西方世界推介《杨辉算法》这部中算巨著，新加坡学者蓝丽蓉将李俨刊的微缩《杨辉算法》于 1977 年左右全部译成英文。为此，李约瑟在 1979 年专门撰写了书评，对蓝丽蓉的研究工作给予了积极肯定和高度评价。现在西方关注中算的学者越来越多，并正在形成一个比较庞大的研究群体，诸如美国纽约的 J. 道本，英国剑桥的古克礼（C. Cullen），法国巴黎的马若安、林力娜、詹嘉玲与新秀白安雅，俄罗斯的 Volkov 等，都对宋元数学有比较深入的研究，其中杨辉数学思想也是他们经常讨论的话题。

二、国内学界对杨辉数学著作及其数学思想的研究

1. 中国大陆学者对杨辉数学著作及其数学思想的研究

1912 年，李俨先生从清抄本《诸家算法》（自宋、元时期的数学著作内容辑录而成的算法汇编）中得到属于《永乐大典》系统的《杨辉算法》。不久，日本学者石黑准一郎将三上义夫《杨辉算法》的再度抄本送给李俨，1917 年李俨完成了对该抄本的校勘（现保存在中

国科学院自然科学史研究所图书馆),于是,正式开启了大陆学者研究《杨辉算法》的先河,由此日本学者薮内清称李俨是"中国数学史研究第一人"。李俨在"中国算学在世界有千余年之历史,中国国民对于中国算学之历史自然要深切详细"信念的驱使下,于 1930 年发表了《宋杨辉算数考》一文,分"书录"和"辑佚"两节,对《杨辉算法》的流传及内容作了比较全面的阐释,这是大陆学者研究杨辉的第一篇论文。接着,李俨先生又于 1937 年出版了《中国算学史》一书,这是我国出版的第一部数学全史。以此为前提,严敦杰先生于 1966年发表《宋杨辉算数考》(与李俨前揭论文同名)一文,在李俨论文的基础上增加了"杨辉的历史""杨辉书中引用的数学书"及"杨辉书中所见数学新术语"等几节内容,提出了杨辉《详解九章算法》对《九章算术》所涉及的 246 道题重新分类是一个创举和杨辉是中国古代教育家的观点,这些观点成为后来人们研究杨辉数学思想的重要指南,影响深远。

另外,燕星和熊拯生于 1955 年分别在《数学通讯》上发表《杨辉弧矢公式质疑》及《杨辉五五图浅释》两文。华罗庚先生在 1956 年出版了《从杨辉三角谈起》这部科普小册子,他以生动而流畅的语言,阐述了杨辉三角的历史和实际应用。1988 年,杭州大学的张加敏完成了硕士论文《南宋杨辉数学成就、影响及其重要意义》,用今天的眼光看,由于史料的局限,尽管该文对某些问题的研究尚不够深入,但它毕竟对杨辉的数学研究进行了比较系统的总结,有助于后人在更高层次上提升对杨辉数学思想的学术研究水准。1994 年,周瀚光和徐灵芳合作出版了《杨辉评传》一书,填补了杨辉研究的空缺,可惜该著对杨辉数学思想的研究和阐释在深度方面略显不足。

据不完全统计,目前与"杨辉三角"相关的各种论文已逾 200 篇。受严敦杰先生观点的影响,20 世纪 90 年代以来学界对杨辉教育思想的专题研究渐成气候,出现了一批水平比较高的学术论文,如张永春的《〈习学纲目〉是杨辉对数学课程论的重大贡献》(1993 年)、孔国平的《杨辉〈详解九章算法〉初探》(1993 年)、沙娜的《杨辉〈详解九章算法纂类〉研究》(1993 年)、杨燕的《南宋杨辉的数学教育思想》(1994 年)、孙宏安的《杨辉与数学教育》(1995 年)、佟建华和刘善修的《杨辉的数学教育方法》(1997 年)、邓玉文的《杨辉的数学教育思想及其现代意义》(2008 年)、肖学平的《中国传统数学教学概论》(2008 年)等。这些论文从不同侧面针对同一问题进行分析论证,它们在史料挖掘、视角切入及知识面的拓展等方面各有所长,共同促进了大陆学者对杨辉教育思想的深入研究。除了专题研究之外,中国数学通史、断代史及专题史研究也对杨辉的数学著作及其思想进行了详略不同的考校和探索。比如,在校注方面,主要有郭书春的《评宋景昌对〈详解九章算法〉的校勘》(1994年)、郭熙汉的《杨辉算法导读》(1996 年)及孙宏安译注的《杨辉算法》等;在数学通史方面,主要有钱宝琮的《中国数学史》(1964 年)、李俨和杜石然合著的《中国数学简史》(1964年)、李迪的《中国数学通史·宋元卷》(1999 年)、欧阳录的《幻方与幻立方的当代理论》

（2004 年）、田淼的《中国数学的西化历程》（2005 年）、王渝生的《中国算数史》（2006 年）、佟建华等的《中国古代数学教育史》（2007 年）、傅海伦的《中外数学史概论》（2007 年）、郭金彬和孔国平合著的《中国传统数学思想史》（2007 年）、杜石然和孔国平主编的《世界数学史》（2009 年）、郭书春等的《中国科学技术史·数学卷》（2010 年）等；在断代史和专题史方面，主要有钱宝琮主编的《宋元数学史论文集》（1966 年）、郭书春主编的《中国科学技术典籍汇编》（1993 年）、刘邦凡的《中国古代数学及其逻辑推类思想》（2006 年）、冯立昇的《中日数学关系史》（2009 年）、陈美东主编的《简明中国科学技术史话》（2009 年）、郭世荣的《中国数学典籍在朝鲜半岛的流传与影响》（2009 年）、管成学的《南宋科技史》（2010 年）等。上述这些著作从资料收集、跨学科和多专业交叉、整体把握与不同立意等角度，对杨辉的数学成就及数学思想作了较为精当的论述，这些研究者用大量事实证明杨辉的科学贡献是多方面的，他的影响广泛而深远，其科学思想内容既丰富深刻，同时又取之不尽。从这个意义上来说，杨辉思想研究还有很大的拓展空间。

2. 中国台湾地区学者对杨辉数学著作及其数学思想的研究

中国台湾地区对杨辉数学著作及思想进行成系统的专题研究，主要始于《HPM 通讯》的创刊。《HPM 通讯》创刊于 1998 年 10 月 5 日，发起人为台湾师范大学的洪万生教授。目前，在台湾地区以该刊为学术研究和思想交流平台，吸引了不少中国数学史的爱好者，并已经通过《HPM 通讯》聚集起一个渐成规模的民间研究团体，集群效应明显。如上所述，《HPM 通讯》的主旨就是“Relations between History and Pedagogy of Mathematics”（简称 HPM），即探讨“历史与数学教育两者之间的关系”，换言之，就是以推动数学史融入数学教学为职志，这是一个颇具新史学意义的研究视角，其对杨辉数学思想的研究自然也会被置于这样的学术背景之下来进行考量和测度。于是，中国台湾地区研究杨辉算法及其科学思想就具有了突出的个性特征和区域风格，当然，更加重要的是，中国台湾地区的学者由此而对杨辉的学术研究形成了一股非常具有冲击性的劲度与张力。例如，王文佩的《杨辉算书的探讨：一个 HPM 的观点》（2002 年）及《杨辉算书与 HPM——以“加因代乘三百题”为例》（2004 年）、洪万生的《杨辉算书与 HPM：以〈习算纲目〉为例》（2006 年）等，这些论文都有一个显著的共同特点，那就是它们把杨辉算书研究与现实的数学教育实践相结合，重在通过杨辉的数学教育思想来反思目前中国台湾地区数学教育的一些理念和做法，从而达到提升数学成效的目的。

第一节　宋朝的社会相貌与杨辉算书

关于杨辉算书［包括《详解九章算法》（1261 年）、《日用算法》（1262 年）、《乘除通变算宝》（1274 年）、《续古摘奇算法》（1275 年）、《田亩比类乘除捷法》（1275 年）］的创作环境，杜石然、郭书春、郭汉熙、郭金彬等已有详论。例如，郭汉熙指出，就整个宋代科学技术的发展环境来说，首先宋代商品经济有了明显发展，其次宋代发生了土地所有权的迅速转移，具体地讲，可分为如下几个方面：印刷术、火药和指南针的应用与发展；天文学、医学、生物学和建筑技术的进步；哲学、文学和史学的繁荣；宋代数学发展本身的需要；学校和书院的普及；中外经济、文化交流的日益频繁等。[①] 由于科技史论家对上述背景已经讲得很多和很到位了，笔者不想再重复。下面着重从王安石变法和宋代筹算工具的变化两个视角，拟对杨辉算书的形成条件略作阐释。

一、北宋的社会相貌与贾宪的《黄帝九章算经细草》

北宋初立，面临的社会问题比较多，像如何消除藩镇割据对宋代政治的影响；如何解决在科举制和恩荫制之下所出现的机构臃肿和人浮于事的现象；随着对辽及夏战争的逐步升级，军费开支与财政收入的矛盾变得越来越突出，越来越尖锐；为了刺激农业经济的发展，北宋推行"不立田制"和"不抑兼并"[②] 的政策，结果造成了土地高度集中的现象，而贫富不均则成为影响北宋社会稳定的一个重要因素；尤其是北宋治平年间，政府财政出现了严重的入不敷出现象，如《宋史·食货志》记载："治平二年（1065 年），内外入一亿一千六百十三万八千四百五，出一亿二千三十四万三千一百七十四，非常出者又一千一百五十二万一千二百七十八。"[③] 在此情况下，统治者必然会通过提高赋税的办法来增加国家的财政收入，以维持政府财政收支平衡。北宋的赋税"其类有五：曰公田之赋，凡田之在官，赋民耕而收其租者是也。曰民田之赋，百姓各得专之者是也。曰城郭之赋，宅税、地税之类是也。曰丁口之赋，百姓岁输身丁钱米是也。曰杂变之赋，牛革、蚕盐之类，随其所出，变而输之是也"[④]。细言之，可谓无物不赋，名目繁多，诚如《宋史》所载："岁赋之物，其类有四：曰谷，曰帛，曰金、铁，曰物产是也。谷之品七：一曰粟，二曰稻，三曰麦，四曰黍，五曰稷，六曰菽，七曰杂子。帛之品十：一曰罗，二曰绫，三曰绢，四曰𥿄，五曰绝，六曰绸，

---

① 郭熙汉：《杨辉算法导读》，武汉：湖北教育出版社，1997 年，第 12—33 页。
② 《宋史》卷 174《食货上二》，北京：中华书局，1985 年，第 4206 页。
③ 《宋史》卷 179《食货下一》，北京：中华书局，1985 年，第 4353 页。
④ 《宋史》卷 174《食货上二》，北京：中华书局，1985 年，第 4202 页。

七曰杂折，八曰丝线，九曰绵，十曰布葛。金铁之品四：一曰金，二曰银，三曰铁、镴，四曰铜、铁钱。物产之品六：一曰六畜，二曰齿、革、翎毛，三曰茶、盐，四曰竹木、麻草、刍菜，五曰果、药、油、纸、薪、炭、漆、蜡，六曰杂物。其输有常处，而以有余补不足，则移此输彼，移近输远，谓之'支移'。其入有常物，而一时所输则变而取之，使其直轻重相当，谓之'折变'。其输之迟速，视收成早暮而宽为之期，所以纾民力。"① 在这里，有两个问题需要说明：一个是过多过滥的赋税名目加重了农民的经济负担，因而成为北宋社会发展的主要矛盾；另一个是为了与这种赋税制度相适应，对算术本身则必然会提出更高的要求，如加快对算术人才的培养，以及对算术方法的改进，尤其是加快对《九章算术》相关内容的进一步阐释和研究，以期满足北宋经济发展对算术的客观需要，已经成为北宋社会经济发展必须面对并需要加以解决的现实问题。

如果把王安石变法与庆历新政作比较，我们就会发现，王安石变法中的理财诸法几乎都需要以一定的算术知识为基础。例如，方田均税法需要对宋朝北方境内的各种土地进行丈量，均其赋于民。

方田均税法亦称"千步方田法"，始创于景祐年间（1034—1037 年），李裕民先生考证为景祐三年（1036 年）或四年（1037 年）。② 据《宋史·河渠志》记载，仁宗明道二年（1033 年），刘平上奏说："今契丹国多事，兵荒相继，我乘此以引水植稻为名，开方田，随田塍四面穿沟渠，纵广一丈，深二丈，鳞次交错，两沟间屈曲为径路，才令通步兵。引曹河、鲍河、徐河、鸡距泉分注沟中，地高则用水车汲引，灌溉甚便。"③ 由于方田均税牵涉田农的切身利益，在具体的实践和操作过程中，假如没有科学和公平的丈量手段，显然不能得到广大田农的认可，甚至会引发社会矛盾。事实上，宋人孙琳在主持河中府（治所在今山西永济市西南 24 里蒲州镇）的方田均税时，就出现了"均税"不公和丈量山田不科学的现象。因此，刘放认为孙琳用方田法丈量农田，"但为能知田亩高下耳"，然若"以地肥瘠为差"，则"其勤力从事，田亩修治者则赋重，自若其惰窳不事事，而田亩荒瘠者，因获减赋"；又万泉（在今山西万荣县西南万泉村南）、龙门（在今山西河津市西）田，"此两邑皆山田，崎岖二三百里间，人以谓审如琳法，非旬岁不可周遍也"，而孙琳却不足一个月，结果引起当地田农的不满。④ 在这里，造成上述后果的原因比较复杂，但有一点可以肯定，那就是具体操持丈量田亩，尤其是丈量山间田亩的官员，缺乏相应的算术知识，应是一个不可忽视的因素。因此，在王安石的主持下，熙宁五年（1072 年）所颁行的《方田均税条约并式》充分考虑了田农

① 《宋史》卷 174《食货上二》，北京：中华书局，1985 年，第 4202—4203 页。
② 李裕民：《北宋前期方田均税考》，《晋阳学刊》1988 年第 6 期，第 776 页。
③ 《宋史》卷 95《河渠志五》，北京：中华书局，1985 年，第 2360 页。
④ （宋）刘放：《彭城集》卷 35《故朝散大夫给事中集贤院学士权判南京留司御史台刘公行状》，台北："商务印书馆"影印，文渊阁《四库全书》本，1983 年版。

的实际，比较深刻地总结了先前推行方田均税法的经验教训，在"条约"中尽量体现科学和公平原则。例如，《方田均税条约并式》规定：

> 方田之法，以东西南北各千步，当四十一顷六十六亩一百六十步为一方。岁以九月，县委令、佐分地计量，据其方庄帐籍验地土色号，别其陂原、平泽、赤淤、黑垆之类凡几色。方量毕，计其肥瘠，定其色号，分为五等，以地之等均定税数。至明年三月毕，揭以示民，仍再期一季以尽其词，乃书户帖，连庄帐付之，以为地符……均税法，以县租额税数，毋以旧收虚零数均摊，於元额外辄增数者，禁之。若丝帛绵绢之类，不以桑柘有无，止以田亩为定。仍豫以示民，毋胥动以浮言，辄有斩伐。荒地以见佃为主，勿究冒佃之因。若瘠卤不毛听占佃，众得樵采不为家业之数，众户殖利山林、陂塘、道路、沟河、坟墓荒地皆不许税，诡名挟佃，皆合并改正。凡田方之角有堠植以野之所宜木。有方帐，有庄帐，有甲帖，有户帖，其分烟析生、典卖割移，官给契，县置簿，皆以今所方之田为正。[①]

由这段记载可知，方田均税法的施行确实需要大量的算术人才。然而，对于王安石变法的评价，史学界历来看法不一，李华瑞先生在《王安石变法研究史》一书中业已作了非常详尽的阐述，笔者不必重复。从历史的角度讲，王安石变法本身可分为三个阶段：自熙宁二年（1069年）二月至熙宁七年（1074年）四月，即王安石第一次被罢相，为第一个阶段，此阶段改革成就最大，也是北宋社会经济和科学文化最为繁荣的历史时期；自熙宁七年（1074年）四月至熙宁八年（1075年）二月，即王安石再次被起用为宰相，改革阻力重重，难以深入；自熙宁八年（1075年）二月至熙宁九年（1076年）十月，即王安石第二次被罢相，改革实际上已经进入僵持阶段。此后，宋神宗主持变法，史称"元丰改制"，但改革的力度大为减弱，已与王安石变法不可同日而语。如前所述，王安石变法离不开算术人才，像薛向"尤善商财，计算无遗策，用心至到"[②]，沈括则"提举司天监，日官皆市井庸贩，法象图器，大抵漫不知。括始置浑仪、景表、五护浮漏，招卫朴造新历，募天下上太史占书，杂用士人，分方技科为五，后皆施用"[③]。过去，凡言及王安石变法，少有议论沈括对北宋"方技科"的改革的，当时的"方技科"相当于今天的两院（即中国科学院和中国工程院）。在这些专业性较强的科研部门，起用优秀的专业人才而非"市井庸贩"，对宋代整个科学技术的发展影响巨大。可惜的是，因史料所阙，除了薛向、沈括等，我们不知道究竟还有哪些具体参与实施均输法和方田均税法的科技人员。但是，根据明程大位的《算法统宗》记载，北宋元丰七年（1084年）刊《黄帝九章》《周髀算经》《五经算法》《海岛算经》《孙子算经》《张丘建

① （宋）李焘：《续资治通鉴长编》卷237"熙宁五年八月甲辰"条，上海：上海古籍出版社，1985年，第2223页。
② 《宋史》卷328《薛向传》，北京：中华书局，1985年，第10588页。
③ 《宋史》卷331《沈括传》，北京：中华书局，1985年，第10654页。

算经》《五曹算经》《缉古算法》《夏侯阳算法》《算术拾遗》等十书入秘书省。[①] 对于此举，不能孤立地看，它显然是王安石变法的产物之一。因为从相关史籍的记载来看，入北宋后，人们并未终止对《九章算术》的研究。例如，"楚衍，开封胙城人（治所在今河南延津县东北三十五里）"，他"于《九章》《缉古》《缀术》《海岛》诸算经尤得其妙"[②]。传承其学者计有三人："有女亦善算术"[③]；又《王氏谈录·历官》载："近世司天算楚衍为首，既老昏，有弟子贾宪、朱吉著名。宪今为左班殿直，吉隶太史。宪运算亦妙，有书传于世，而吉驳宪弃去余分，于法未尽。"[④] 这是宋代唯一保存下来的关于贾宪的史料，弥足珍贵。尽管受到北宋"朋党思维"的影响，王钦臣站在两军对峙的立场，认为楚衍的两位弟子存在着比较严重的学术分歧，但是他们对《九章算术》的研究与传承却是一致的。另外，从种种迹象看，贾宪的算术成就高于朱吉，应当是不争的事实。可惜的是，贾宪仅仅是一介武夫，在北宋左班殿直为武阶名，属小使臣，元丰官制为正九品，政治地位很低，这是他的算术著作不能在北宋广泛传播的原因之一。对于贾宪的主要生活时段，学界有多种说法：①生于 1000 年，卒于 1090 年[⑤]；②宋仁宗时为左班殿直[⑥]；③（他在 11 世纪上半叶撰成《黄帝九章算经细草》，书中附有"开方作法本源图"[⑦]；④或云约于 1050 年完成《黄帝九章算经细草》[⑧]；⑤或云《黄帝九章算经细草》成书于 1023—1050 年[⑨]，甚或约 1100 年成书[⑩]，等等。诸多观点之间，相互抵牾之处甚多，在没有新的史证之前，究竟孰是孰非，颇难取舍。当然，笔者可以肯定的是，贾宪经历了王安石变法，而他的《黄帝九章算经细草》亦在元丰年间（1078 年—1085 年）刊刻，另一部著作《算法敩古集》则不知去向。此间，根据《算法统宗》卷 17 记载，已刊算术著作除《黄帝九章算经细草》外，可考的尚有刘益的《议古根源》，蒋周的《益古集》（或称《益古算法》，约 1080 年）[⑪]、蒋舜元的《应用算法》（1080 年）以及不知著者的《证古算法》《明古算法》《辨古算法》《明源算法》《金科算法》《指南算法》等。在宋代，以元丰年间刊刻的算术著作最多，然而却没有一本完整的著作流传下来。即使保存在《详解九章算法》中的《黄帝九章算经细草》，如今也缺少了"方田"和"粟米"两章。不过，由元

① （明）程大位：《算法统宗》卷 13，《古今图书集成·算法部汇考十七·历法典》卷 125，上海：中华书局，1934 年，第 35 页。

② 《宋史》卷 462《楚衍传》，北京：中华书局，1985 年，第 13517—13518 页。

③ 《宋史》卷 462《楚衍传》，北京：中华书局，1985 年，第 13518 页。

④ （宋）王钦臣：《王氏谈录·历官》，朱易安等主编，上海师范大学古籍整理研究所编：《全宋笔记》第 1 编 10，郑州：大象出版社，2003 年，第 80 页。

⑤ 徐飞、柯资能：《中国科学技术》，合肥：安徽教育出版社，2003 年，第 117 页。

⑥ 傅海伦：《中外数学史概论》，北京：科学出版社，2007 年，第 76 页。

⑦ 王渝生：《中国算学史》，上海：上海人民出版社，2006 年，第 187 页。

⑧ 李文林：《数学史教程》，北京：高等教育出版社，施普林格出版社，2000 年，第 91 页；陈书凯：《中国人一定要知道的历史小常识》，北京：中国城市出版社，2008 年，第 250 页；姬小龙、刘夫孔：《中外数学拾零》，兰州：甘肃教育出版社，2004 年，第 67 页。

⑨ 郭金彬、孔国平：《中国传统数学思想史》，北京：科学出版社，2004 年，第 166 页。

⑩ 马光思：《组合数学》，西安：西安电子科技大学出版社，2002 年，第 73 页。

⑪ 郭金彬、孔国平：《中国传统数学思想史》，北京：科学出版社，2007 年，第 186 页。

丰年间的诸多算术刻本可以推知，熙宁变法期间的算术教育非常发达，从这个意义上说，《黄帝九章算经细草》无疑是王安石变法实践的产物之一。至于元丰年间算术刻本的失传是否与宋高宗对王安石变法的否定有关，目前尚不能定论。

另外，关于《黄帝九章算经细草》的主要数学成就，详见后论。

二、南宋社会相貌的变化与《杨辉算法》

南宋占据了经济富庶的江南地区，而经济发展相对落后的北方地区则多丢给了金朝，这样就出现了"高宗南渡，虽失旧物之半，犹席东南地产之饶，足以裕国"[①]的局面。故其经济发展的整体水平略高于北宋，但南宋的通货膨胀较北宋要更加严重，捐税苛重，民众困苦不堪，因而反抗沉重赋税的农民起义不断，这是南宋社会的基本相貌。

与北宋相较，南宋的商品经济更加发达。从大处说，南宋"经界"法的推行迫切需要大量数学人才，《宋史》载："盖经界之法，必多差官吏，必悉集都保，必遍走阡陌，必尽量步亩，必审定等色，必纽折计等，奸奁转生，久不讫事。乃若推排之法，不过以县统都，以都统保，选任才富公平者，订田亩税色，载之图册，使民有定产，产有定税，税有定籍而已。"[②]其中，"走阡陌"及"量步亩"与方田法和勾股法联系密切，考《九章算术》共有 38 题，包括"方田""圭田""邪田""圆田""箕田""宛田""弧田"等 7 种土地几何形式。然而，为了与南宋的"经界"实际相适应，特别是针对人们在"经界"过程中遇到的各种问题，杨辉加以分析归类，并在《详解九章算法纂类》里列出"方田八法"，即"直田法""里田方田法""圭田法""斜田法""圆田法""晼田法""弧田法""环田法"。关于"方田八法"与《详解九章算法》的关系，将在后面加以详论，兹不赘言。例如，浙东运河"富商大贾，扺拖挂席，夹以大舻，明珠、大贝、翠羽、瑟瑟之宝，重载而往者，无虚日也"[③]，又如"青龙镇瞰松江上，据沪渎之口，岛夷闽粤交广之途所自出，风樯浪舶，朝夕上下，富商巨贾、豪宗右姓之所会"[④]；从小处看，则"要买物事只于门首，自有人担来卖，更是一日三次会合"[⑤]。所以，随着物质交流日益频繁，商业数学无处不在。此时，为了适应商品经济的深入发展，传统的筹算工具必然会发生相应变化，从而使之更趋于便捷和高效。

顾名思义，筹算就是用尺寸粗细都一样的竹棒（也有的由木、金属、玉、骨等质料制成），先摆成数字，然后依加减乘除法则得出运算结果的一种数学方法，不用时放在算袋或算子筒里，使用时则摆在地上或在特制的算板、毡及桌上操作。故《说文解字》云："算，数也。

① 《宋史》卷 173《食货上一》，北京：中华书局，1985 年，第 4156 页。
② 《宋史》卷 173《食货上一》，北京：中华书局，1985 年，第 4181—4182 页。
③ （宋）陆游：《渭南文集》卷 20《法云寺观音殿记》，文渊阁《四库全书》本。
④ （宋）杨潜：《云间志》卷下《陈林·隆平寺经藏记》，《丛书集成续编》228《史地类》，台北：新文丰出版公司，1988 年，第 325 页。
⑤ （宋）朱熹：《朱子语类》卷 86《礼三·周礼》，北京：中华书局，2004 年，第 2209 页。

从竹，从具，读若等"，而"等，长六寸，计历数者。从竹，从弄，言常弄不误也"。① 其数字的排列方式有两种：纵式与横式。隋唐以前，筹算主要用于锺律和天文历法的计算，故《汉书·律历志》与《隋书·律历志》都载有筹算的方法，如《隋书·律历志》云："其算用竹，广二分，长三寸，正策三廉，积二百一十六枚，成六觚，乾之策也。负策四廉，积一百四十四枚，坤之策也，觚方皆径十二天，天地之大数也。"② 而作为筹算在历法方面的最高成就，祖冲之所著《缀术》一书特别值得一说。《隋书·律历志》载：

> 宋末，南徐州从事史祖冲之，更开密法，以圆径一亿为一丈，圆周盈数三丈一尺四寸一分五厘九毫二秒七忽，朒数三丈一尺四寸一分五厘九毫二秒六忽，正数在盈、朒二限之间。密率，圆径一百一十三，圆周三百五十五。约率，圆径七，周二十二。又设开差幂，开差立，兼以正圆参之。指要精密，算氏之最者也。所著之书，名为《缀术》，学官莫能究其深奥，是故废而不理。③

然而，唐代《算经十书》还有《缀术》，到北宋元丰七年（1044年）刊刻十部算经时，以《算术拾遗》（或称《数术记遗》）④ 取代了《缀术》的位置。《数术记遗》在唐代为算学生的考试科目之一，但没有列入十部算经里。明人程大位著《算法统宗》记载，北宋元丰所刊十部算经，到南宋时由鲍擀之重新刊刻于汀州学校，此时刻板的重要变化就是原来的《算术拾遗》变为《数术记遗》。那么，鲍版《数术记遗》与唐版《数术记遗》是不是一回事，目前学界争议比较大，具体情况可参见华印椿编著的《中国珠算史稿》一书第21—23页。前已述及，宋代商业获得了空前的发展，它使宋朝的社会相貌产生了很大变化，其中对算术的影响便是适应商业经济发展的算学著述大量出现。在这样的历史背景下，纯理论的《缀术》渐渐淡出了人们的视野，最后归于湮灭。从相关史料看，《缀术》在北宋初年尚在民间流传，如楚衍所习算经就有《缀术》，而北宋元丰七年（1044年）刊刻《算经十书》时，《缀术》却不见行世。其间究竟是《缀术》原本已经失传，还是北宋政府故意舍《缀术》而取《算术拾遗》，由此导致《缀术》的失传，目前难以定论。不过，商业经济的发展促使宋人的思维方式由魏晋时期的玄学转向实用，这可能是《缀术》在宋代不被人们重视的主要原因。

《数术记遗》与宋代商业经济的发展关系密切，而最能反映和体现当时筹算已商业化的标志应是筹算工具的变化。考，《数术记遗》载有14种算法："其一积算，其一太一，其一两仪，其一三才，其一五行，其一八卦，其一九宫，其一运算，其一了知，其一成数，其一把头，其一龟算，其一珠算，其一记数。"⑤ 在此，笔者无意将上述14种算法的内涵一一揭

① （汉）许慎：《说文解字》，北京：中华书局影印，1987年，第99页。
② 《隋书》卷16《律历志上》，北京：中华书局，1987年，第387页。
③ 《隋书》卷16《律历志上》，北京：中华书局，1987年，第388页。
④ 当然，两书是否为一书，学界尚有争议。另外，现传本《数术记遗》的真伪，在学界亦有争议。
⑤ 李培业：《数术记遗释译与研究》，北京：中国财政经济出版社，2007年，第28页。

示出来，事实上，日本学者三上义夫在《中国数学的特色》一书中对此均有详论。笔者之所以将 14 种算法列举出来，主要是因为在上述算法中，其筹算工具已经发生了比较大的改革，即从算筹转向了算珠。商业经济的重要特色是讲求效率，而传统的算筹工具由于占位大，操作起来非常不便，不仅运算速度较慢，而且差错率也较高，已经无法与迅猛发展的宋代商业经济相适应了，所以对算器的改革势在必行。例如，《明道杂志》载：

> 卫朴，楚州人。病瞽。居北神镇一神祠中。与人语，虽若高阔，而间有深处，类有道者，莫能测。虽病瞽，而说书。遣人读而听之，便达其义，无复遗忘。每算历，布算满案，以手略抚之。人有窃取一算，再抚之即觉。其市物，择其良苦，虽毫厘不可欺。有取其已弃者与之，朴即怒曰："是已尝弃矣！"由是人无能欺，亦莫知何以能若此也。①

"每算历，布算满案"说明宋代"布算"有专门的案儿，而这些案儿为一般商家和店主所必备。如宋人黄伯思在《燕几图》中载有专门用于布算的案儿，分别名为"布算"和"小布算"。② 可见，从唐代以前"布算于地"到宋代出现"布算满案"，筹算工具已经发生了一定的变化，诚如清人劳乃宣所说："盖古者，席地而坐，布算于地……后世施于几案。"③ 事实上，宋代的筹算工具并未到此为止，而是很快就又朝着珠算方向改革和发展了。

珠算起源于何时？目前学界没有定论，如清代算学家梅启照主张东汉、南北朝说，其依据就是东汉徐岳所撰《数术记遗》一书中有"珠算"法，赵钟邑先生亦力主此说④；另一位清代学者钱大昕则主张元明说，其主要依据是陶宗仪的《南村辍耕录》中载有"井珠"，同时，刘因在《静穆先生文集》中写有一首以"算盘"为题的五言绝句。多数学者认为，宋朝出现了算盘较为可信，其理由是：第一，张择端的《清明上河图》中一家药店的柜台上摆放着一架算盘；第二，河北巨鹿县曾发掘出一枚宋代的木制算盘珠；第三，前述刘因生活于宋末元初，他所作"算盘"一词反映的主要是宋代的生活情形；第四，根据陶宗仪《南村辍耕录》的记载，《四库全书》提要明确指出算盘一法"盛行于宋矣"；第五，元初蒙学课本《新编相对四言》中绘有一幅"九档算盘图"，它说明至少在南宋时期算盘已经开始出现。⑤ 此外，从杨辉《日用算法》所出现的运算口诀来看，当时南宋民间已经使用算盘是可信的，详论见后。

不过，从案儿到算盘的转化是一个渐进的过程，由于传统习惯的作用，人们还不可能一

---

① （宋）张耒：《张太史明道杂志》，涵芬楼影印顾氏文房小说本。
② （宋）黄伯思：《燕几图》"六之体有四"及"七之体有二"，《丛书集成新编》48，台北：新文丰出版公司，1985 年，第 409、410 页。
③ （清）劳乃宣：《古筹算考释》卷 1，光绪十二年（1886）刊本。
④ 赵钟邑：《蜗庐漫笔》，广州：广东人民出版社，1980 年，第 134—135 页。
⑤ 吴晓静：《人类文明之谜》，北京：中国戏剧出版社，2006 年，第 99 页。

下子就抛弃案几而全都转用算盘。作为过渡时期的一个必然结果，南宋出现了案几与算盘并用的现象，如杨辉的《乘除通变算宝》及《田亩比类乘除捷法》比较详细地记述了用案几进行筹算的过程，下面仅以《乘除通变算宝》中的"官收税钱"为例，略作说明。

原题云："官收税钱三百四十二贯，每贯扣纳头子钱五十六文，问：收钱几何？答曰：一十九贯一百五十二文。"[1]

用现代数学方法计算，则 342 贯×0.056 贯（一贯等于 1000 文）＝19 贯 152 文。杨辉布算的程序如图 1-1 所示。[2]

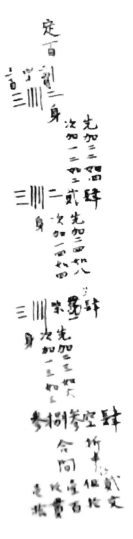

图 1-1　杨辉布算的程序示意图

① （宋）杨辉：《乘除通变算宝》卷中，《中国科学技术典籍通汇·数学卷（一）》，开封：河南教育出版社，1993 年，第 1055 页。
② （宋）杨辉：《乘除通变算宝》卷中，《中国科学技术典籍通汇·数学卷（一）》，开封：河南教育出版社，1993 年，第 1055 页。

　　其"先隔位加二，次加一"，即第一步以"2"为身，然后用"2"乘以"2"得"4"，置于"身"的"隔位"或"先位"上，接着用"1"乘以"2"得"2"，置于"身"与"隔位"之间或云"次位"上，从而形成"身、次、先"的次序；第二步以"4"为身，第三步以"3"为身，计算过程同前。用现代数学式表示，则

$$
\begin{array}{r}
0\ 3\ 4\ 2 \\
+\qquad\quad 2\ 4 \\
\hline
0\ 3\ 4\ 2\ 2\ 4 \\
+\qquad\quad 4\ 8 \\
\hline
0\ 3\ 4\ 7\ 0\ 4 \\
+\qquad\quad 3\ 6 \\
\hline
0\ 3\ 8\ 3\ 0\ 4 \\
\div\qquad\qquad\ 2 \\
\hline
\end{array}
$$

1 9 1 5 2（文）=19贯152文

1贯=1000文

　　仔细分析上述算式，它似乎不仅仅局限于筹算一法了。将算筹与大写数字合在一起，出现在一个算式之中，不见于唐代之前的数学典籍。另外，还有一个细节，即对"零位"的表示，既有用"空"表示者，又有用"0"表示者（图1-2）。那么，在同一个人所写的同一部书中，为什么会出现两种表示方法？先看下面的例子：

　　"葛布二百三十七匹。每匹四十六赤，共几赤？答曰：一万九百二赤。草曰：倍布数为实，二百三十七匹倍佐四百七十四。"[①]

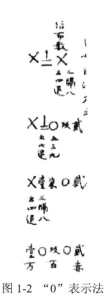

图1-2 "0"表示法

---

　　① （宋）杨辉：《乘除通变算宝》卷中，《中国科学技术典籍通汇·数学卷（一）》，开封：河南教育出版社，1993年，第1060页。

用数学式表示，则

$$237×46（赤）=（237×2）×（46÷2）=474×23（赤）=474×（100-77）$$
$$=47\,400-474×77=47\,400-36\,498=10\,902（赤）$$

像上式"四"的写法，已经不同于一般的算筹了，而更像是一种毛笔字。再结合"空"与"0"字的出现，表明到南宋时已经出现了筹算、纸算或笔算和珠算并存的局面。以后纸算或笔算和珠算长期成为人们运算的两种主要工具。当然，我们在这里所说的"笔算"，与由外国传入的笔算四则运算不同，因为后一种笔算从1903年才开始在我国使用。对此，李迪先生在《对中国传统笔算之探讨》一文中已经作了比较深入的论述，他的基本结论是"宋元时代差不多接近了笔算"[1]。李迪先生将笔算分为近代笔算与早期笔算两大类，而早期笔算的发展过程是："筹算至少在北宋还使用，如卫朴'照位运筹如飞'，北方的辽国、西方的西夏都用筹计算。可是南宋和北方的金辖区，数学家可能都是既用筹又用笔，而且很可能是由记录计算结果而演变成以笔为主、以筹为辅的演算方式，到朱世杰时则完全不用筹了。"[2]

第二节 杨辉算书的版本系统及其流传

《杨辉算法》的版本流传比较复杂，严敦杰先生曾在《宋杨辉算书考》一文中有详细考述，兹不赘论。下面仅就比较重要的三个版本即勤德堂版本系统、《永乐大典》辑本系统及三上义夫抄本系统略作阐释。

一、勤德堂版本系统及其流传

宋本《杨辉算法》早已不存，元代所流传下来的《杨辉算法》，今见多为残本。故此，明洪武戊午年（1378年）冬由"古杭勤德书堂"所刊刻的足本《杨辉算法》（共7卷3册，其中第1册首页书《新刊杨辉算法》），颇为史家所重。明宣德八年（1433年），即朝鲜李朝世宗十五年，据其《田亩比类乘除捷法·跋》中所称，当时朝鲜观察使臣辛引孙，敬奉内旨，嘱庆州府尹金乙辛，判官李好信命工锓梓，阅月而讫。[3] 然而，勤德堂版本《杨辉算法》却在国内失传。

后来，朝鲜李朝庆州刊本流入日本，现藏于日本宫内书陵部、内阁文库及大塚高等师范

① 李迪：《对中国传统笔算之探讨》，《数学传播》2004年第3期，第59页。
② 李迪：《对中国传统笔算之探讨》，《数学传播》2004年第3期，第60—61页。
③ 李俨：《中算输入日本的经过》，李俨、钱宝琮：《李俨钱宝琮科学史全集》第8卷，沈阳：辽宁教育出版社，1998年，第553页。

学校等地。如我国学者李培业先生在 1981 年得到日本户谷清一所赠影印足本明洪武戊午本《杨辉算法》，另外，日本算圣关孝和于宽文癸丑（1637 年）曾抄录一部，而李迪先生在 1985年得到由日本川原秀城所赠影印足本明洪武戊午本《杨辉算法》，即为关孝和抄录本。除此而外，北京图书馆藏有杨宁敬先生旅日时收购的朝鲜李朝庆州刊本（图 1-3）。

图 1-3　影印朝鲜李朝庆州刊本封面图

与国外足本《杨辉算法》的流传情形不同，国内流传的《杨辉算法》皆为残本。据郭书春先生考证[①]，明末清初毛晋抄录的《杨辉算法》，即是传回国内的朝鲜李朝庆州刊本，惜不知何故，抄本阙《续古摘奇》卷上。

下面根据日本学者城地茂的考证，特将他所绘制的《杨辉算法》勤德堂版本系统流传图表转录于兹，图中内容略有补充（图 1-4）。

二、《永乐大典》辑本系统及其流传

从明成祖永乐元年（1403 年）至永乐六年（1408 年），由翰林学士解缙和太子少师姚广孝主持撰修的我国历史上前所未有的鸿篇巨制《永乐大典》正式完成，而《永乐大典》的巨大成就之一就是兼收古今算籍、名典荟萃，里面当然包括杨辉的各种算术著作。然而，《永乐大典》只有抄本而无刻本。原本只抄一部，明世宗嘉靖年间虽又抄录正、副两本，但明朝

① 中国历史大辞典科技史卷编纂委员会编：《中国历史大辞典·科技史卷》，上海：上海辞书出版社，2000 年，第 343 页；门岿、张燕瑾主编：《中华国粹大辞典》郭书春撰"《杨辉算法》"条，北京：国际文化出版公司，1997 年，第 290 页。

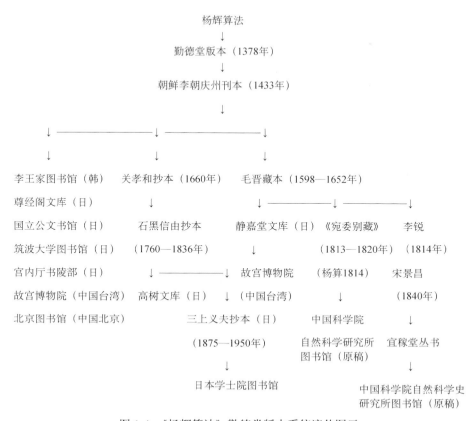

图 1-4 《杨辉算法》勤德堂版本系统流传图示

末年，原本和副本俱毁，故世间仅存正本一部抄本，迄今下落不明。乾隆三十七年（1772年），《永乐大典》的辑佚问题逐渐引起了清朝统治者的高度重视，遂有编纂《四库全书》之举。在这个过程中，人们发现，《永乐大典》已有千余册不知去向。清嘉庆庚午年（1810年），阮元在文颖馆任少詹事，他从《永乐大典》残本中抄得杨辉《续古摘奇算法》等百余番。而从《永乐大典》现存卷 16329—16364 尚能看到杨辉所著《详解九章算法》《日用算法》及《续古摘奇算法》的部分内容。另外，流失到国外的《永乐大典》残本，已知伦敦剑桥大学图书馆藏有卷 16343—16344 的数学部分，载有《杨辉算法》的内容，1960 年我国中华书局出版了影印本。

《永乐大典》卷 16350—16364 所录《续古摘奇算法》一卷，今存于知不足斋丛书第 27 集里。1912 年，李俨先生在上海收购了一部由宋元时期数学著作内容辑录而成的算法汇编，即《诸家算法》（原名为《算法杂录》）抄本，并从中得到属于《永乐大典》系统的《杨辉算法》，同时裴冲曼和孙文青两位先生曾录副而去。[①] 经严敦杰先生考证，现存《诸家算法及

---

① 李俨、钱宝琮：《李俨钱宝琮科学史全集》第 10 卷《李俨其他科学史论文》，沈阳：辽宁教育出版社，1998 年，第 163 页。

序记》为《永乐大典》卷 16361 的抄本。[①]

对于《永乐大典》系统的《杨辉算法》，日本学者城地茂比较详细地梳理了它在国内外的流传状况，如图 1-5 所示。

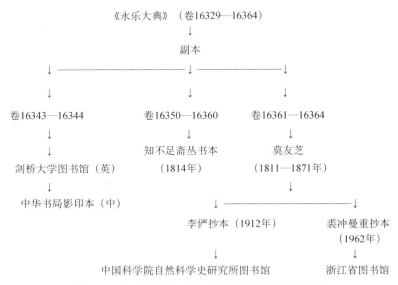

图 1-5 《杨辉算法》《永乐大典》系统流传图示

三、三上义夫抄本系统及其流传

三上义夫（1875—1950 年），系日本著名的数学史家，他一生著述颇丰，其中《中国数学源流考略》《中国数学史手稿》《中国思想：科学（数学）》及《中国算学之特色》为其代表作。对于《杨辉算法》，三上义夫于 1913 年发表《关于〈杨辉算法〉之一节》一文，记述了他发现关孝和抄足本《杨辉算法》的经过。后来，日本学者石黑准一郎将三上义夫《杨辉算法》的再度抄本送给李俨，1917 年李俨完成了对该抄本的校勘（现保存在中国科学院自然科学史研究所图书馆），正式开启了大陆学者研究《杨辉算法》的先河，由此日本学者数内清称李俨是"中国数学史研究第一人"。

关于李俨校勘本的流传情况，日本学者城地茂作了下面的图示（图 1-6）。

截至目前，杨辉算学著作仍然残缺不全，且各版本之间互有差异。如《日用算法》早已失传，后人从《永乐大典》和《诸家算法》中辑得其"序""跋"及少数算题（包括"题目""解题""术"及"草"）。《详解九章算法》缺"方田""粟米"两卷及"图而验之"和"乘除诸术"各 1 卷。另外，《续古摘奇算法》下卷虽见于知不足斋丛书第 27 集和宜稼堂丛书里，

[①] 严敦杰：《跋重新发现之〈永乐大典〉算书》，《自然科学史研究》1987 年第 2 期，第 4—19 页。

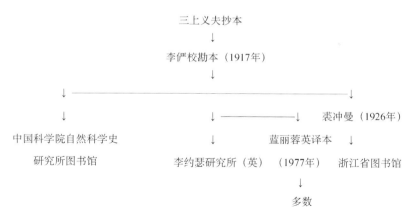

图1-6 《杨辉算法》三上义夫抄本系统流传图示

但两个版本互异，又阙上卷，不尽如书意。故此，1995 年，河南教育出版社出版了中国科学技术典籍通汇本《杨辉文集》，它由《详解九章算法》和《杨辉算法》两部分内容组成，此集因是以北京图书馆藏朝鲜李朝庆州刊本为底本，弥补了知不足斋丛书和宜稼堂丛书两个版本之阙，因而使杨辉算书的面貌为之一新，而且为研究杨辉算学思想奠定了比较坚实的史料基础。

第三节 杨辉算书的主要内容、特点及其历史地位

杨辉算书流传下来的主要有《详解九章算法》（12 卷）、《详解算法》（不明卷数，辑佚）、《日用算法》（不明卷数，辑佚）、《乘除通变算宝》（3 卷）、《续古摘奇算法》（2 卷）及《田亩比类乘除捷法》（2 卷），这些著作无论足本还是辑佚本，都已成为宋代数学辉煌成就的历史坐标。

一、杨辉算书的主要内容和特点

（一）杨辉算书的主要内容

1.《详解九章算法》的主要内容

关于《详解九章算法》的体例和内容，杨辉在"自序"中说：

择八十题以为矜式，自余一百六十六问，无出前意，不敢废先贤之文。删留题次，习者可以闻一知十。恐问隐而添题解，见法隐而续释注，刊大小字以明法草，僭比类题以通俗务。凡题法解白不明者，别图而验之，编乘除诸术以便入门。纂法问类次见之章

末，总十有二卷。虽不足补前贤之万一，恐亦可备故来之观览云尔。[①]

由上述可知，《详解九章算法》共 12 卷，卷 1 为"图验卷"，卷 2 为"乘除"（包括方田三十八问和粟米三问），卷 3 为"除率"（包括粟米五问和盈不足四问），卷 4 为"合率"（包括少广章十一问、均输章八问及盈不足一问），卷 5 为"互换"（包括粟米三十八问、衰分十一问、均输十一问及盈朒三问），卷 6 为"衰分"（包括原衰分一十八问和均输九问），卷 7 为"垒积"（原"商功"章），卷 8 为"盈不足"（原"盈不足"章），卷 9 为"方程"（包括原方程一十八问和盈朒一问），卷 10 为"勾股"（包括少广十三问、商功一问及原勾股章二十四问），卷 11 为"题兼二法者"（如"九节竹""故问粝米"等），卷 12 为"纂类"。因此，与《九章算术》的篇章相比，《详解九章算法》有颇多创新。

不过，由于清朝在修《四库全书》时，戴震并未从《永乐大典》"算"字条中将此书辑出，因而丧失了获得全帙《详解九章算法》的最佳时机。后来，《永乐大典》散佚，所幸清朝嘉定年间的毛生甫先生家藏有"石研斋抄本"，可惜抄本有阙。尽管人们从《永乐大典》辑录了一部分"石研斋抄本"所阙内容，但是仍然不全。所以，从《中国科学技术典籍通汇·数学卷》影印的宜稼堂丛书本来看，杨辉《详解九章算法》题录由下面几部分内容构成：序 4 篇；"盈不足"章，存 20 题；"方程"章，计 18 题，存 14 题；"勾股"章，计 24 题，包括新设 9 题；"商功"章，计 28 题，存 13 题；"均输"章，计 28 题，存 27 题。[②] 不难看出，与原本相比，宜稼堂丛书本所存题目约为原题目的 83%，无论如何这个成绩都非常值得称道。郭书春认为，《详解九章算法》的内容应分为两部分：一部分为贾宪的《黄帝九章算经细草》，具体地讲，就是《详解九章算法》卷 2—10 中除《九章算术》本文外用大字排印的法（术）、草及新设的题目；另一部分为杨辉的"添题解""续释注""明法、草""比类题"等。[③]

2.《乘除通变本末》的主要内容

成书于魏晋或南北朝时期的《夏侯阳算经》，已经讲到了乘除运算法则，可惜的是，原本已佚。现传本《夏侯阳算经》成书于唐代宗在位时期（762—779 年）[④]，其卷上第 1 章"明乘除法"引夏侯阳的话说：

夫乘除之法，先明九九。一从十横，百立千僵，千、十相望，万、百相当。满六以

① （宋）杨辉：《详解九章算法·自序》，《中国科学技术典籍通汇·数学卷（一）》，开封：河南教育出版社，1993 年，第 951 页。

② 郭书春：《贾宪〈黄帝九章算经细草〉初探——〈详解九章算法〉结构试析》，《自然科学史研究》1988 年第 4 期，第 329—330 页。

③ 郭书春：《贾宪〈黄帝九章算经细草〉初探——〈详解九章算法〉结构试析》，《自然科学史研究》1988 年第 4 期，第 328—334 页。

④ 钱宝琮：《夏侯阳算经提要》，李俨、钱宝琮：《李俨钱宝琮科学史全集》第 4 卷，沈阳：辽宁教育出版社，1998 年，第 421 页。

上，五在上方，六不积算，五不单张。上、下相乘，实居中央。言十自过，不满自当。以法除之，宜得上商。①

《夏侯阳算经》的乘除运算法则为杨辉所继承和发展，这可从《乘除通变本末》的内容结构中看出来。其卷上由"习算纲目""相乘六法"和"商除二法"3部分内容构成，而"习算纲目"的第一句话就是"先念九九合数"，为了解决较复杂的多位数乘法问题，"相乘六法"讲述了将多位数乘法转化为一位数乘法的方法，因为一位数的乘法可以用"九九口诀"来运算。卷中是全书的重点，由"加术五法""减术四法""求一乘法""求一除法""九归新旧题括""算五定法""定位捷径"等7部分内容构成。如果说"九九口诀"至迟在汉代（敦煌汉简中有"九九"残表）即已出现的话，那么"归除口诀"则是宋代才开始流行的乘除速算法，它反映了商品经济繁荣发展的客观需要。迄今为止，"九归口诀"以《乘除通变本末》卷中的记录为最早。卷下是对卷中相关问题的进一步注释，主要是对1—100作乘数的乘法和1—300作除数的除法，至于如何进行简捷运算，杨辉介绍了一些具体的简化方法，既适用又有效。

3.《田亩比类乘除捷法》的主要内容

该书共2卷，"田亩"是指日常生活中常见的土地几何形状，上卷给出了"直田""方里田""圆田""环田""圭田""梯田"等6种形式，这部分内容可以看作是对《九章算术》中"方田章"内容的延展。而"比类"实际上是指如何解决人们在日常生活中所遇到的非常态几何形状问题，上卷主要是把"田亩"算法引申到对其他经济问题如纱丝、绢价、铜铊等问题的求解，注重应用。与上卷的用途不同，下卷注重其算术运算的形式化和抽象性特点，讲的是如何把非常态几何形状转化为正常态几何形状的"机械化"方法，它反映了杨辉数学思想"常"与"变"或者说"几何图"与代数结合运算的逻辑特色。

4.《续古摘奇算法》的主要内容

《续古摘奇算法》共2卷，"古"是指汉代至宋代的算术古籍，包括《九章算术》《孙子算经》《夏侯阳算经》《应用算法》《辨古通源》《张丘建算经》等，"奇"则是指那些饶有趣味的数学问题，其中尤以"纵横图"的成就最为显著。"纵横图"的数学意义是要求把1至n^2个连续的自然数安放于n^2个方格里，并使格子纵、横、斜各连线上的数字之和等于$n(1+n)^2/2$。② 此书卷1"纵横图"计有"河图数"、"洛书数"、"四四图"（亦称"花十六图"）、"五五图"（即5阶幻方）、"六六图"（即6阶幻方）、"七七图"（亦称"阴图"）、"六十四图"（亦称"易数图"）、"九九图"（即9阶幻方）、"百子图"（即10阶幻方）、"聚五图"、"聚六图"、"聚八图"、"攒九图"、"八阵图"和"连环图"等22幅图，其中属于"幻方"者13幅，即3阶1幅（洛

① 李俨、钱宝琮：《李俨钱宝琮科学史全集》第4卷，校点《算书十书》，沈阳：辽宁教育出版社，1999年，第427页。
② 马威等主编，隋国庆编著：《名家名作中的为什么·自然科学卷》，北京：中国文史出版社，2002年，第29页。

图）、4 阶 2 幅（花十六图与阴图）、5 阶 2 幅（五五图与阴图）、6 阶 2 幅（六六图与阴图）、7 阶 2 幅（衍数图与阴图）、8 阶 2 幅（易数图与阴图）、9 阶 1 幅（九九图）及 10 阶 1 幅（百子图）。[1] 卷 2 计有 19 问，有些问题确实堪称中国古代数学的精髓，如"雉兔同笼""方圆总命"和"度影量竿乘除"等，特别是该卷最后 3 题，是关于求证《海岛算经》中的"重差"问题。杨辉的创新之处在于，他把重差理论与"勾中容横、股中容直，二积之数皆同"[2]联系起来，有人认为此原理与相似直角三角形对应边成比例的原理等价。[3]

5.《日用算法》的主要内容

《日用算法》（2 卷）已佚，仅从杨辉的"序"中可以窥知，此书是为了弥补《详解九章算术》难以记诵的不足，以便于百姓掌握和适用为目的，所以具有一定的"启蒙日用"性质。他说："夫黄帝九章乃法算之总经也。辉见其机深法简，尝为详注。有客谕曰：谓无启蒙日用，为初学者病之。今首以乘除加减为法，秤斗尺田为问。编诗括十有三首，立图草六十六问。用法必载源流，命题须责实有。分上下卷首，少补日用之万一，亦助启蒙之观览云耳。"[4]据此，严敦杰认为，《日用算法》的内容结构似为：卷上，释九九、八十一句；乘除加减；释斤平数，今存 1 题；释斗斛数，今存 8 题；释丈尺数；释田亩数。卷下，异乘同除，今存 1 题；衰分，仓窖，垛积，修筑题。[5]在此之前，李俨从《诸家算法》和《永乐大典》中辑得《日用算法》所佚 10 道算题及宋代衡制单位换算一段，因而撰成《日用算法辑佚》一篇，载于《中算史论丛》（1954 年）第二集。

（二）杨辉算书的主要特点

（1）编撰算书立足于"以通俗务"[6]，故杨辉算法具有极强的实用性。宋代社会打破了士、农、工、商的界限，商人不仅可以参加科举考试，身穿朝廷命服，而且在士大夫阶层还出现了"以商为本"的社会思潮。如南宋徐积主张"知乎农本，而不知乎商贾者市井之本，则小民何依焉？"[7]陈耆卿更直接地提出了士、农、工、商"四者皆百姓之本业"[8]的思想。因此，清人沈垚说："则以天下之势，偏重在商，凡豪杰有智略之人多出焉。"[9]宋代商人地位的变化，对时人的日常文化生活及精神价值需求产生了非常重要的影响，像俗词、俗画的

---

① 李迪：《中国数学通史·宋元卷》，南京：江苏教育出版社，1999 年，第 164 页。
② （宋）杨辉：《续古摘奇算法》卷下，《中国科学技术典籍通汇·数学卷（一）》，开封：河南教育出版社，1993 年，第 1114 页。
③ 周瀚光、戴洪才主编：《六朝科技》，南京：南京出版社，2003 年，第 42 页。
④ 李俨：《杨辉〈日用算法·序〉》，李俨、钱宝琮：《李俨钱宝琮科学史全集》第 6 卷，沈阳：辽宁教育出版社，1998 年，第 448 页。
⑤ 吴文俊主编，沈康身卷主编：《中国数学史大系》第 5 卷《两宋》，北京：北京师范学院出版社，2000 年，第 555—556 页。
⑥ （宋）杨辉：《详解九章算书·序》，《中国科学技术典籍通汇·数学卷（一）》，开封：河南教育出版社，1993 年，第 951 页。
⑦ （宋）徐积：《江宁府句容县厅壁记》，曾枣庄、刘琳主编：《全宋文》第 74 册《徐积三》，上海：上海辞书出版社；合肥：安徽教育出版社，2006 年，第 181 页。
⑧ （宋）陈耆卿：《嘉定赤城志》卷 37《风土门·风俗》引《天台令郑至道谕俗七篇·重本业》，文渊阁《四库全书》本。
⑨ （清）沈垚：《落帆楼文集》卷 24《费席山先生七十双寿序》，《明清徽商资料选编》，合肥：黄山书社，1985 年，第 387 页。

出现，引导士人眼睛向下，开始关注广大下层民众的文化需求。前揭杨辉撰写《日用算法》的动因，就是他先前所著《详解九章算法》一书，老百姓看不懂，不好记诵，所以有人向他提出了将数学问题通俗化的要求。与宋代的商品经济发展相适应，杨辉更加注重数学的俗化而不是雅化。当然，俗化并不意味着所研究问题的肤浅化，恰恰相反，其将深刻的问题寓于通俗的阐释和述说之中。在数学的俗化方面，杨辉算书的主要表现是：①尽量把高深、抽象的数学问题诗括化，使之易学、易记，做到能心算者则避免式算，以节省时间和空间，如《乘除通变本末》卷中的"求一乘"诗及"九归新括"等；②借助图画来阐释复杂、抽象的数学问题，例如，《田亩比类乘除捷法》配图 93 幅，《续古摘奇算法》配图 34 幅，这些配图将抽象的问题形象化，既有助于对问题的理解，同时又有助于对问题的记忆和应用。而杨辉数学之所以在宋代乃至东亚各国产生巨大的历史影响，它的通俗化是一个至关重要的因素。

（2）"恐问隐而添题解，见法隐而续释注。"[①] 在杨辉之前，中国古代数学典籍没有"题解"和"比类"这种体例。从这个角度看，杨辉首创"题解"和"比类"，因而使中国古代数学典籍的编撰体例更加完备。如众所知，所谓"题解"，主要是指对原题的性质、由来和某些名词作解释，也包含有文字校勘或方法的评论[②]，内容比较广泛。作为"续释注"的有机组成部分，"比类"就是另设与原题算法相同或稍加变通，转化为与原题算理相近似的例题。[③] 下面仅以"题解"为例，试对杨辉算书的"添题解"和"续释注"的特色进行简略论述。如《详解九章算法》"盈不足术"有题云："今有米在十斗桶中，不知其数，满中添粟而舂之，得米七斗。问：故米几何？答曰：二斗五升。""解题：本是互换取用题，借盈不足术法为之。"[④] 在此，"题解"指出了问题原本的类型与性质。又如，"积一百三十三万六千三百三十六尺，问为三乘方几何？答曰：三十四尺。""解题：三度相乘，其状扁直。"[⑤] 虽然仅此 8 字，却"形象地表示了四次方，开后来清末李善兰尖锥术以图形表示高次方之先河"[⑥]。《日用算法》亦采取了"题解"形式，如"今有物三百一十三斤，足称。问为省称几何？答曰：三百九十一斤四两。解题：此问全斤展出零两，于前法稍异"[⑦]。又如，"今有物一百二十三斤五两，足称。问省称几何？答曰：一百五十四斤二两二钱半。解题：此问斤中展出两，其零脚又有两，以验归并之术"[⑧]。此二"题解"都讲到了斤、两的换算问题，其中对于"零

① （宋）杨辉：《详解九章算书·序》，《中国科学技术典籍通汇·数学卷（一）》，开封：河南教育出版社，1993 年，第 951 页。
② 杜瑞芝主编：《数学史辞典》，济南：山东教育出版社，2000 年，第 251 页。
③ 郭熙汉：《杨辉算法导读》，武汉：湖北教育出版社，1996 年，第 4 页。
④ （宋）杨辉：《详解九章算书·盈不足术》，《中国科学技术典籍通汇·数学卷（一）》，开封：河南教育出版社，1993 年，第 954 页。
⑤ 李俨：《宋杨辉算书考》，李俨、钱宝琮：《李俨钱宝琮科学史全集》第 6 卷，沈阳：辽宁教育出版社，1998 年，第 458 页。
⑥ 中华文化通志编委会编，王渝生撰：《算学志》，上海：上海人民出版社，1998 年，第 82—83 页。
⑦ 李俨：《宋杨辉算书考》，李俨、钱宝琮：《李俨钱宝琮科学史全集》第 6 卷，沈阳：辽宁教育出版社，1998 年，第 449 页。
⑧ 李俨：《宋杨辉算书考》，李俨、钱宝琮：《李俨钱宝琮科学史全集》第 6 卷，沈阳：辽宁教育出版社，1998 年，第 450 页。

两"及"零脚"等概念，术草中都有详解。可见，"题解"不仅起到了凝炼问题本质的作用，还直接通过建立概念来提升和规范术草演算过程的逻辑思维水平。

（3）崇尚"通变之用"，主张"算无定法"。杨辉反复强调算题的"通变"特点，他在《乘除通变算宝·序》中批评宋代学者的算学思维习惯时说："惟知有加减归损之术而不知伸引变之用。"① 另外，在《续古摘奇算法·序》中，杨辉再一次强调了前面的问题。因此，杨辉把他的数学著作命名为《乘除通变算宝》，其寓意所在，不言自明。在此思想指导下，杨辉形成了博取众彩和算无定法之学术风格。他举例说："见中山刘先生撰《议古根源》，演段锁积，有超古入神之妙，其可不为发扬，以裨后学，遂集为《田亩算法》，通前共刊四集，自谓斯愿满矣。一日忽有刘碧涧、丘虚谷携《诸家算法》及旧刊遗忘之文，求成为集，愿助工板刊行。遂添撴诸家奇题与夫缮本及可以续古法草总为一集，目之曰：《续古摘奇算法》。"② 这一段话可阐释的角度很多，包括文献学、数学史及杨辉算学思想的来源等。不过，透过字里行间，我们感动最深的地方应当是杨辉潜意识里的那种没有权威、只有通变的数学理念，这是他之所以能够成就一番研究事业的根本原因。由于注重通变，杨辉才能够跳出那些由权威们设定的思想藩篱，以及这样或那样的条条与框框思维，虚心若愚，博采众家之长为我所用，并不遗余力地深入到民间去撴拾各种闪烁着数学思想光辉的火石。例如，杨辉纵横图的思想即来自于民间，而他的"台州量田图"则是其深入实际生活的产物。通过长期的数学实践，杨辉深感算法之多变，所以他在《乘除通变算宝》一书中虽然讲到了"相乘六法""商除二法""加术五法""减术四法""求一乘法"等，但是在总结算法的根本时，杨辉不得不承认"算无定法"③，因为只有根据数理的变化，灵活应用算法，其才具有真正的价值和意义，所以，他说："算无定法，惟理是用矣。"④ 这种认识确实体现了数学的真正魅力和本质，是一种非常卓越的辩证法思想。

（4）避免冗杂，倡导简捷的算学方法。寻找学习数学的逻辑起点，是实现算法简捷化的重要途径。例如，为了找到直线对称问题的简捷求法，有人发现解决此类问题的关键就在于"点关于直线的对称点问题"⑤。同理，为了解决复杂的田亩算法问题，杨辉发现"为田亩者，盖万物之体，变段终归于田势；诸题用术，变折皆归于乘除"⑥。既然如此，那么田亩算法能够实现简捷化的基础就建立起来了，同时，在算法上能够进行突破的方向自然也就明确了。杨辉研究数学的目的之一，就是满足社会发展的客观需要，因此，他结合宋代田亩制度的实

① （宋）杨辉：《乘除通变算宝·序》，《中国科学技术典籍通汇·数学卷（一）》，开封：河南教育出版社，1993年，第1047页。
② （宋）杨辉：《续古摘奇算法·序》，《中国科学技术典籍通汇·数学卷（一）》，开封：河南教育出版社，1993年，第1095页。
③ （宋）杨辉：《乘除通变算宝》，《中国科学技术典籍通汇·数学卷（一）》，开封：河南教育出版社，1993年，第1048页。
④ （宋）杨辉：《乘除通变算宝》，《中国科学技术典籍通汇·数学卷（一）》，开封：河南教育出版社，1993年，第1060页。
⑤ 黄顺龙：《点关于直线对称问题的一种简捷求法》，《福建中学教学》2009年第7期，第37—38页。
⑥ （宋）杨辉：《田亩比类乘除捷法·序》，《中国科学技术典籍通汇·数学卷（一）》，开封：河南教育出版社，1993年，第1073页。

际和广大民众的现实教育水平，对乘除算法进行了大量的总结和发展，提出了"单因""重因""加减代乘除""求一"等许多快速简捷的乘除计算方法，为筹算的普及作出了巨大贡献。在《田亩比类乘除捷法》里，杨辉引用了刘益《议古根源》中的 22 个问题，其中绝大多数问题都是通过"正负开方术"来解决各种二次和四次方程的求根问题，既简捷又便于掌握和理解。例如，《田亩比类乘除捷法》引题中首次出现了二次项系数不为 1 的方程；而四次方程"$-5x^4+52x^3+128x^2=4096$"的出现，表明刘益求解一般方程式已经不受正负系数的局限。难怪杨辉评价说："刘益以勾股之术治演段锁方，撰《议古根源》二百问，带益隅（首项数为负）开方，实冠前古。"[①]

二、杨辉算书的历史地位

（1）保存和记录了宋代已经失传的许多数学史料及算题和算法。据不完全统计，杨辉广征博引数学典籍，至少保存了《黄帝九章算经细草》《议古根源》《应用算法》《辨古通源》《指南算法》和《谢经算术》等 8 种现已失传的宋代算书。如李锐在《杨辉算法·跋》中说：

> 书（指《杨辉算法》，引者注）中所称《九章》《海岛》《孙子》《五曹》《张丘建》等今皆刊本通行，其《应用算法》《详解算法》《指南算法》《九章纂类》《议古根源》《辨古通源》各书，则未知尚有流传不也。[②]

有些重要的算法被杨辉保存下来，并成为后人继续向更高层次攀登的阶梯。例如，《张丘建算经》首次提出了著名的不定方程"百鸡问题"。题云：

> 鸡翁一，值钱五，鸡母一，值钱三，鸡雏三，值钱一，百钱买百鸡，问翁、母、雏各几何？答曰：鸡翁四直钱二十；鸡母十八直钱五十四；鸡雏七十八直钱二十六。又答：鸡翁八直钱四十；鸡母十一直钱三十三；鸡雏八十一直钱二十七。又答：鸡翁十二直钱六十；鸡母四直钱十二；鸡雏八十四直钱二十八。[③]

非常遗憾的是，张丘建仅仅给出了算题和答案，至于最重要的术草与算理，连只言片语都没有，因而"百鸡问题"亦就变成了一个数学谜案，直到今天它依然彰显着非凡和隽永的思想魅力。继张丘建之后，北宋谢察微给出了"百鸡问题"的术草，惜不得要领。后来，杨辉在《续古摘奇算法》一书中收录了宋代的另外两种解法：一种解法取自《辨古通源》；另

① （宋）杨辉：《算法通变算宝》卷上，《中国科学技术典籍通汇·数学卷（一）》，开封：河南教育出版社，1993 年，第 1049 页。
② （清）顾廷龙主编，《续修四库全书》编纂委员会编：《续修四库全书》1042《子部·天文算法类》，上海：上海古籍出版社，2002 年，第 10 页。
③ （北魏）张丘建：《张丘建算经》卷下，台北：台湾"商务印书馆"影印，文渊阁《四库全书》本，1983 年版。

一种解法取自佚名抄本，其解法是"先固定一未知数值，将不定问题化为适定问题，然后用'鸡兔同笼术'求解，而这正是谢察微所拟算法的完善"[1]。

又如，杨辉在《详解九章算法》中专列一项"开方作法本源"（图 1-7），并绘有一图，学界习惯将此图称为"杨辉三角"。然而，杨辉明确指出"开方作法本源：出《释锁》算书，贾宪用此术"。可见，发明"杨辉三角"者应当系贾宪。由于"开方作法本源"一项内容现传本《详解九章算法》中阙载，幸赖《永乐大典》卷 16344 才使之得以保存下来。

图 1-7　开方作法本源[2]

"开方作法本源"的神奇，除了其具有深远的数学意义，它的哲学思想价值尚待进一步开发。从思想史的角度看，数学与哲学的关系可以表现为两种不同的观察方式：一种是牛顿站在数学的角度去诠释和理解哲学，并"致力于发展与哲学相关的数学"，其《自然哲学的数学基础》成为近代以来人类掌握的第一个完整、科学的宇宙论和科学理论体系，对于它所达到的理论高度，爱因斯坦评论说："至今还没有可能用一个同样无所不包的统一概念，来代替牛顿的关于宇宙的统一概念。但要是没有牛顿的明晰的体系，我们到现在为止所取得的收获就会成为不可能。"[3]另一种则是从哲学的角度来解释数学的发展，这种思潮源自 20 世纪初康托尔的集合论与罗素的集合悖论之争，这场论争的实质就是如何处理和解决数学基础的可靠性与基础性问题。结果导致了数学哲学基础三大流派的产生（直觉主义、形式主义和逻辑主义），从而催生了众多数学研究领域，极大地促进了现代数学的发展和繁荣。按照这

---

① 纪志刚主编：《〈张丘建算经〉导读》，武汉：湖北教育出版社，1999 年，第 167 页。
② （明）解缙等：《永乐大典》卷 16344《十翰韵·算字部·算法十五》少广节内引，《永乐大典》第 7 册，北京：中华书局，1986 年，第 7024 页。
③ 许良英等编译：《爱因斯坦文集》第 1 卷，北京：商务印书馆，2009 年，第 551 页。

个思路，我们不难发现，"杨辉三角"其实是道教思想与宋代方程理论的一种巧妙结合，然而，贾宪究竟是如何从道教的宇宙生成体系中悟出用数字排列成一个三角形阵，用以标志和计算二项式展开系数的，迄今仍是一个谜。在道教的宇宙生成体系里，自然万物的生成变化是一个永无止境的开方系统，因而"杨辉三角"的行数不止"7"，而是无穷，具体如图1-8所示。

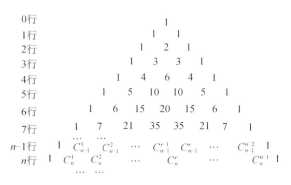

图 1-8 杨辉三角示意图

（2）在算学的知识教育和算法的推广普及方面，作出了历史性的贡献。中国古人对于"数"的理解，极富感性色彩，于是，《易学》中象数学的发展非常迅猛。到宋代，象数学不仅成为一门显学，更开启了数学哲学化的历程。不仅刘牧、邵雍、张行成和朱熹等的象数学情结浓重，而且那些著名的算学家对象数学之爱恋更是难以割舍。如杨辉和秦九韶都对"大衍术"情有独钟，且有很深的研究。宋人讲"天道""地道"与"人道"，"数学"无疑是沟通此三者的关键环节和手段。在宋代，卜士群体十分庞大，"举天下而籍之以是自名者，盖数万不啻，而汴不与焉举，汴而籍之，盖亦以万计"[①]。其可谓无处不在，无时不有。这些卜士将象数学应用于宇宙和人生，与人们的日常生活如影相随，甚至成为影响皇帝政治生活的一股重要力量。当然，宋代的社会现实不但需要"天道"和"人道"，而且需要"地道"。随着"田制不立"的推行，土地的买卖在民间已十分盛行，与此相适应，人们对算学的需求越来越迫切。例如，《宋史·艺文志六》收录的算学著作计有41种（具体内容见表1-1），而《旧唐书·经籍志下》才收录了18种，宋代的算学典籍较唐代增加了23种。当然，唐代有的典籍到宋代不知何故已经散佚，如《九章重差》《九章重差图》《算经要用百法》及《缀术》等9种典籍不见于《宋史》所载，如果把这些内容考虑进去，那么宋代增加的算学典籍还要更多。

表 1-1 见载于《旧唐书·经籍志下》和《宋史·艺文志》中的算学典籍

朝代	著者	书名	成书时间	备注
唐	刘向	《九章重差》（1卷）	不详，已佚	《四库全书》提要及戴震均认为此书实为刘徽所撰，将刘向冠名于此，乃是张冠李戴之误

① （宋）王安石：《临川文集》卷70《汴说》，台北：台湾"商务印书馆"影印，文渊阁《四库全书》本，1983年版。

朝代	著者	书名	成书时间	备注
唐	刘徽	《九章重差图》（1卷）	不详，已佚	不少学者认为《九章重差》即《海岛算经》，然而日本8世纪的数学科教材既有《海岛算经》又有《九章重差》，似乎又不是一书，故此问题尚待进一步考证
	刘徽	《海岛算经》（1卷）	魏景元四年（263年）前后	关于成书年代的推断，参见杜石然：《数学·历史·社会》，辽宁教育出版社，2003年，第409页
	徐岳	《九章算经》（1卷）	不详，已佚	《隋书·经籍志三》载徐岳注《九章算经》2卷，故《旧唐书》卷数误
	徐岳	《数术记遗》（1卷）	不详	靖玉树认为，此书"为珠算的行程立了第一块'路标'"（《徐岳的生平及成就》，《珠算与珠心算》2008年第4期）。李培业认为，此书系伪书（《关于〈数术记遗〉的创作年代》，《珠算与珠心算》2003年第1期）
	徐岳	《算经要用百法》（1卷）	不详，已佚	
	甄鸾	《九章算经》（9卷）	已佚	
	甄鸾	《五曹算经》（5卷）	不详	用田曹、兵曹、集曹、仓曹、金曹5个管理部门（魏晋时期政府分曹办事）标题，表明它系一部为地方官府胥吏编写的实用算术，分别叙述计算各种田亩面积、军队给养、粟米互换、租税和仓储容积，以及户调的丝帛与物品交易等问题
	甄鸾	《孙子算经》（3卷）	400年前后	《旧唐书》云"甄鸾撰注"，原著者不详。关于成书年代的推测，见路甬祥总主编，曲安京主编：《中国古代科学技术史纲·数学卷》，辽宁教育出版社，2000年，第9页
	甄鸾	《张丘建算经》	466—485年	成书年代见钱宝琮：《张邱建算经提要》，《算经十书》校点本，中华书局，1963年，第325—327页；中国历史大辞典·科技史卷编纂委员会编：《中国历史大辞典·科技史卷》，上海辞书出版社，2000年，第405页
	甄鸾	《夏侯阳算经》	763—779年	关于成书年代，见钱宝琮：《夏侯阳算经提要》，《算经十书》校点本，中华书局，1963年，第551—553页。据钱宝琮考证，宋刻《夏侯阳算经》系伪本
	刘祐	《九章杂算文》（2卷）	不详，已佚	
	宋泉之	《九章术疏》（9卷）	不详，已佚	
	董泉	《三等数》（1卷）	不详，已佚	
	祖冲之	《缀术》（5卷）	不详，已佚	
	阴景愉	《七经算术通义》（7卷）	不详，已佚	
	王孝通	《缉古算术》（4卷）	约625年	关于成书年代，见麦群忠、魏以成编写：《中国古代科技要籍简介》，山西人民出版社，1984年，第12页。钱宝琮认为"《缀术》失传后，《缉古算术》是一本中国人开带从立方最古的书"（《中国数学史》，科学出版社，1964年，第93页）
	佚名	《算经表序》（1卷）	不详，已佚	
宋	甄鸾	《五曹算经》（2卷）		
	甄鸾	《海岛算经》（1卷）		
	赵君卿	《周髀算经》（2卷）		

续表

朝代	著者	书名	成书时间	备注
宋	张立建	《张丘建算经》（3卷）		
	甄鸾	《夏侯阳算经》（3卷）		
	王孝通	《缉古算经》（1卷）		
	谢察微	《算经》（3卷）		
	李籍	《九章算经音义》（1卷）	1080—1120年	关于成书年代，见纪志刚：《李籍〈九章算经音义〉年代再探》，李迪主编：《数学史研究》第7辑，内蒙古大学出版社，2001年，第33页
	李籍	《周髀算经音义》（1卷）	1080—1120年	
	李绍毅	《求一指蒙算术玄要》（1卷）		
	李淳风注释	《九章经要略》（1卷）	不详，已佚	
	李淳风注释	《孙子算经》（3卷）		
	李淳风注释	《王孝通五经算法》（2卷）	不详，已佚	"五经"是指《尚书》《诗经》《周易》《礼记》和《论语》，而《五经算法》则是对"五经"涉及的计算方面的问题进行归纳总结与注释
	李淳风注释	《甄鸾五曹算经》（2卷）	不详，已佚	
	刘微（徽）	《九章算田草》（9卷）	不详，已佚	
	程柔	《五曹算经求一法》（3卷）	不详，已佚	当乘除数首位不是1时，须通过加倍或折半等方法将其化为1，这个过程就叫"求一术"
	鲁靖	《五曹时要算术》（3卷）	不详，已佚	
	佚名	《五曹乘除见一捷例算法》（1卷）	不详，已佚	
	夏翰（翱）	《新重演议海岛算经》（1卷）	不详，已佚	
	甄鸾注	《徐岳大衍算术法》（1卷）	不详，已佚	
	谢察微	《发蒙算经》（3卷）	不详，已佚	
	僧一行	《心机算术括》（1卷）	不详，已佚	
	徐仁美	《增成玄一算经》（3卷）	不详，已佚	
	陈从运	《得一算经》（7卷）	不详，已佚	
	佚名	《三问田算术》（1卷）	不详，已佚	
	龙受益	《算法》（2卷）	不详，已佚	
	龙受益	《求一算术化零歌》（1卷）	不详，已佚	
	龙受益	《新易一法算范九例要诀》（1卷）	不详，已佚	
	徐岳	《术数记遗》（1卷）		
	刘徽	《注九章算经》（9卷）		
	佚名	《孙子算经》（3卷）		
	李淳风等注	《五曹算经》（5卷）		

续表

朝代	著者	书名	成书时间	备注
宋	张祚注释	《法算三平化零歌》(1 卷)	不详,已佚	
	王守忠	《求一术歌》(1 卷)	不详,已佚	
	佚名	《算范要诀》(2 卷)	不详,已佚	
	佚名	《明算指掌》(3 卷)	不详,已佚	
	江本	《一位算法》(2 卷)	不详,已佚	
	任弘济	《一位算法问答》(1 卷)	不详,已佚	
	杨锴	《明微算经》(1 卷)	不详,已佚	
	佚名	《法算机要赋》(1 卷)	不详,已佚	
	佚名	《法算口诀》(1 卷)	不详,已佚	
	佚名	《算法秘诀》(1 卷)	不详,已佚	
	佚名	《算术玄要》(1 卷)	不详,已佚	

由表 1-1 所见宋代比较流行的算学典籍可知,民间算学通俗化的发展趋势日益明显,一方面是适宜于心算的数学典籍开始出现,如《求一算术化零歌》《心机算术括》《三问田算术》等;另一方面是筹算朝着简捷化的方向努力,如《见一捷例算法》《法算口诀》《明微算经》等。可见,宋代算术发展的群众基础十分深厚。这得益于宋代印刷术和工商业的发达,以及民间算学教育的相对普及,特别是民间算学通过歌、诀和赋的形式传播,不仅深入人心,而且易学、易记,受众面甚广。毫无疑问,这些因素都构成了杨辉算学教育和推广先进算法的社会现实条件。在此基础上,杨辉系统总结了提高算学教学效果的方法和规律,如《习算纲目》对筹算的教学方法作出了规定:先念九九合数;然后,学相乘起例并定位;学商除起例并定位;既识乘除起例,收买《五曹》《应用算法》二本,依法术日下两三问,不过两月,而《五曹》《应用算法》已算得七八分矣;学加法起例并定位;学减法起例并定位;学"九归""求一"及"飞归";最后学开方。在当时,这套习算方案遵循着由易到难、循序渐进的次级,符合人类的基本认识规律。尤其值得注意的是,此方案可分为前后两个环节:第一个环节相对简单和实用,以学习《五曹》和《应用算法》为标准,主要目的是满足日常生活的算法需要。第二个环节相对复杂,且理论色彩更浓,算法亦更深入,具有一定的理论研究性质。这样,在具体实施此方案的过程中,就可以因人而异、因材施教,收到良好的教学效果。至于如何把玄妙的算法有效地为广大民众所掌握和应用,杨辉继承了隋唐以来的歌诀化形式,借助于情感记忆,编写了许多算法诗歌,从而为算学理论的普及和算术捷法的推广作出了杰出贡献。

(3)杨辉算法对东亚数学的发展产生了深远影响。据朝鲜《世宗壮宗大王实录》卷 47记载,世宗十二年(1431 年)三月,"详定所启诸学取才,经书诸艺数目",《杨辉算(法)》

名列其中。① 自此，《杨辉算法》在朝鲜流行日广。例如，宣德八年（1433 年）朝鲜王朝据明洪武本以铜活字翻刻了 100 部，分别赐给"集贤殿户曹、书云观、西算局"②。经过两个世纪的积累和发展，朝鲜数学家不断吸收和消化《杨辉算法》中的算法成就，并有所创新，涌现出了金始振、崔锡鼎、黄胤锡、洪大容和裴相说等一大批著名算学家。其中，崔锡鼎强调"步乘"和"商除"是各种算法的中枢，他说：

> 步乘者，阳之正，杨辉谓之相乘，俗称影乘算。上列元数几何，下列法数几何，上下相乘，中列实积几何。上数象天，下数象地，中数象人。即三格算也。十乘十生百，十乘百生千，先从元数末位起算，元数位多者，法数次次进位，以商除还原。③

在崔锡鼎的倡导下，经过裴相说的积极推动，遂使"步乘""商除"结合在一起，并构成朝鲜算学发展的一个重要特点。

朝鲜刻本的《杨辉算法》不仅在朝鲜半岛流行，还在 16 世纪末流传到了日本。譬如，日本筑波大学图书馆藏有李朝世宗宣德八年（1433 年）庆州府刊本《杨辉算法》一部，另外，日本宫内厅书陵部亦藏有朝鲜刻本《杨辉算法》1 部。此后，关流学派的创始人关孝和（1640—1708 年）在宽文元年（1661 年）转抄了《杨辉算法》④，而他和弟子一起撰著的《大成算法》一书中就引用了杨辉的纵横图、重差术及解高次数字方程的方法等。后来，和算（日本算术）家从测量术中发展出独立的"町见术"（即量度町间远近距离的方法），其中来源于中国的重差术构成了"町见术"的主要方法之一。⑤ 如众所知，在日本，"町见术"被视为经世致用的关键技术，因此，它在社会经济的发展方面意义非同一般。如"町见术免许"云：

> 普天之远，可推之焉，率土之广，可测度焉，放之则弥六合，卷之则退藏于密，其术之精妙，无有穷极矣，实治国平天下之要务，不可一日缺者也，有志之士，深思之。⑥

① 国史编纂委员会：《朝鲜王朝实录》，第 3 册卷 47，首尔：东国文化社，檀纪 4288 年（1955），第 225 页。
② 国史编纂委员会：《朝鲜王朝实录》，第 3 册卷 61，首尔：东国文化社，檀纪 4288 年（1955），第 501 页。
③〔韩〕崔锡鼎：《九数略》"阴阳正数二法"，〔韩〕金容云主编：《韩国科学技术史资料大系·数学篇》，汉城：骊江出版社，1985 年；转引自郭世荣：《中国数学典籍在朝鲜半岛的流传与影响》，济南：山东教育出版社，2009 年，第 177 页。
④ 亦说为宽文十三年（1673），见冯立昇：《中日数学关系史》，济南：山东教育出版社，2009 年，第 73 页。
⑤ 冯立昇：《中日数学关系史》，济南：山东教育出版社，2009 年，第 74 页。
⑥《关流宗统之修业免状·町见术免许》，见乌云其其格编著：《和算的发生——东方学术的艺道化发展模式》，上海：上海辞书出版社，2009 年，第 146—147 页。

第二章 《详解九章算法》及其科学思想

宋代围绕《九章算术》出现了许多研究和普及算法的著作，据陈金干等统计，终宋一代，先后刊行的算学著述约有 54 种[①]，而杨辉的《详解九章算法》无疑是对宋代《九章算术》研究成果的一个系统总结。杨辉回顾南宋以来《九章算术》的流传情况时说：

> 靖康以来，古本浸失。后人补续，不得其真，致有题重法阙，使学者难入其门。好者不得其旨，辉虽慕此书未能贯理，妄以浅也。聊为编述，择八十题以为袺式，自余一百六十六问，无出前意，不敢废先贤之文，删留题次，习者可以闻一知十……总十有二卷。[②]

《九章算术》共计 246 题，杨辉将其分作两部分：保留原本中的题及前人所注者，计 166 题，对于这部分内容，杨辉采取"删留题次"的方法；然而，随着历史的演进，有些问题需要有新的内容和新的思想补充到里面去，从而使《九章算术》不断踵事增华，成为推动社会经济发展的有力工具。因此，杨辉选择《九章算术》中的 80 道典型题例为"袺式"，作了比较深入的辨析、阐幽和发微，可谓超迈千古，确有一种"胆敢独造"的科学创新精神。

第一节 《详解九章算法》的结构元素与体系

一、中算传统的延续与引入的新元素

（一）中算传统的延续

1. 中国古代算学的传统

中算的主要传统就是以十进位值制记数法为基础的计算，马克思曾把十进位值制记数法

---

① 陈金干、孙映成编著：《中外数学简史》，徐州：中国矿业大学出版社，2002 年，第 112—113 页。
② （宋）杨辉：《详解九章算法·序》，《中国科学技术典籍通汇·数学卷（一）》，开封：河南教育出版社，1993 年，第 951页。

看作人类"最美妙的发明之一"[①]。与古巴比伦的六十进位制和古埃及的象形数字符号记数法相比，十进位值制记数法的优点显而易见，它仅仅靠 0、1、2、3、4、5、6、7、8、9 十个数码，就可把任意数表示出来，而能够创造这一奇迹的奥妙就在于它的"位值原则"（即一个数码在不同的"数位"则"位值"不同）。因此，有学者称：位值原则"能用较少的数码来书写巨大的数目，这在数学上是一个重要的贡献"[②]。

从甲骨文的记数符号（图 2-1）看，当时人们在具体操式运算的过程中，既有竹筹又有图画，是两者的结合，这个传统一直到汉代才发生变化，即只用竹筹来进行运算，而且筹式也更加多样化，出现了纵式与横式两种算筹记数法，如图 2-2 所示。

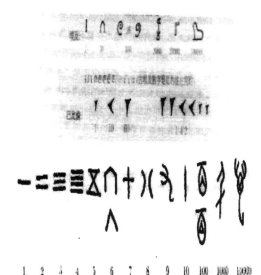

1　2　3　4　5　6　7　8　9　10　100　1000　10000

图 2-1　殷墟甲骨文所见 13 个记数符号[③]

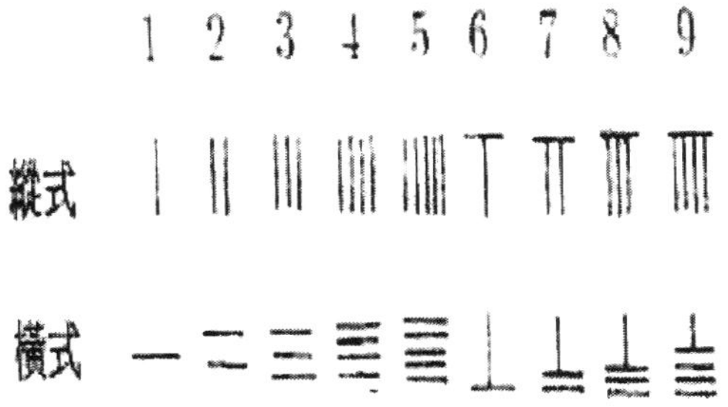

图 2-2　甲骨文所见纵式与横式两种算筹记数法

---

① 〔德〕马克思：《数学手稿》，引自史树青主编：《中华文明之光（科学技术卷）》，武汉：湖北少年儿童出版社，1999 年，第 55 页。

② 蔡子亮主编：《现代科学技术与社会发展》，郑州：郑州大学出版社，2006 年，第 27 页。

③ 胡重光：《记数法的历史及其对教学的启示》，《数学传播》1999 年第 3 期，第 81、82 页。

汉代《九章算术》的出现，与此算式的变革有关。《说文解字》释"算"字云："筹长六寸，所以计历数者。"当然，运算的工具除了算筹之外，还应当有图画，可惜的是，今传本已只剩下正文了。《九章算术》所载的每道题有问、答和术，而"术"仅仅为解题的步骤，却没有证明。其原因如下：第一，当时纸张匮乏，那些算题主要刻在竹简或木简上，有些则写在绢或布料上，后者成本更高，这就造成了算家贵在追求算法的简捷和多元，而不重原理和证明。第二，经学的思维重实用和感性。汉代以经术取仕，士人研习术数蔚然成风，所以士人习经的目的主要在于"共求政化"[①]。这样，"经术"意义就指向了"致用"。因此，杨辉说："夫算数之法，切于实用，而居于六艺之一，不可不学也。"[②] 如果从经学根源上追问，则《周易》有"蓍卦""大衍之数"，而这也正是"术数"发展的基础。随着"术数"不断向当时社会政治、经济和思想文化各个领域渗透和扩张，汉代士人必然会将"术数"中的算策应用到人们的日常生产和生活之中。于是，以算筹为演算工具的《九章算术》的出现，基本上满足了汉代现实社会对筹算数学化的客观需要，而古算的发展亦相应地由"数算"转向了"式算"。对此，李继闵评论说：

> 从《九章算术》中可以看出，筹算对古代的数系的扩充产生了积极影响，分数与正负数的引进和它们的合理的表示法，在很大程度上受惠于筹式的演算。正是借助于算筹这一工具，在《九章算术》中建立了比率、列衰、盈朒、方程这样一些特定的数学模式，并形成了一套完善的程序化的演算方法，把古代的运算理论从"数"扩展到"式"的领域，构成一个相当完整的体系。[③]

这样，以算为主，一意追求运算的对象和建立运算的规范及原理，就构成了自《九章算术》以来中国古代算学发展的基本传统。

2. 杨辉对中算传统的发展

究竟如何继承和发展中算的运筹传统，以及如何抓住《九章算术》的算法实质，是杨辉所面临的重大课题。实际上，宋代的算法著述已经显露出了这样的问题意识和发展趋势。例如，宋代的算法著述中出现了多部像《五曹乘除见一捷例算法》《乘除算例》《乘除算术》等专门探讨乘除法则的专著，杨辉顺应了算法本身发展的实际需要，紧紧抓住算法运筹的关键和实质，并加以推演和归类分析，遂形成了一套体系更加严密的算筹方法，为宋元数学高峰地位的确立奠定了坚实的理论基础。杨辉在《详解九章算法·序》中说：

> 夫习算者，以乘法为主。凡布置法者，欲其得宜；定位呼数，欲其不错。除不尽者，

---

① 《后汉书》卷32《樊宏阴识列传》，北京：中华书局，1987年，第1125页
② 朴彧：《杨辉算法·跋》，《中国科学技术典籍通汇·数学卷（一）》，开封：河南教育出版社，1993年，第1117页。
③ 李继闵：《算法的源流：东方古典数学的特征》，北京：科学出版社，2007年，第17页。

以法为分母，实为分子，繁者约之，复通分而还源，此乘除之规绳也。[①]

上述总结实际上也是《详解九章算法》的核心内容。围绕这些内容，杨辉在比例算法、垛积术、开方术和线性方程组解法等方面都作出了创造性的贡献，具体如下。

（1）找到了解线性方程组的一般方法。"方程以诸物总并为问，其法以减损求源为主，去一存一以考其数。如果乙行列诸物与价，术以甲行首位遍乘其乙，复以乙行首位遍乘其甲。求其有等，以少行减多行，是去其物减其钱，见一法一实，如商除之，行位繁者次第求之。"[②]

（2）杨辉将《九章算术》中的求体积方法推演为 5 种垛积术。

第一种是"方垛"，其公式为：$\dfrac{n}{3}\left(a^2+ab+b^2+\dfrac{b-a}{2}\right)$。

第二种是"三角垛"，其公式为：$\dfrac{1}{6}n(n+1)(n+2)$。

第三种是"四隅垛"，其公式为：$\dfrac{1}{3}n(n+1)\left(n+\dfrac{1}{2}\right)$。

第四种是"刍甍垛"，其公式为：$\dfrac{1}{6}n(n+1)\big[2(a+n-1)+a\big]$。

第五种是"刍童垛"，其公式为：$\dfrac{n}{6}\big[(2q+b)p+(2b+q)a+(b-q)\big]$，其中，设宽＝$a$，长＝$b$，顶宽＝$p$，顶长＝$q$，层数＝$n$。

（3）对数码字的改进。宋代之前，数码字如见前述，然而在具体运算过程中，传统的算筹不易摆布，且又容易混淆，不利于提高运算速度，因此，杨辉在《乘除通变算宝》中采用了下面的数码字（图 2-3）。

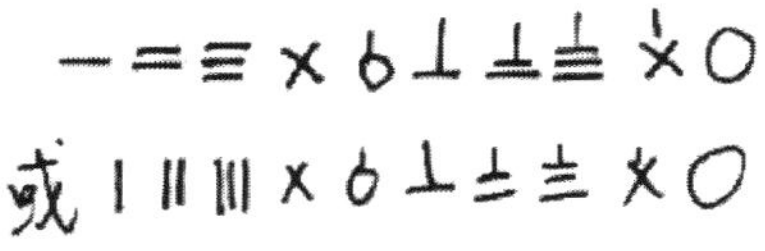

图 2-3　杨辉《乘除通变算宝》中所见数码字

如《乘除通变算宝》有一算题为："足斛二百二十九石八升，问为八斗三升法，斛几何？答曰：二百七十六石。"其算式如下[③]：

此数码字亦叫"苏州码子"（图 2-4）[④]，是杨辉所创用的捷算符号，到明代则被称为"暗码"。

①　（宋）杨辉：《详解九章算法·序》，郭书春汇校：《九章算术》，沈阳：辽宁教育出版社，1990 年，第 493 页。
②　（宋）杨辉：《详解九章算法》，《中国科学技术典籍通汇·数学卷（一）》，开封：河南教育出版社，1993 年，第 973 页。
③　（宋）杨辉：《乘除通变算宝》卷中，《中国科学技术典籍通汇·数学卷（一）》，开封：河南教育出版社，1993 年，第 1060 页。
④　王友三：《吴文化史丛》下，南京：江苏人民出版社，1996 年，第 127 页。

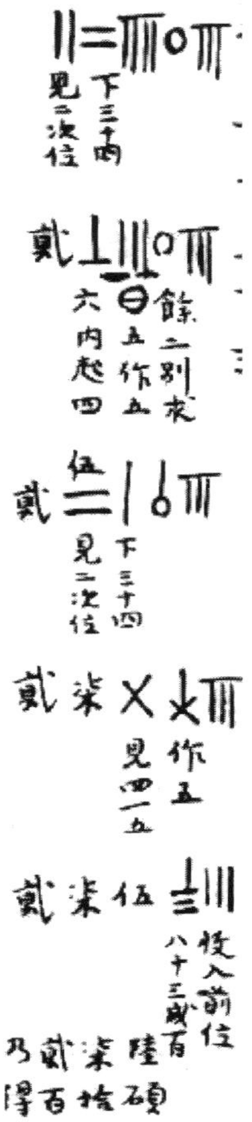

图 2-4 "苏州码子"

（4）杨辉三角。关于《详解九章算法》所载杨辉三角的程序化意义，详见后论。

（二）《详解九章算法》中引入的新元素

对于《详解九章算法》中引入的新元素，可分两层来表述。

（1）从整个算法体系来看，杨辉的《详解九章算法》在内容和体例方面对《九章算术》的突破，主要表现在三个方面：增设"题解""细草""比类"。关于"题解"，沙娜认为，其内容主要包括：①名词术语的说明。"此问上下皆虚，故曰两虚。"②解释题意。"半池方如勾，水深如股，引葭平水如弦，出水一尺，如勾股较。"③分析做题方法。"牛马问价者，可以损益，此题不可损益，以本身并添积为正，当未以负求之。"④分析题的算法类型。"本是互换取用题，借盈不足术为之。"[①]"细草"由图解和算草两部分内容所组成。按：杨辉在《详

---

① 〔法〕沙娜：《杨辉〈详解九章算法纂类〉研究》，李迪主编：《数学史研究文集》第 5 辑，呼和浩特：内蒙古大学出版社；九章出版社，1993 年，第 40 页。

解九章算法·序》中云"凡题、法解白不明者,别图而验之",此"图解"独立为一卷,今已失传。然而,在宜稼堂丛书本《详解九章算法》残存的"算草"里,不乏"图解"的内容。那么,两者之间究竟是否存在关系?如果存在关系,那又是一种什么样的关系?对于"凡题、法解白不明者",很多著述中作"凡题法解白不明者",即在"题"与"法"之间不隔开。在此,句子隔断与不隔断,意思全然不同。笔者认为,句子断开则包含两层意思:"题解"与"法解"。其实,《详解九章算法》里即有例证,明确了"题解"和"法解"为两种作用不同的图示,证据见下(图2-5)。①

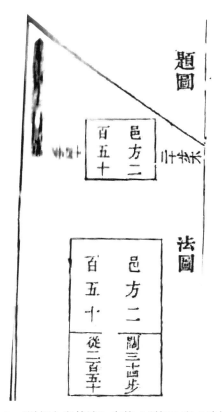

图2-5 《详解九章算法》中的"题解"和"法解"

原题:"今有邑方不知大小,各中开门,出北门二十步有木,出南门一十四步,折而西行一千七百七十五步见木。问:邑方几何?答曰:二百五十步。"

"解题:勾腰容方,用重差倍积,而带从开方。"

为了使"题解"更直观和明晰,沈康身将上面的"题图"改绘如下(图2-6)②。

①　（宋）杨辉:《详解九章算法》,《中国科学技术典籍通汇·数学卷（一）》,开封:河南教育出版社,1993年,第983页。
②　吴文俊主编,沈康身卷主编:《中国数学史大系》第5卷《两宋》,北京:北京师范大学出版社,2000年,第660页。

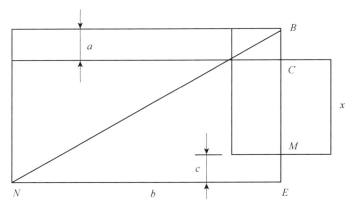

图 2-6　沈康身所绘题图

依照图 2-6，则"勾腰容方，用重差倍积"中的"重差"是指两个余勾 a 与 c。而"倍积"若用公式表示则为：$2ab = (a+c)x + x^2$。在杨辉之前，人们在研习《九章算术》的过程中，尽管刘徽有"析理以辞，解体用图"[①]的先见之明，但实际情形并非如此。诚如宋人鲍澣之所言：刘徽"又造重差于勾股之下，辞乃今之注文，其图至唐犹在，今则亡矣"[②]。因为刘徽的"重差"图已佚，其具体图式无以窥知，但是杨辉补充了"图验"，确实是对《九章算术》研究的一个新的巨大贡献。至于"比类"，内涵亦很丰富。仅就字面而言，"比类"好像是对《九章算术》中故有算题的简单模仿，其实不然，因为无论题问还是术文，"比类实际亦是数学之'投胎换骨'，是一种再创作"[③]。

（2）从细节来看，杨辉在《详解九章算法》中提出了一些新的概念和解题思路。

第一，类题的概念。何谓"类题"？杨辉在《详解九章算法纂类》中说："以物理分章，有题法又互之讹，今将二百四十六问，分别门例，使后学亦可周知也。"[④]"以物理分章"就是按照事物的本质和存在状态分门别类。而中国传统算学的特点就是突出算法的意义，在杨辉看来，"算法"才真正体现了《九章算术》的本质意义和价值。所以，杨辉"以算法的同为之同，算法的异为之异"，对《九章算术》作了新的分类，他"将 246 问为'乘除、互换、合率、衰分、垒积、盈不足、方程、句股'九门，共 69 法。这种使算法由晦至明，以算法提纲挈领的分类方式与《九章算术》原来的以事推类的分类法是不同的，在学术思想上是一种创新"[⑤]。

---

① （晋）刘徽：《九章算术注·序》，上海：上海古籍出版社，1990 年，第 1 页。
② （宋）鲍澣之：《详解九章算法·序》，《中国科学技术典籍通汇·数学卷（一）》，开封：河南教育出版社，1993 年，第 951 页。
③ 〔法〕沙娜：《杨辉〈详解九章算法纂类〉研究》，李迪主编：《数学史研究文集》第 5 辑，呼和浩特：内蒙古大学出版社；九章出版社，1993 年，第 41 页。
④ （宋）杨辉：《详解九章算法纂类》，《中国科学技术典籍通汇·数学卷（一）》，开封：河南教育出版社，1993 年，第 1005 页。
⑤ 〔法〕沙娜：《杨辉〈详解九章算法纂类〉研究》，李迪主编：《数学史研究文集》第 5 辑，呼和浩特：内蒙古大学出版社；九章出版社，1993 年，第 41 页。

第二，合率术。《九章算术》中有"少广术"，但没有"合率术"。考《九章算术》中的"少广术"，李淳风阐释说："一亩之田，广一步，长二百四十步。今欲截取其从（纵）少，以益其广，故曰少广。"[1] 李籍又解释说："广少从（纵）多，截从之多，益广之少，故曰少广。"[2] 然而，从给出的算题看，"截从益广"仅仅是表象，而不是算法的实质。那么，"少广术"的算法实质是什么呢？先看下面一道例题：

"今有田广一步半、三分步之一。求田一亩，问从几何？答曰：一百三十步一十一分步之一十。术曰：下有三分，以一为六，半为三，三分之一为二，并之得一十一，以为法。置田二百四十步，亦以一为六乘之，为实。实如法得从步。"[3]

上文中所说的"法"为除数，"实"为被除数。用现代数学方法解得

$$240 \div \left(1 + \frac{1}{2} + \frac{1}{3}\right) = 240 \div \frac{11}{6} = \frac{1440}{11} = 130\frac{10}{11} \text{（步）}$$

由上式不难看出，整道题实际上呈现出来的数学关系就是除数与被除数的关系，这种关系用"率"来表达比较科学。又因在除数的运算过程中，以分数之和（或云除数为几个数）为其主要特点，所以，贾宪和杨辉将这种类型的算题称为"合率"，更加切题，因为它符合此类算题的本来性质。

第三，课分术。此术见于《九章算术·方田章》，李籍解释："欲知其相多，分各异名，理不齐一，校其相多之数，故曰课分。"[4] 如果这段话不易理解，那么下面的例题就相对简明和直观得多了。原题如下：

"九分之八减其三分之一，问余几何？答曰：四十五分之三十一。"[5]
用现代数学式算得 $\frac{8}{9} - \frac{1}{5} = \frac{40-9}{45} = \frac{31}{45}$。

对于此类算题，杨辉释云："母互乘，子以少减多，余为实。母相乘为法，实如法而一，即余，亦曰相多也。"[6] 当然，对于杨辉而言，"课分术"的意义不在于重复前人的成果，而在于他把这种算法加以推广，因而进一步拓宽了人们的解题思路。例如，《九章算术·均输章》载"九竹节"算题云：

今有竹九节，下三节容四升，上四节容三升，问中间二节欲均容，各多少？答曰：下初，一升六十六分升之二十九；次，一升六十六分升之二十二；次，一升六十六分升之一十五；次，一升六十六分升之八；次，一升六十六分升之一；次，六十六分升

---

① 郭书春、刘钝校点：《算经十书·九章算术》，沈阳：辽宁教育出版社，1998年，第32页。
② （宋）李籍：《九章算术音义》，上海：上海古籍出版社，1990年，第102页。
③ 郭书春、刘钝校点：《算经十书·九章算术》，沈阳：辽宁教育出版社，1998年，第32—33页。
④ （宋）李籍：《九章算术音义》，上海：上海古籍出版社，1990年，第100页。
⑤ （宋）杨辉：《详解九章算法纂类》，《中国科学技术典籍通汇·数学卷（一）》，开封：河南教育出版社，1993年，第1007页。
⑥ （宋）杨辉：《详解九章算法纂类》，《中国科学技术典籍通汇·数学卷（一）》，开封：河南教育出版社，1993年，第1007页。

之六十；次，六十六分升之五十三；次，六十六分升之四十六；次，六十六分升之三十九。[①]

《九章算术》原术仅为"衰分"一法，杨辉在此基础上又增加了"课分法"，因而使该算题的解法趋于多元化。杨辉在"重修法术草"中说：

> 上四节容三升，下三节容四升，以少减多，余为实，节数为分母，容斗为分子，求如课分之法，以取一节差数，并上四节、下三节，半之，减九节，余以上下升作分母，乘为一升之法，实如法而一即衰，知其衰也，相去。下率，一升少半升，乃下第二节容也。[②]

依术草，第一步，$\frac{4}{3}-\frac{3}{4}=\frac{7}{12}$ 升；第二步，$9-\frac{4+3}{2}=\frac{11}{2}$ 升；第三步，求"衰相去"（即每节相差数）为 $\frac{7}{12}\div\frac{11}{2}=\frac{7}{66}$ 升。然后，求得第一节的容量是 $\left(1+\frac{1}{3}\right)+\frac{7}{66}=1\frac{29}{66}$ 升。其他节的容量可依次求出。

又术曰："以上下节容升差数，求一差之实，节数为分母，容升为分子，求如课分之法，母互乘，子以少减多，余为实，母相乘为法，取第一节无差之实者，以上段升数节数为分母，所得差实为分子，求如减分之法，母互乘，子以少减多，余为实，母相乘为法，递增差实是知九节之数也。"[③]

依术文，设首项为 x，公差为 y，则有下列二元一次方程组[④]：

$$\begin{cases} 4x+6y=3 \\ 3x+21y=4 \end{cases}$$

将 $x=\frac{4}{3}-7y$ 代入 $4x+6y=3$，解得"差实" $y=\frac{7}{66}$ 升。

对于一种算题，从多个角度进行求解，不仅能够使算法更加丰富，而且使各种知识之间的联系更加紧密。如众所知，《算数书》共有 80 多问，基本上是一标题一术，至《九章算术》便出现了大量一标题多术的现象，体现了中国传统算法的发展趋势和思维特点。沿着《九章算术》的算法路径，杨辉创造了许多新的解题方法，为把算法推进到我国古代历史的最高峰作出了重要贡献。

① （宋）杨辉：《详解九章算法》，《中国科学技术典籍通汇·数学卷（一）》，开封：河南教育出版社，1993 年，第 999 页。
② （宋）杨辉：《详解九章算法》，《中国科学技术典籍通汇·数学卷（一）》，开封：河南教育出版社，1993 年，第 1000 页。
③ （宋）杨辉：《详解九章算法》，《中国科学技术典籍通汇·数学卷（一）》，开封：河南教育出版社，1993 年，第 1000 页。
④ 吴文俊主编，沈康身卷主编：《中国数学史大系》第 5 卷《两宋》，北京：北京师范大学出版社，2000 年，第 685 页。

二、从附属到自主：寻找新思想生长的环节和基点

徐光启在总结明代之前中国古算所存在的主要缺陷和问题时指出：算数之学"仅仅具有其法，而不能言其立法之意"[①]。徐光启的批评不能说没有道理，但在宋代有一个事实不可否定，那就是不少算家在"立法"方面确实做过很大的努力。以杨辉为例，《详解九章算法纂类》第一次打破了《九章算术》的分类体例，开"以算法分类"的先河，而清康熙时期编撰的《数理精蕴》，在体例上"完全采用了杨辉的方法，明、清时的一些数学大家如梅文鼎、明安图等，其书不仅编排体系如此，且更趋于专门研究某一种或几种'术'，使得'术'从实际问题中抽象出来后向更深更高的水平发展"[②]。由此可见，宋代算家的"附属意识"在逐渐减弱，与之相反，那种能够代表和反映宋学精神的"自主意识"却正在不断增长。

前揭杨辉对"九节竹"算题的第二种解法，笔者采用了李迪的研究成果，出现了二元一次方程式。严格来说，当时杨辉还没有将先进的"天元术"引入自己的著述之中，未免令人遗憾，但是从宋代算学的发展过程来看，李迪的解释亦正反映了宋、金算学的发展历史，并无不当。如杨辉在"解题"中明确表示：

> 上问竹九节，上小下大，当以一二三四五六七八九为衰，今以上四节下三节容升数为问，本用方程求之。[③]

于是，代数方程被宋、金算家视为突破《九章算术》传统思维模式的重心和关键。考金代的天元术著作，主要流传于河北南部及山西两地。钱宝琮对天元术的发明评价甚高：第一，"天元、四元之于中国数学史上之贡献，犹阿拉伯人代数术之于西洋数学史也"；第二，"若金代数学之发展超越前代，自非南宋所可伦比"[④]。虽然在政治上宋、金对峙，但是两者之间的文化交流并未停止。以天元术为例，秦九韶的《数书九章》卷1"大衍之数"算题出现了"立天元一于左上"[⑤]的运算方法，表明南宋时期金代的天元术已经被部分算学家所知。祖颐在《四元玉鉴·后序》中说"平水（今山西新绛县）刘汝锴撰《如积释锁》"[⑥]，"释锁"是宋、金时期开方法的别称，据杨辉称"开方作法本源，出《释锁》算书，贾宪用此术"[⑦]。许多论者将《如积释锁》与贾宪的《黄帝九章算经细草》联系起来，并将两者视为同一部书[⑧]，

① （明）徐光启：《刻同文算指序》，北京师联教育科学研究所编选：《方以智徐光启科学教育思想与教育论著选读》第3辑第10卷，北京：中国环境科学出版社，学苑音像出版社，2006年，第254页。
② 〔法〕沙娜：《杨辉〈详解九章算法纂类〉研究》，李迪主编：《数学史研究文集》第5辑，呼和浩特：内蒙古大学出版社；九章出版社，1993年，第41页。
③ （宋）杨辉：《详解九章算法》，《中国科学技术典籍通汇·数学卷（一）》，开封：河南教育出版社，1993年，第999页。
④ 中国科学院自然科学史研究所：《钱宝琮科学史论文选集》，北京：科学出版社，1983年，第319—320页。
⑤ （宋）秦九韶：《数书九章》，北京：中华书局，1985年，第6页。
⑥ （元）祖颐：《四元玉鉴·后序》，（元）朱世杰原著，李兆华校证：《四元玉鉴校证》，北京：科学出版社，2007年，第56页。
⑦ （明）解缙等：《永乐大典》卷16344《十翰韵·算字部·算法十五》少广节内引，《永乐大典》第7册，北京：中华书局，1986年，第7024页。
⑧ 李迪：《中国数学史简编》，沈阳：辽宁教育出版社，1984年，第151页。

可是现在人们还没有找到一则直接史料来佐证上述观点。更令人困惑的是，既然"开方作法本源"源自《黄帝九章算经细草》，那么《永乐大典》为什么不注明其文献来源？而存世的宜稼堂丛书本《详解九章算法》里又为何缺漏了如此关键的成就？要正确回答这些问题，为时尚早，但是有些问题可以借助其他方法来探究。例如，"出《如积释锁》算书，贾宪用此术"一句话，从逻辑上讲，"《如积释锁》"与"贾宪"应当属于两个主体，否则，这句话就是一个病句。"贾宪用此术"说明"开方作法本源"在北宋中期即已流行，却并非贾宪首创。所以，尚云认为，开方作法本源"在刘汝锴《如积释锁》一书中首先记述。数学家贾宪把它称为'开方作法本源图'"[①]。美国学者坦普尔在《中国：发明与发现的国度——中国科学技术史精华》一书中，亦持同论。李约瑟则对这个问题不敢肯定，但他似乎倾向于刘汝锴的观点。李约瑟说：

> 贾宪所用的方法称为"立成释锁"，它可能是在另一个数学家刘汝锴的《如积释锁》一书（已失传）中最先叙述的。[②]

针对上述观点，李迪提出了相反的看法，他认为，刘汝锴的《如积释锁》在贾宪之后，所以"开方作法本源"的发明权应归贾宪，而非刘汝锴。[③]看来，关于贾宪和刘汝锴孰先孰后的问题，恐怕已是一个学术悬案。不过，"开方作法本源图"出现在杨辉的著作中则是铁的事实，同时，开方法在宋代有一个发展演变的过程，也是一个不争的事实。我们知道，唐代算学家王孝通已经成功地解决了三次方程的数值解法，在此基础上，贾宪的"增乘开方法"不仅可以开平方和开立方，而且可以被运用到求任何高次方程式的正根中。另外，北宋算学家刘益在《议古根源》一书中首次讨论了系数可正可负的一般二次方程及解四次方程的问题。当然，现实生活中所遇到的算学问题往往不是一个未知项，而是两个或两个以上未知项。于是，从北宋开始算学家就已经在积极探讨解决两个或两个以上未知项的求解问题了。比如，杨辉在求解"九竹节"的容升问题时，涉及"差数"和"第一节无差之实"等未知项，而对于这些未知项的求解，便构成了宋代方程论实现重大突破的强大动力。

从形式上看，杨辉算法没有超出《九章算术》的范围，然而，实际情形却是，杨辉在处处凸显以算为体和以《九章算术》为用的思想个性。就杨辉所选择的《九章算术》80 题作为《详解九章算法》的意图而言，其推陈出新的目的非常明确。

第一，用"垛积术"求解诸多高阶等差级数之和。《详解九章算法·商功章》出现了如下"比类"算题：

（1）"今有方亭"题的"比类"是："方垛：上方四个，下方九个，高六个，问计几何？

----

① 尚云主编：《物源小百科》，上海：上海社会科学院出版社，1990 年，第 213 页。
② 〔英〕李约瑟著《中国科学技术史》翻译小组译：《中国科学技术史》第 3 卷《数学》，北京：科学出版社，1978 年，第 301 页。
③ 李迪：《对"如积释锁"的探讨》，《内蒙古师范大学学报（自然科学版）》2001 年第 6 期，第 168 页。

答曰：二百七十一个。术曰：上下方各自乘，上下方相乘。本法，上方减下方，余，半之，圆积添此，相并，以高乘，三而一。"[1]

（2）"今有方锥"题的"比类"是："果子一垛：下方一十四个，问计几何？答曰：一千一十五个。术曰：下方加一乘下方为平积，又加半为高，如三而一。"[2]

（3）"今有鳖臑"题的"比类"是："三角垛：下广一面，一十二个，上尖，问计几何？答曰：三百六十四个。术曰：下广加一乘之，平积，下广加二乘之，立高方积，如六而一，本法。"[3]

（4）"今有刍甍"题的"比类"是："果子一垛：下长九个，上长四个，广六个，高六个，问计多少？答曰：一百五十四个。法曰：倍下长，并入上长，以广乘之，高与广同副置一位，又高乘之，并之为实，如六而一。"[4]

（5）"今有刍童"题的"比类"是："果子一垛：上长四个，广二个，下长八个，广六个，高五个，问计几何？答曰：一百三十个。法曰：倍上长，并下长，以上广乘之，得三十二，别倍下长，并上长，以下广乘之，得一百二十，二位相并，一百五十二，此刍童治积。本法，以上长减下长，余四，亦并之，果子乃是圆物，与方积不同，故入此段。以高乘之，七百八十，如六而一，亦刍童本法。"[5]

上述 5 道"比类"算题都是关于二阶等差级数的求和问题，公式见前。此类问题源于沈括的"隙积术"，是《九章算术》不曾出现的问题。沈括指出："算术求积尺之法，如刍甍、刍童、方池、冥谷、堑堵、鳖肠、圆锥、阳马之类，物形备矣。独未有'隙积'一术……'隙积'者，谓积之有隙者，如累棋、层坛及酒家积罂之类，虽（以）「似」覆斗，四面皆杀，缘有刻缺及虚隙之处，用'刍童法'求之，常失于数少。余思而得之，用'刍童法'为上行，下行别列，下行以上广减之，余者以高乘之，六而一，并入上行。"[6]用图示意如下（图 2-7）。

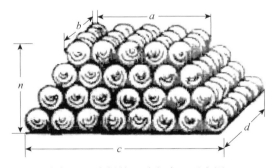

图 2-7　沈括的"隙积术"示意图

① （宋）杨辉：《详解九章算法》，《中国科学技术典籍通汇·数学卷（一）》，开封：河南教育出版社，1993年，第 987 页。
② （宋）杨辉：《详解九章算法》，《中国科学技术典籍通汇·数学卷（一）》，开封：河南教育出版社，1993年，第 988 页。
③ （宋）杨辉：《详解九章算法》，《中国科学技术典籍通汇·数学卷（一）》，开封：河南教育出版社，1993年，第 989 页。
④ （宋）杨辉：《详解九章算法》，《中国科学技术典籍通汇·数学卷（一）》，开封：河南教育出版社，1993年，第 990 页。
⑤ （宋）杨辉：《详解九章算法》，《中国科学技术典籍通汇·数学卷（一）》，开封：河南教育出版社，1993年，第 990 页。
⑥ （宋）沈括著，侯真平校点：《梦溪笔谈》，长沙：岳麓书社，1998年，第 143—144 页。

已知顶层宽为 a，顶层长为 b，底层宽为 A，底层长为 B，层数为 n，总数为 s，则依沈括的思路，列出求积公式：

$$s = \frac{n}{6}\left[(2b+B)a+(b+2B)A\right]+\frac{n}{6}(A-a)$$

由此可见，杨辉前述诸求积公式均能够从沈括的这个公式中推导出来，所以，清人顾观光说："堆垛之术详于杨氏、朱氏二书，而创始之功，断推沈氏。"[1]

第二，对"勾股旁要法"的重视。关于"九章"的名称，汉代郑玄解释为"方田、粟米、差分、少广、商功、均输、方程、盈不足、旁要"[2]。后刘歆用"勾股"替代了"旁要"，《隋书·律历志》沿袭之，两相比较，杜石然认为"郑玄之说正确无误"[3]。何谓"旁要"？孔广森说："旁要，即今三角法也。凡三角必有三边，其两斜边谓之大腰、小腰，要，即腰字。其直边谓之底，古谓之旁，盖立观之则为旁，偃观之则为底。"[4]"旁要"法在郑玄之后，经过一千多年的蛰伏，忽然以惊雷的形式回响在宋代算学的空际，折实令人振奋。杨辉在《详解九章算法·勾股章》的"今有勾五步，股一十二步"算题（见图 2-8）中，特别讲到了贾宪的"勾股旁要法"，法曰："直田斜解，勾股二段，其一容直，其一容方，二积相等，余勾、余股相乘，亦得容积之数。"[5] 这个原理甚为吴文俊、梅荣照和郭书春等所重，梅荣照在注释明代算学家程大位所著《算法统宗》里的"容方积"（见图 2-9）问题时，认为贾宪的"勾股旁要法"与刘徽注《九章算术》中的"不失本率"及近代平面几何学之"相似勾股形对应边成比例"定理相当。[6]

在"容方积图"中，矩形 FBGH 容方积（勾中容横）与矩形 EHID 容方积（股中容直）相等。实际上，从矩形 ABCD 的对角线 AC 上任意一点作两条分别平行于它的相邻两边之直线，那么，两勾股形所容矩形的面积相等。在贾宪成果的前提下，杨辉根据《事物纪原》所载"勾股、旁要本是两章"的提示，对"旁要"的内容又作了新的阐释，他说："刘徽以旁要之术变重差减积为《海岛》九问。"[7]此说肯定了"旁要"与图形变换和出入相补原理的关系。于是，孔继涵认为，"旁要云者，不必实有是形，可以自旁假设以取要之"[8]。综合各家见解，郭书春得出"旁要是用面积的出入相补原理解决测望问题的一种方法"[9]的正确结论。

① （清）顾观光：《九数存古》卷5，北京大学图书馆藏清抄本。
② 《周礼·保氏》郑玄注引郑众说；李贤注：《后汉书·郑公传》；《广韵》卷4《数》；阮元撰：《畴人传》3 编卷6《张文虎传》等。
③ 杜石然：《江陵张家山竹简〈算数书〉初探》，《自然科学史研究》1988 年第3期，第201—204页。
④ 政协瑞安市文史资料委员会，俞天舒编：《瑞安文史资料》第17辑《黄绍箕集》，政协瑞安市文史资料委员会，1998年，第271页。
⑤ （宋）杨辉：《详解九章算法》，《中国科学技术典籍通汇·数学卷（一）》，开封：河南教育出版社，1993年，第981页。
⑥ （明）程大位著，梅荣照、李兆华校释：《算法统宗校释》，合肥：安徽教育出版社，1990年，第792—793页。
⑦ （宋）杨辉：《杨辉算法》，《中国科学技术典籍通汇·数学卷（一）》，开封：河南教育出版社，1993年，第1049页。
⑧ （清）孔继涵：《九章算术·跋》，微波榭本《算经十书》。
⑨ 郭书春：《关于〈九章算术〉的编纂》，陈美东等主编：《中国科学技术国际学术讨论会论文集》，北京：中国科学技术出版社，1992年，第53页。

图 2-8 杨辉的"勾中容方图"①

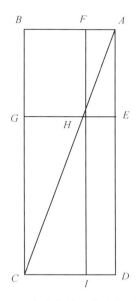

图 2-9 程大位的"容方积图"②

第三，在解题过程中不断推出新思路和新方法。自《九章算术》形成中国算学的基本传统之后，算理之光常常被各种各样的算法所掩盖，为了改变这种局面，杨辉虽然在"寓理于算"方面作出了积极努力，但从总体来看，他在算法上的成绩更加突出。

（1）《详解九章算法·勾股章》有题云："今有户高，多于广六尺八寸，两隅相去，适一丈，问户高广各几何？答曰：广二尺八寸，高九尺六寸。"③

中国符号数学不发达，而用文字来叙述运算过程，既烦琐又不易理解，故图验法就成为推动中国古代算法发展的一种有力工具。对此，杨辉在《详解九章算法·序》里明确表示："凡题、法解白不明者，别图而验之。"④从图证的角度看，刘徽利用弦图求证，固然构思比较新颖，演段亦很清晰，先求勾股和，然后再用和差法求勾与股，但整个求证过程仍显繁复。但是，杨辉"详解"的目标之一即是将刘徽和李淳风的注进一步简约化，因此，他必须另辟蹊径，并使图证更加切题。

① （宋）杨辉：《详解九章算法》，《中国科学技术典籍通汇·数学卷（一）》，开封：河南教育出版社，1993 年，第 981 页。
② （明）程大位著，梅荣照、李兆华校释：《算法统宗校释》，合肥：安徽教育出版社，1990 年，第 792 页。
③ （宋）杨辉：《详解九章算法》，《中国科学技术典籍通汇·数学卷（一）》，开封：河南教育出版社，1993 年，第 977 页。
④ （宋）杨辉：《详解九章算法》，《中国科学技术典籍通汇·数学卷（一）》，开封：河南教育出版社，1993 年，第 951 页。

证明一（勾股较与弦求股法）："弦自乘，变勾幂二，半较幂四，半较乘勾四。半较自乘，倍之，减积，余见之后图。半之，开方得弦，一段，减半较为勾，即户广也，加较为高。"[1]

若将图 2-10 转换为现代几何图形，则杨辉的图证不仅更加直观和独具匠心，而且其求证思路亦一目了然。[2]

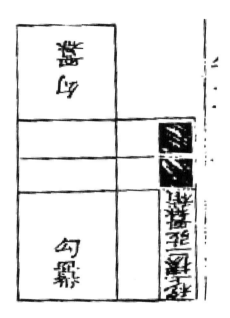

图 2-10　杨辉勾股图证法

由图 2-11 不难看出，杨辉把勾股形弦上正方形（即"两隅相去一丈"，C^2）分割成 2 个大正方形（户广，a^2），4 个长方形［即"户高多于广"为 $b-a$，半之；广为 a；其面积为 $\frac{1}{2}(b-a)a$］及 4 个小正方形［即杨辉图中被涂黑的部分，也即图 2-10 中画斜线的部分，$\left(\frac{1}{2}(b-2)\right)^2$］。依法得

$$c^2 = 2a^2 + 4\left(\frac{1}{2}(b-a)\right)^2 + 4\left(\frac{1}{2}a(b-a)\right)$$

又 $c^2 - 2\left(\frac{1}{2}(b-a)\right)^2 = \frac{1}{2}(a+b)^2$，故 $a+b=12.4$ 尺。

因减去两个画斜线的小正方形之后，剩余 2 个小正方形的边长就变成

$a + \frac{1}{2}(b-a) = \frac{1}{2}(b-a)$，将已知条件代入，则 $a=2.8$ 尺，$b=a+b-a=12.4-2.8=9.6$ 尺。

---

① （宋）杨辉：《详解九章算法》，《中国科学技术典籍通汇・数学卷（一）》，开封：河南教育出版社，1993 年，第 978 页。
② 吴文俊主编，沈康身卷主编：《中国数学史大系》第 5 卷《两宋》，北京：北京师范大学出版社，2000 年，第 599 页。

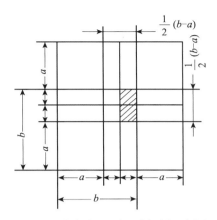

图 2-11 杨辉勾股图证法解析示意图

证明二："弦自乘，变二勾幂及勾股较乘勾二段句股较幂一段，以勾股较自乘减之，余，勾幂二段，勾乘勾股较，二段，半之，得勾方一段，勾乘较一段，以勾股较为从开方求勾，是带从开方勾即户广也，加较为股，即户高也。"[1]

由图 2-12 可知，同时参照证明一之图式，杨辉把勾股形弦上正方形分割成 2 个大正方形（户广，a^2），1 个小正方形即 $(b-a)^2$ 和 2 个长方形 $\left[a(b-a)\right]$。若减去被涂黑的那个小正方形，则

2 勾方+2 长方形 $= c^2 - (b-a)^2$，即勾方+长方形 $= \dfrac{1}{2}\left[c^2 - (b-a)^2\right]$。

用数学式表示，则 $a^2 + (b-a)a = \dfrac{1}{2}\left[c^2 - (b-a)^2\right]$，化简成二次三项式为 $a^2 + (b-a)a - \left[\dfrac{1}{2}c^2 - (b-a)^2\right] = 0$。将题中已知条件代入，得

$a^2 + 6.8a = 26.88$ 尺，正根 $a_1 = \dfrac{-b + \sqrt{b^2 - 4ac}}{2a} = 2.8$ 尺。

图 2-12 杨辉勾股弦之图证

① （宋）杨辉：《详解九章算法》，《中国科学技术典籍通汇·数学卷（一）》，开封：河南教育出版社，1993 年，第 978 页。

（2）《详解九章算法·勾股章》又有题云：“今有二人同所立。甲行率七，乙行率三。乙东行，甲南行十步而邪东北与乙会。问甲、乙行各几何？答曰：乙东行一十步半，甲邪行一十四步半及之。”[①]

关于刘徽注，钱克仁、白尚恕等都有比较详细的阐释[②]，兹不重述。

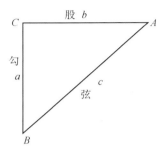

图 2-13　勾股弦图

勾股弦图如图 2-13 所示，杨辉的求证方法是：“勾弦和自乘，变勾幂二段，股幂一段，勾乘弦二段，股率自乘，股幂一段，并而勾幂、股幂、勾乘弦各二段，半之，各一段，为弦，得原弦率，以减和，求勾，减总率也，股率乘勾弦和率，求股，原股之率。”[③] 用数学式表达，则为

$$(c+a)^2 = 2a^2 + b^2 + 2ac$$
$$b^2 = b^2$$
$$(c+a)^2 + b^2 = 2a^2 + 2b^2 + 2ac$$
$$\frac{1}{2}\left[(c+a)^2 + b^2\right] = a^2 + b^2 + ac = c^2 + ac = c(c+a)$$
$$(c+a)^2 - \frac{1}{2}\left[(c+a)^2 + b^2\right] = a^2 + ac = a(c+a)$$

若设 $a + c = km$，$b = kn$，则

弦率 $c = \dfrac{k}{m}\left(\dfrac{m^2 + n^2}{2}\right)$；勾率 $a = \dfrac{k}{m} \cdot \dfrac{m^2 - n^2}{2}$；$b = kn$。

$$a:b:c = \frac{k}{m} \times \frac{m^2 - n^2}{2} : \frac{k}{m} \times kn : \frac{k}{m} \times \frac{m^2 + n^2}{2},$$

亦即 $a:b:c = \dfrac{m^2 - n^2}{2} : m.n : \dfrac{m^2 + n^2}{2}$。显然，杨辉的证法较刘徽更为简捷。[④]

---

① （宋）杨辉：《详解九章算法》，《中国科学技术典籍通汇·数学卷（一）》，开封：河南教育出版社，1993 年，第 979 页。
② 钱克仁：《数学史选讲》，南京：江苏教育出版社，1989 年，第 83—85 页；吴文俊主编，白尚恕卷主编：《中国数学史大系》第 3 卷《东汉三国》，北京：北京师范大学出版社，1998 年，第 414—416 页。
③ （宋）杨辉：《详解九章算法》，《中国科学技术典籍通汇·数学卷（一）》，开封：河南教育出版社，1993 年，第 980 页。
④ 吴文俊主编，沈康身卷主编：《中国数学史大系》第 5 卷《两宋》，北京：北京师范大学出版社，2000 年，第 678 页。

（3）《详解九章算法·勾股章》还有一道算题，杨辉在刘徽注的基础上另觅图式，可谓别具匠心，具有很高的技巧水平。原题云："今有勾八步，股一十五步，问勾中容圆径几何？答曰：六步。"[①] 如图 2-14 所示。

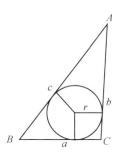

图 2-14　勾中容圆示意图

对此题的证明，刘徽得出了 4 个结论：第一，"股弦差减句，勾弦差减股为圆径"，即 $2r=a-(c-b)$ 或 $2r=(a-b)-c$；第二，"弦减勾股并，余为圆径"，即 $2r=(a+b)-c$；第三，"并句弦差股弦差，减弦，余为圆径"，即 $2r=\left[(c-a)+(c-b)-c\right]$；第四，"以勾弦差乘股弦差而倍之，开方除之，亦为径也"[②]，即 $2r=\sqrt{2(c-a)(c-b)}=\sqrt{(a+b-c)^2}$。实际上，上述公式都源自同一个 $2r=(a+b)-c$。

我们知道，三角形内切圆直径 $2r=\dfrac{2ab}{a+b+c}$，此式与 $2r=(a+b)-c$ 是否相等呢？为了证明这个问题，杨辉将边长分别为 a、b 的长方形划分成 4 个部分，如图 2-15 左半部分所示。不过，为醒目和直观起见，沈康身等特将其转换成图 2-16。[③]

图 2-15　三角形内切圆示意图

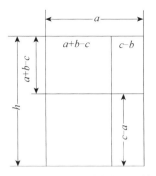

图 2-16　把三角形内切圆转换成不等面积矩形图

① （宋）杨辉：《详解九章算法》，《中国科学技术典籍通汇·数学卷（一）》，开封：河南教育出版社，1993 年，第 981 页。
② （宋）杨辉：《详解九章算法》，《中国科学技术典籍通汇·数学卷（一）》，开封：河南教育出版社，1993 年，第 981 页。
③ 吴文俊主编，沈康身卷主编：《中国数学史大系》第 5 卷《两宋》，北京：北京师范大学出版社，2000 年，第 602 页。

构成上面长方形的 4 个面积不等的矩形，它们分别是：

$$(a+b-c)^2;(a+b-c)(c-a);$$
$$(a+b-c)(c-b);(c-a)(c-b)。$$

如果将一边为 $(a+b-c)$ 的长方形自上而下依 $c-a$，$a+b-c$，$c-b$，$\frac{1}{2}(a+b-c)$ 的次序排列成一个长方形，则该长方形的面积为 $2ab$。因为 $(c-a)(c-b)=\frac{1}{2}(a+b-c)$，所以该长方形的另一边长为 $a+b+c$，故 $a+b-c=\sqrt{2(c-a)(c-b)}$。

第二节　杨辉三角的发现与科学价值

一、杨辉三角的发现、结构内容和性质

（一）杨辉三角的发现

虽然古巴比伦人和欧几里得都曾得出了平方公式，但均不完整，真正完整意义上的开方运算源自《九章算术》。《九章算术·少广章》载"开方术"云：

> 置积为实。借一算，步之，超一等。议所得，以一乘所借一算为法，而以除。除已，倍法为定法，其复除，折法而下。复置借算，步之如初。以复议一乘之，所得副以加定法，以除。以所得副从定法。复除，折下如前。若开之不尽者，为不可开，当以面命之。若实有分者，通分内子为定实。乃开之。讫，开其母，报除。若母不可开者，又以母乘定实，乃开之。讫，令如母而一。[①]

对此，李约瑟、钱宝琮等皆有详论。其中，"借一算"是指取一根算筹置于"实"的个位之下，而这根算筹即为"借算"。另外，"步之，超一等"就是把前面的"借算"从右往左隔位移动，每一步移动两位，一直移动到"实"的最左一位时停止。"议所得"的实质是选择"首商"，使之"所得之积"不大于"实"，但须取小于"实"的那个最大数，其运算过程与霍纳法相近。例如，《九章算术·少广章》有题，平方积 55 225，求方边的长。按照"开方术"的步骤推演，最后得出一个一元二次方程。具体筹算过程是：

第一步，$x^2 = 55\ 225$；

第二步，$10\ 000x^2 = 55\ 225$；

---

① （晋）刘徽注：《九章算术》卷 4《少广章》，郭书春、刘钝校点：《算经十书》，沈阳：辽宁教育出版社，1998 年，第 36—37 页。

第三步，$100x^2 + 4000x = 15\ 225$；

第四步，$x^2 + 460x = 2325$。

用一般式表达，其计算过程如图 2-17 所示。[①]

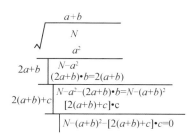

图 2-17 求高次数字方程正根的方法

因此，钱宝琮认为，"后世数学家求高次数字方程正根的方法无疑是在《九章算术》少广章开方法的基础上发展起来的"[②]。以"开方术"为基础，《九章算术·勾股章》有一道"开带从平方"的算题，应是迄今关于二次方程数值解法的最早记载。原题云："今有邑方不知大小，各中开门。出北门二十步有木。出南门十四步，折而西行一千七百七十五步见木。问邑方几何？答曰：二百五十步。术曰：以出北门步数乘西行步数，倍之，为实。并出南门步数为从法，开方除之，即邑方。"[③]

依术文，设邑方为 x，则根据题意列出方程式

$$x(x+34) = 2 \times 1775 \times 20$$

即 $x^2 + 34x = 71\ 000$。

这个方程就叫"带从开方"。当然，方程 $x^3 + bx^2 + cx = d$ 则被称作"带从立方"。此后，我国历代算学家为寻求高次方程的数值解法，开始了不懈的薪火接力，创造了一个又一个历史奇迹。如南北朝时期的祖冲之著《缀术》，"设开差幂（即开带从平方）、开差立（即开带从立方），兼以正负参之"[④]。仅从字面上看，人们就不难推想，"祖冲之已经将《九章算术》的开方法推广到含负系数的带从平方、带从立方，即解一般系数的二次、三次方程"[⑤]，遂成为宋、元时期创造高次方程解法的培基和先声。其中，"兼以正负参之"中的"正负"原为"正圆"，后来钱宝琮校正为"正负"，得到学界认可。这样，祖冲之实际上已经能求解 $x^3 \pm mx^2 \pm nx = w$（m，n 可为正数，w 为正）的正根了。唐朝王孝通所著《缉古算术》一书里出现了多道要求用三次方程的正根来求解的算题，到北宋刘益能够利用增乘开方法求解四

① 袁小明：《数学史话》，济南：山东教育出版社，1985 年，第 57 页。
② 钱宝琮：《李俨钱宝琮科学史全集》第 5 卷《中国数学史》，沈阳：辽宁教育出版社，1998 年，第 51 页。
③ （晋）刘徽注：《九章算术》卷 9《勾股》，郭书春、刘钝校点：《算经十书》，沈阳：辽宁教育出版社，1998 年，第 101 页。
④ 《隋书》卷 16《律历上》，北京：中华书局，1987 年，第 388 页。
⑤ 钱宝琮：《中国数学史》，北京：科学出版社，1992 年，第 89—90 页；参见《中国科学技术史·年表卷》，第 242 页。

次方程的正根。如 $-5x^4+52x^3+128x^2=4096$ ，即刘益著《议古根源》（1080 年）中的算题之一。同时，北宋的另一位杰出算学家贾宪发现了二项高次幂（指数为正整数）展开式的各项系数规律，遂成为组合数学发展史上的典型范例。其具体算式如下：

$$(a+b)^0 = 1$$
$$(a+b)^1 = a+b$$
$$(a+b)^2 = a^2+2ab+b^2$$
$$(a+b)^3 = a^3+3a^2b+3ab^2+b^3$$
$$(a+b)^4 = a^4+4a^3b+6a^2b^2+4ab^3+b^4$$
$$(a+b)^5 = a^5+5a^4b+10a^3b^2+10a^2b^3+5ab^4+b^5$$
$$(a+b)^6 = a^6+6a^5b+16a^4b^2+20a^3b^3+15a^2b^4+6ab^5+b^6$$

贾宪受到北宋象数学思维的影响，用"太一图"的形式来表示上述算式的系数结果，于是，就构成了"开方作法本源图"。原图见前，学界一般称之为"杨辉三角"。下面的"体图"（图 2-18）与"开方作法本源图"在形式上非常相像，两者都与象数有关。

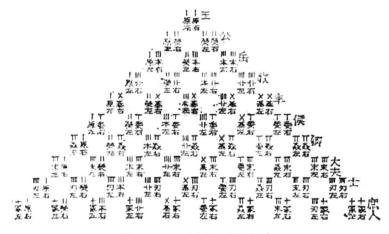

图 2-18　司马光的"体图"[①]

可见，贾宪的增乘开方法"摆脱了《九章算术》中刘徽阐释的几何方法的约束，开辟了寻求纯代数法的道路，使得这种'增乘开方法'有可能推广到更高次的情形去"[②]。

（二）杨辉三角的结构内容和性质

为了便于理解，笔者在下面特采用刘福智所引图式。

①　（宋）司马光：《温公潜虚》，黄宗羲原著，全祖望修补，陈全生、梁运华点校：《宋元学案》卷 8《涑水学案下》，北京：中华书局，1986 年，第 296 页。
②　江苏省科普创作社会基础学科委员会编：《科学史上的悬案》，南京：江苏科学技术出版社，1986 年，第 130 页。

从结构上看，杨辉三角具有以下特点（图2-19）。

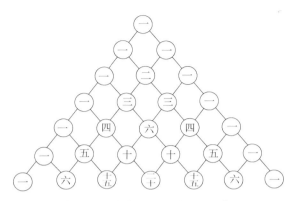

图2-19 杨辉（或贾宪）三角[①]

（1）用28个数字叠加成一个金字塔式三角形，其数字的排列规律是：第1行1个数字，第2行2个数字，第3行3个数字，第4行4个数字，第5行5个数字，第6行6个数字，第7行7个数字。实际上，贾宪三角应当不止7行，而贾宪之所以仅仅排列到第7行，是因为28个数字象征28宿。至于"7"，则源于中国古代对日月和五行的"七曜"崇拜。

（2）递归性。除了第1行外，从第2行起，两边上的数字都为1，而其余的数字则都等于它肩上的两个数字之和。

（3）中高线对称，即每行中与首尾两端等距离之数相等。

当然，以上述结构特点为基础，杨辉三角还具有很多有趣的数学性质，具体如下。

第一，自上而下，斜线上各行数字的和是1，1，2，3，5，8，13，21，34…此数列$\{a_n\}$满足：$a_1=1$，$a^2=1$，且$a_{n+2}=a_{n+1}+a_n(n\geq3, n\in N_+)$，这就是斐波那契数列。

第二，第1，3，7，15…行，也就是第2^k-1行（k是正整数）的各个数字都是奇数。

第三，第$n(n\in N_+$，且$n\geq2)$行除去两端的数字1以外的所有数均能被n整除，那么整数n必为质数。[②]

第四，以中高线为准，每条横线上的数从左至右，在与中高线相交之前的数是递增的，然而，在此之后的数则是递减的。

第五，除顶点外，每个数恰好是由顶点下滑到该数的全部不同的路径数。

第六，每条横线上的最大数是$\begin{pmatrix} n \\ [n/2] \end{pmatrix}$。[③]

第七，第m斜列中（从右上到左下）前k个数之和必等于第$m+1$斜列中的第k个数。[④]

① 刘福智等：《美学发展大趋势：科学美与艺术美的融合》，开封：河南人民出版社，2001年，第78页。
② 沈文选、杨清桃：《数学眼光透视》，哈尔滨：哈尔滨工业大学出版社，2008年，第254—255页。
③ 马光思：《组合数学》，西安：西安电子科技大学出版社，2002年，第74—75页。
④ 沈文选、杨清桃：《数学眼光透视》，哈尔滨：哈尔滨工业大学出版社，2008年，第254页。

第八，杨辉三角的基本性质是：$C_n^r = C_{n-1}^{r-1} + C_{n-1}^r$。

在具体的数学实践中，杨辉三角与九宫图、纵横路线图、谢尔宾斯基衬垫、柏拉图体、等角螺线、极限、概率及黄金均值等都有非常密切的联系。[①]

二、杨辉三角的科学价值：从算图到算式

（一）中国古代传统的算图与演段

中国古代的算图非常发达，且已形成了曾经领先于世界的算法工具体系。例如，求解55 225 的平方根，实际上等于求某一面积为55 225 的正方形的边长，而在《九章算术》之后，经过刘徽、王孝通等的努力，到贾宪、秦九韶和杨辉时期，人们借助于算图工具，将中国古代的开方术推向了一个新的历史高度。如众所知，赵爽弦图与勾股定理无疑是中国古代算图的经典范例。为了证明"勾广三，股修四，径隅五"或云"勾股各自乘，并之，为弦实。开方除之，即弦"[②]的确然性，三国时期的算学家赵爽注《周髀算经》，创造了一幅弦图，并附350 多字的图注，影响巨大。其附录于首章的"弦图"，亦即"勾股圆方图"，见下。

赵爽在附注中揭示了"弦图"的几何意义，他说："案弦图，又可以勾股相乘为朱实二，倍之为朱实四，以勾股之差自相乘为中黄实，加差实，亦成弦实。"[③] 为了使证明过程清晰，赵爽又绘制了一幅"并实图"（图 2-20）。依"并实图"，同时结合"弦图"，设勾为 a，股为 b，弦为 c，则赵爽注的意思就是说：勾与股的积（ab），与两个红色（原图为红色）的三角形面积 $\left(2 \times \frac{1}{2}ab\right)$ 相等。同理，勾股积的 2 倍与 4 个红色（原图为红色）的三角形面积 $\left(4 \times \frac{1}{2}ab\right)$ 相等。而勾与股之差的乘积，则与中央黄色小正方形的面积 $[(b-a)^2]$ 相等。这样，将此黄色小正方形与前面的 4 个红色三角形平放在一起，就等于以弦为边的大正方形的面积 (c^2)。

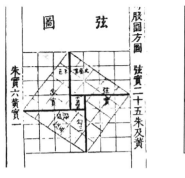
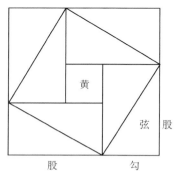

图 2-20　并实图[④]

---

① 沈文选、杨清桃：《数学眼光透视》，哈尔滨：哈尔滨工业大学出版社，2008 年，第256—259 页。
② （宋）赵爽注：《周髀算经》，上海：上海古籍出版社，1990 年，第4、6 页。
③ （宋）赵爽注：《周髀算经》，上海：上海古籍出版社，1990 年，第6 页。
④ （宋）赵爽注：《周髀算经》，郭书春、刘钝校点：《算经十书》，沈阳：辽宁教育出版社，1998 年，第2 页。

具体来讲，赵爽是用图形移补法证明了上述命题，如图 2-21 所示。即先把以勾为边长的正方形$\left(a^2\right)$和以股为边长的正方形$\left(b^2\right)$组合在一起$\left(a^2+b^2\right)$，构成图形 ADE。然后，再把左下角和右下角的两个三角形$\left(\dfrac{1}{2}ab\right)$，也就是图形 ADE 所含的两个三角形，分别移补到图中所示位置，从而得到一个以原三角形的弦为边长的正方形。

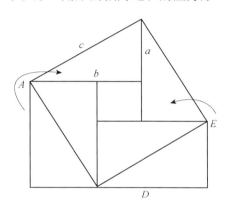

图 2-21　赵爽弦图示意

综上所述，我们不难发现，赵爽的"弦图"别致而巧妙，它实际上已经成为我国古代传统数学中"演段算法"的肇端。用图形的剖析作为证明的方法，系宋、元时期数学发展的主流。所谓"演段"，是指将图形适当分割成若干段，并按照一定的图形规律，进行必要的移补、凑合，逐步演段，从而得出各个图形之间的相互关系，最终使问题化解的一种数学方法。可见，演段法的核心思想就是如何巧妙地利用割补原理。同赵爽一样，刘徽注《九章算术·勾股章》里指出："勾自乘为朱方，股自乘为青方，今出入相补，各从其类，因就其余不移动也。合成弦方之幂，开方除之，即弦也。"[①] 本来刘徽注配有算图，可惜算图已佚。为了使刘徽注与算图相互配合，杨辉在《详解九章算法》里绘制了一幅"勾股求弦图"（图 2-22），此图与勾股旁要法一起构成了杨辉演段算法的基础。

考"演段"一词，首先见于刘益著《议古根源》一书，杨辉解释说：所谓演段就是指"演算之片段"[②]。至于"演算之片段"的具体内涵是什么，杨辉没有作进一步说明。不过，他在《算法通变本末》卷上《习算纲目》中对刘益算法的实质进行了这样的阐释："刘益以勾股之术，治演段锁方，撰《议古根源》。"[③] 在此基础上，杨辉对《九章算术·勾股章》诸道测量算题，皆用演段法进行证明和运算。例如，"今有井径五尺，不知其深，立五尺木于井

---

①　（晋）刘徽注：《九章算术》卷 9《勾股》，郭书春、刘钝校注：《算经十书》，沈阳：辽宁教育出版社，1998 年，第 95 页。

②　（宋）杨辉：《田亩比类乘除捷法》卷下，《中国科学技术典籍通汇·数学卷（一）》，开封：河南教育出版社，1993 年，第 1086 页。

③　（宋）杨辉：《算法通变本末》卷上，《中国科学技术典籍通汇·数学卷（一）》，开封：河南教育出版社，1993 年，第 1049 页。

上，从木末望水岸，入径四寸，问井深几何？答曰：五丈七尺五寸。"李培业曾对此题的刘徽证法与杨辉演段法作了比较[1]，并绘图如下（图2-23）。

图2-22　杨辉"勾股求弦图"

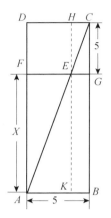

图2-23　杨辉演段法示意图

已知立木 $CG = 5$ 尺，井径 $FG = 5$ 尺，视线通过井面的点与井缘的距离 $EG = 4$ 寸，则 $FE = 4.6$ 尺。设井深为 H，依题意则有两种解法：

（1）刘徽证法利用相似三角形原理，即对应边成比例。因 $\triangle AEF \backsim \triangle EGC$，故 $\dfrac{x}{4.6} = \dfrac{5}{0.4}$，解得 $x = 57.5$ 尺。

（2）杨辉演段法则利用"勾股旁要"原理，引述见前。因 $S_{\square EHDF} = S_{\square BGEK}$，故 $EH \cdot EF = EG \cdot x$，即 $5 \times 4.6 = 0.4x$，解得 $x = 57.5$ 尺。

另外，杨辉在《田亩比类乘除捷法》卷下引证《议古根源》诸题，用的都是演段法。所以，李培业在评价杨辉对演段法的贡献时认为，到现在所能看到的宋元数学著作中，"杨辉对演段术的贡献最大"[2]。

（二）演段的局限与算式的出现

对于演段的理解，学界的认识各异。杨辉的解释见前，清代算学家周中孚说：所谓"演"，是指演立天元，而"条段者，以条段求之也"[3]。孔国平认为，条段是指"方程各项的图解。因为这种图解常常是一段一段的条形面积，故称条段"[4]。徐泽林则强调："演段，就是演算

① 李培业：《中算家列方程的演段术》，《青海师范大学学报（自然科学版）》1989年第4期，第70—78页。
② 李培业：《中算家列方程的演段术》，《青海师范大学学报（自然科学版）》1989年第4期，第77页。
③ （清）周中孚：《郑堂读书记》卷45《益古演段三卷》，《丛书集成续编》7《总类》，台北：新文丰出版公司，1989年，第552页。
④ 孔国平：《对李冶〈益古演段〉的研究》，吴文俊主编：《中国数学史论文集》3，济南：山东教育出版社，1987年，第60—61页。

出多项式的系数，因此，它是以多项式为中心的代数演算方法。"①学者的着眼点不同，因而他们对"演段"的认识必然会各持己见，仁者见仁。实际上，在宋代，"演段"主要是算图的一种，它的核心是"图"，而不是列方程。例如，杨辉三角形即是二项式展开式的算图。为了说明这个问题，我们不妨引述沈文选论杨辉三角与纵横路线图的关系于兹。

图 2-24 是一幅某城市的部分街道示意图，纵横各有 5 条路，假如由 A 处走到 B 处（只能从北而南，自西往东），问：走法共有多少种？解法：将部分街道图顺时针转动 45°，让 A 处于图的正上方，B 则处于图的正下方，并在各个交叉点标明相应的杨辉三角数，结果发现 B 处所对应的数，恰巧正是答案 ($C_8^4 = 70$)。即通常情况下，每个交点上的杨辉三角数，正好就是由 A 至此点的方法数。②

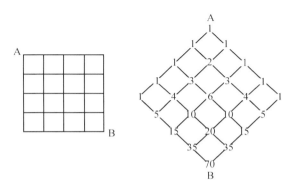

图 2-24　某城市的部分街道示意图

显而易见，杨辉算图是其演段的前提。当然，演段本身亦有一个发展和变化的过程。正是从这样的历史角度出发，徐泽林认为，演段"起源于汉唐时代列方程的几何图示法，在宋元时期逐渐由条段法转变为天元术，摆脱几何直观而成为以天元术为中心的代数演算方法"③。简言之，在徐泽林看来，中国传统的算法大致经历了三个阶段：几何图示法⇒演段法⇒天元术。

一般而言，人们把用系数通项公式来计算的方法称为"式算"，而把用杨辉三角形来计算的方法称为"图算"。从这个层面讲，杨辉演段的本质仍然属于"算图"的范畴，它还没有完成由"算图"向"算式"的转变。在此，"天元术"无疑是中国传统数学由"算图"向"算式"转变的关键点。孔国平曾以《益古演段》为例，探讨了条段法与天元术之间的内在联系。他提出了以下观点：第一，条段法是几何方法。第二，条段法的基础是出入相补原理，其渊源可追溯到刘徽和赵爽。第三，当人们把出入相补原理应用到方程系数的求法中时，条

① 徐泽林、卫霞：《"演段"考释——兼论东亚代数演算方式的演变》，《自然科学史研究》2011 年第 3 期，第 318 页。
② 沈文选、杨清桃：《数学眼光透视》，哈尔滨：哈尔滨工业大学出版社，2008 年，第 256—257 页。
③ 徐泽林、卫霞：《"演段"考释——兼论东亚代数演算方式的演变》，《自然科学史研究》2011 年第 3 期，第 318 页。

段法就诞生了。它大概产生于宋代以前，到蒋周时代，则已经达到比较完善的程度。第四，对于旧的条段法，条段图的作用是推导方程的需要，与之不同，李冶在用天元术导出方程后再画条段图，则是为了对方程作几何解释，这是一个质的飞跃。[①] 然而，杨辉却没有能够利用金朝已经出现的天元术成果，结果造成了这样的历史局面：一方面，金、元时期的算学向"算式"的方向快速发展，从而把中国传统数学的发展推向了古代历史的巅峰；另一方面，南宋的数学家仍然保守着"算图"运算，故步自封，面对天元术的产生和发展，"算图"工具明显落伍了。难怪钱宝琮慨叹：金朝的政治文明程度比不上南宋，可是仅就数学的发展成就而言，金代却超越了南宋。[②]

以条段法为特点的宋代"算图"对方程论的发展产生了积极的推动作用，这是不言而喻的，但是，随着方程的复杂性和次幂不断增加，"算图"的局限性亦越来越突出。一是仅仅依靠算图很难解决比较复杂的问题；二是方程次幂越高，用算图计算的难度就越大；三是算法的载体，依靠筹算而不是笔算。关于筹算和笔算在中国古代算学中的地位，章太炎云："按古但有筹算，笔算乃始梵僧，然史赵以亥有二首六身计日，是已有笔算矣。"[③]《新唐书·历志》载：印度《九执历》"其算皆以字书，不用筹策。其术繁碎，或幸而中，不可以为法。名数诡异，初莫之辩也"[④]。这说明唐朝时已经传入印度的笔算，可惜国人对它的先进性不认可。因此，在一个很长的历史时期里，笔算都无法取代筹算的位置。例如，李迪明确表示，宋代既有筹算又有笔算，但笔算尚不占主导地位。[⑤] 相较于筹算，笔算要求用符号和数学符号，在此基础上形成数学符号语言。从这个角度来审视宋、元时期的"算图"，我们当然会感到筹算不如笔算。所以，吴文俊说唐初笔算传入中国，我们没有理睬，结果吃了大亏。[⑥] 诚如刘方章所言，由于忽视了合适数学符号的创造，宋、元算学家站在解析几何和微积分的大门之外，止步不前了。[⑦] 当然，宋、元时期的数学虽然没有从算图走向以符号为特征的算式，但天元术毕竟出现了半符号化的运算倾向，故李俨称赞说："宋元数学的发达，实在靠着天元术。"[⑧] 这话有道理，从数学发展的内在规律看，数学抽象化需要诸多条件，除了数学自身的客观需要外，还需要社会经济、政治思想及文化传统等因素的综合作用。所以，近代数学符号语言形成于欧洲，而不是亚洲的中国或印度，社会体制应是一个不可忽视的重要环节。不过，关于这个问题的探讨，已经超出本书所论范围，故存而不议。如果我们把宋、元时期

① 孔国平编著：《李冶传》，石家庄：河北教育出版社，1988年，第111—120页。
② 中国科学院自然科学研究所：《钱宝琮科学史论文选集》，北京：科学出版社，1983年，第319页。
③ 章太炎：《国故论衡》卷上《小学十篇》，上海：上海古籍出版社，2003年，第7页。
④ 《新唐书》卷28《历四》，北京：中华书局，1987年，第692页。
⑤ 李迪：《对中国传统笔算之探讨》，《数学传播（台）》2002年第3期，第59—68页。
⑥ 参见许寿椿：《筹算、笔算、机算——数学发展阶段的一种新观察》，王渝生主编：《第七届国际中国科学史会议文集》，开封：大象出版社，1999年，第227页。
⑦ 刘方章：《数学符号概论》，合肥：安徽教育出版社，1993年，第46页。
⑧ 李俨：《中国的数理》，李俨、钱宝琮：《李俨钱宝琮科学史全集》第7卷，沈阳：辽宁教育出版社，1998年，第4页。

的"算图"和"演段"置于一个动态的历史发展过程中去认识与理解，那么下面的论述则比较符合实际：

> 在数学史上，最早用方程解决的问题，大都是几何问题，所以必然要用图形的演段来列方程。这种方法，直观明显，容易找到数量之间的关系，而且省了复杂的计算，这在初期阶段是非常有用的。当人类一旦对数及其运算的知识逐渐增加，可以抛去直观图形而仅虑数量关系时，天元术的产生就很自然了，但用演段法列方程解数学问题在历史上发挥了很好的作用，这是应当肯定的。[①]

第三节 从"增乘开方法"到中算系统的机械化方法

一、方程的推广与中算发展的巅峰

（一）"增乘开方法"与求高次方程的数值解

关于"立成释锁"与"增乘开方法"的关系，学界已经取得了一系列研究成果。[②] 多数学者认为，"增乘开方法"产生的逻辑顺序是：开方—（贾宪三角）立成释锁—增乘求廉草—增乘开方[③]。

这也是钱宝琮的基本观点，后来段耀勇等在此基础上，作了进一步细化。他们所勾勒的增乘开方法的发展脉络是：

> 除法（以乘方系数为基础）→构造出九章开方术→《缀术》中的立乘释锁法（带从）→释所算书→贾宪在释锁时，受增乘算法的启发，创立增乘算法→增乘、立成释锁并行→增乘开方为主（立成释锁为辅）→宋元的高次方程数值解法。此后，增乘失传，立成释锁为明清数学家所用。[④]

如众所知，"增乘开方"（即二项式定理）的一般表达式为

$$(a+b)^k = C_k^0 a^k + C_k^1 a^{k-1} b + \cdots + C_k^r a^{k-r} b^r + C_k^k b^k$$

---

① 李培业：《中算家列方程的演段术》，《青海师范大学学报（自然科学版）》1989 年第 4 期，第 77 页。

② 其要者有：钱宝琮：《中国数学史》，北京：科学出版社，1992 年，第 144—149 页；梅荣照：《贾宪的增乘开方法——高次方程数值解的关键一步》，《自然科学史研究》1989 年第 1 期，第 1—8 页；傅海伦、房元霞：《论贾宪的数学机械化思想》，《自然杂志》2003 年第 1 期，第 52—55 页；段耀勇等：《"增乘开方法"与"立成释锁"的关系研究》，《内蒙古师范大学学报（自然科学汉文版）》2004 年第 2 期，第 213—217 页。

③ 段耀勇等：《"增乘开方法"与"立成释锁"的关系研究》，《内蒙古师范大学学报（自然科学汉文版）》2004 年第 2 期，第 213 页。

④ 段耀勇等：《"增乘开方法"与"立成释锁"的关系研究》，《内蒙古师范大学学报（自然科学汉文版）》2004 年第 2 期，第 216 页。

杨辉在引录贾宪的《开方作法本源图》（引图见前）时，特别用 5 行 25 个字提示了"增乘开方"的基本内涵，具体如下。

（1）"左衺乃积数"，其中"衺"通古"邪"字，"邪"即"斜"，意思是说左侧斜边由上而下的数字，即 $(a+b)^k$ 展开式中各次开方的积 (a^k) 的系数。

（2）"右衺乃隅算"，是说右侧斜边由上而下的数字，即 $(a+b)^k$ 展开式中最高次项 (b^k) 的系数。

（3）"中藏者皆廉"，是说中间所夹藏的那些数，如 2，2、3，4、6、4，5、10、10、5 等，分别是对应各次项 $a^{k-r}b^r$ 的系数 $(1 \leqslant r \leqslant k)$。

（4）"以廉乘商方"，是说以各廉（即各次项系数）乘商（即根的一位数得数）的相应次方。

（5）"命实以除之"，即再从"实"（指被开方数）中减去（指开方各个步骤）。

那么，此"开方作法本源图"究竟是如何构造出来的？

杨辉引贾宪的"增乘方求廉法草"云："列所开方数，如前五乘方，列五位，隅算在外。以隅算一，自下增入前位，至首位而止。首位得六，第二位得五，第三位得四，第四位得三，下一位得二。复以隅算如前升增，递低一位求之。"[①]

  求第二位：六旧数，五加十而止，四加六为十，三加三为六，二加一为三。

  求第三位：六，十五并旧数，十加十而止，六加四为十，三加一为四。

  求第四位：六，十五，二十并旧数，十加五而止，四加一为五。

  求第五位：六，十五，二十，十五并旧数，五加一为六。

  上廉，二廉，三廉，四廉，下廉。[②]

用数学式表示，具体如图 2-25 所示。

第一位（上廉）	1	$1+5=6_{止}$	6	6	6	6	6
第二位（二廉）	1	$1+4=5$	$10+5=15_{止}$	15	15	15	15
第三位（三廉）	1	$1+3=4$	$6+4=10$	$10+10=20_{止}$	20	20	20
第四位（四廉）	1	$1+2=3$	$3+3=6$	$4+6=10$	$5+10=15_{止}$	15	15
第五位（五廉）	1	$1+1=2$	$1+2=3$	$1+3=4$	$1+4=5$	$1+5=6_{止}$	6
底位（隅）	1	1	1	1	1	1	1
	a	b	c	d	e	f	g

图 2-25 增乘法求廉

  ① （明）解缙等：《永乐大典》卷 16344《十翰韵·算字部·算法十五》少广节内引，《永乐大典》第 7 册，北京：中华书局，1986 年，第 7024 页。

  ② （明）解缙等：《永乐大典》卷 16344《十翰韵·算字部·算法十五》少广节内引，《永乐大典》第 7 册，北京：中华书局，1986 年，第 7024 页。

具体言之，增乘法求廉大致需要 6 个步骤：第一步，先将 6 个 1 排成 a 列；第二步，从最底层第 2 列的 1 起，自下增入上一位，一直递增到首行，得 6 而止，排成 b 列；第三步，从最底层第 3 列的 1 起，自下增入上一位，一直递增到第 2 行，得 15 而止，排成 c 列；第四步，从最底层第 4 列的 1 起，自下增入上一位，一直递增到第 3 行，得 20 而止，排成 d 列；第五步，从最底层第 5 列的 1 起，自下增入上一位，得 15 而止，排成 e 列；第六步，从最底层第 6 列的 1 起，自下增入上一位，得 6 而止，排成 f 列。不难看出，随着"1"的增加，人们通过上述算法就能够得到任意高次展开式的系数，从而用这些系数去求任意高次幂的"廉"。

当然，贾宪"增乘法求廉"要求筹算开方式的"隅"或"下法"都是（+1）。如何将"增乘法求廉"推广到求筹算开方式的"隅"或"下法"为（−1）的情形呢？北宋算学家刘益在《议古根源》中作了探讨，然而，他所采用的方法是"益积开方"和"减从开方"，而不是增乘开方[1]，关于这个问题待后再论。

可以肯定的是，南宋秦九韶已经把"增乘开方法"推广为一种可以适用于各种方程的数值解法。例如，《数书九章》第 5 卷第 1 题云：

问：有两尖田一段，其尖长步等，两大斜三十九步，两小斜二十五步，中广三十步，欲知其积几何？答曰：田积八百四十步。[2] 如图 2-26 所示。

图 2-26 尖田步

设大斜为 a，小斜为 b，中广为 c，另设大斜与中广围成的面积为 S_1，小斜与中广所围成的面积为 S_2，依题意有[3]

$$S_1 = \frac{c}{2}\sqrt{a^2 - \left(\frac{c}{2}\right)^2}$$

① 张研：《宋代高次方程数值解法和高阶等差数列求和的成就》，《史学月刊》1990 年第 1 期，第 113—114 页。
② （宋）秦九韶：《数书九章》卷 5《田域类·尖田求积》，《丛书集成初编》本，第 117 页。
③ （宋）秦九韶原著，王守义著：《数书九章新释》，合肥：安徽科学技术出版社，1992 年，第 209 页。

$$S_2 = \frac{c}{2}\sqrt{b^2 - \left(\frac{c}{2}\right)^2}$$

又设所求面积为 x ，则

$$x = S_1 + S_2 = \frac{c}{2}\left(\sqrt{a^2 - \left(\frac{c}{2}\right)^2} + \sqrt{b^2 - \left(\frac{c}{2}\right)^2}\right)，\text{两边开方，得}$$

$$x^2 = \left(\frac{c}{2}\right)^2\left(\sqrt{a^2 - \left(\frac{c}{2}\right)^2} + \sqrt{b^2 - \left(\frac{c}{2}\right)^2}\right)^2，\text{整理后，变成下式}$$

$$x^2 - \left(\frac{c}{2}\right)^2\left[a^2 + b^2 - 2\left(\frac{c}{2}\right)^2\right] = 2\left(\frac{c}{2}\right)^2\sqrt{a^2 - \left(\frac{c}{2}\right)^2}\sqrt{b^2 - \left(\frac{c}{2}\right)^2}，\text{为去根号，须再两边开方，}$$

则得

$$-x^4 + 2\left(\frac{c}{2}\right)^2\left[a^2 + b^2 - 2\left(\frac{c}{2}\right)^2\right]x^2 - \left(\frac{c}{2}\right)^4\left(a^2 - b^2\right)^2 = 0 \text{。}$$

将题中已知条件 $a = 39$ 步， $b = 25$ 步， $c = 30$ 步代入上式，得

$$-x^4 + 663\,200x^2 - 40\,842\,560\,000 = 0 \tag{1}$$

秦九韶用 21 个筹算图式（或云算图）比较详细地列出了该方程的求解步骤，沈康身曾换成现代数学式将秦九韶的演草展示为下面的运算程序（表 2-1）。

表 2-1　正负开方术的筹算程序[①]

程序	隅	下廉	上廉	方	实	商
①	−1	0	763 200	0	−40 642 560 000	
②	−10 000	0	76 320 000	0	−40 642 560 000	
③	−100 000 000	0	7 632 000 000	0	−40 642 560 000	800
④	−100 000 000	−800 000 000	1 232 000 000	9 856 000 000	38 205 440 000	
⑤	−100 000 000	−1 600 000 000	−11 568 000 000	−82 688 000 000	38 205 440 000	
⑥	−100 000 000	−2 400 000 000	−30 768 000 000	−82 688 000 000	38 205 440 000	
⑦	−100 000 000	−3 200 000 000	−30 768 000 000	−82 688 000 000	38 205 440 000	
⑧	−10 000	−3 200 000	−307 680 000	−8 268 800 000	38 205 440 000	840
⑨	−10 000	−3 240 000	−320 640 000	−9 551 360 000	0	

图中①—③为缩根变换，则程序③相当于列出方程：

$$-(100)^8 x_1^4 + 763\,200 \times (10)^4 x_1^2 - 40\,642\,560\,000 = 0 \tag{2}$$

此程序实际上作了 $x = 100x_1$ 的变换。这时求得 $8 < x_1 < 9$ 第 1 位商数之后，其余程序按照增乘

① 沈康身：《增乘开方法源流》，吴文俊主编：《秦九韶与数书九章》，北京：北京师范大学出版社，1987 年，第 411 页。

法的步骤运算。经 $x_2 = x_1 - 8$ 的代换后，程序⑦就变成了下面的新方程：

$$-(10)^8 x_2^4 - 3200(10)^6 x_2^3 - 3\,076\,800(10)^4 x_2^2 - 826\,880\,000(10)^2 x_2 + 38\,205\,440\,000 = 0$$

（3）

若作 $x_3 = 10x_2$ 变换，则（3）式就变为

$$-(10)^4 x_3^4 - 3200(10)^3 x_3^3 - 3\,076\,800(10)^2 x_3^2 - 82\,680\,000(10)x_3 + 38\,205\,440\,000 = 0$$

（4）

解得 $x_3 = 4$，故 $x = 100x_1 = 100(8 + x_2) = 100\left(8 + \dfrac{x_3}{10}\right) = 840$ 步。①

当然，秦九韶还对在运算过程中所出现的诸如"换骨"和"投胎"等某些特殊情况进行了讨论。同时，金、元之际的算学家李冶还突破了秦九韶"实常为负"的规定。这样，"我国数学界对任意次多项式方程（带有各种不同情况系数）的正根数值解问题已全部解决"②。

（二）中算发展的巅峰

吴文俊通过计算机程序设计完成了对增乘开方法与正负开方术的逻辑验证，因而得出"宋元时期增乘开方法与正负开方术的求方程数值解法，是中国古代数学构造性与机械化思想方法的又一代表性成就"的新结论。③对此，徐泽林有一段非常客观的评述，他说：

> 随着计算机科学的发展，近年来以数学定理的机器证明为核心的数学机械化问题日益成为数学研究的热点，追溯中外数学机械化思想发展史，具有历史与现实两方面的科学意义。以计算为中心、具有机械性与程序性的中算传统适应时代的呼唤，开始发挥这方面的重要作用，以至成为"吴方法"的思想源泉。这种机械化数学在宋元时期发展到了顶峰，但在朱世杰的四元术之后便走向衰落。④

衡量中算发展到巅峰的标志，需要结合中国传统数学的特征来确定。吴文俊指出："我国古代数学，总的说来就是这样一种数学，构造性与机械化，是其两大特色。"⑤与"希腊—阿拉伯—欧洲"的"公理化"发展线索不同，"中国—印度—欧洲"则代表着"机械化"发展线索，而"中国古代数学，乃是机械化体系的代表"⑥。其中，杨辉三角是 C 语言（即

① 卢嘉锡、路甬祥主编：《中国古代科学史纲·数学史》，石家庄：河北科学技术出版社，1998 年，第 65 页。
② 沈康身：《增乘开方法源流》，吴文俊主编：《秦九韶与数书九章》，北京：北京师范大学出版社，1987 年，第 413 页。
③ 吴文俊：《从〈数书九章〉看中国传统数学构造性与机械化的特色》，吴文俊主编：《秦九韶与数书九章》，北京：北京师范大学出版社，1987 年，第 77 页。
④ 徐泽林：《中算数学机械化思想在和算中的发展——解伏题的机械化特征》，《自然科学史研究》2001 年第 2 期，第 120 页。
⑤ 吴文俊：《从〈数书九章〉看中国传统数学构造性与机械化的特色》，吴文俊主编：《秦九韶与数书九章》，北京：北京师范大学出版社，1987 年，第 75 页。
⑥ 吴文俊：《吴文俊论数学机械化》，济南：山东教育出版社，1996 年，第 61 页。

计算机程序设计语言）程序的经典范例。如前所述，杨辉三角等值于二项展开式 $(a+b)^n$ 中各个项的系数，而各个项的系数之间呈规律分布，其突出特征是除了首尾两项系数为 1 外，当 $n>1$ 时，$(a+b)^n$ 的中间各项系数为 $(a+b)^{n-1}$ 的相应两项系数之和。

假如将 $(a+b)^n$ 的 $n+1$ 系数列为数组 c，那么，除了 $c(1)$，$c(n+1)$ 恒等于 1 外，设 $(a+b)^n$ 的系数为 $c(1)$，$(a+b)^{n-1}$ 的系数是 $c'(i)$，则

$$c(i) = c'(i) + c''(i-1)$$

当 $n=1$ 时，仅有两个值均为 1 的系数。因此，对任何 n，可由 $(a+b)^{n-1}$ 的系数求得 $(a+b)^n$ 的二项式系数。直至 $n=1$ 时，两个系数有确定值，所以能写成递归子算法如图 2-28。[①] 其程序如图 2-27 所示。

```
coeff(int a[ ],int n)
  {if(n=1)
    {a[1]=1;
    a[2]=1; }
  else
    {coeff(a,n-1)
    a[n+1]=1
    for (i=n; i>=2; i=i-1)
      a[i]=a[i]+a[i-1];
    a[1]=1;
    }
  }
main( )
{int a[100],i,n;
 input(n);
 for(i=1; i<=n; i=i+1)
    input(a[i]);
 coeff(a,n);
 for(i=1; i<=n; i=i+1)
 print(a[i]);
 }
```

图 2-27 递归子算法程序

另外，杨辉三角本身趣味无穷，像行间或行与行间各数关系、列间或列与列间各数关系及行与列各数间关系等，充分体现了数学之间的联系，蕴含着神奇而优美的数字排列规律。例如，华罗庚的《从杨辉三角谈起》中讲到了杨辉三角与二项式定理、开方、高阶等差级数、

---

① 引自吕国英等编著：《算法设计及应用》，北京：清华大学出版社，2008 年，108—109 页；吕国英等编著：《高级语言程序设计 C 语言描述》，北京：清华大学出版社，2008 年，第 201—202 页。

差分多项式、逐差法、堆垛术、混合级数、无穷混合级数、循环级数和倒数级数等数学问题，为人们进一步认识和理解杨辉三角奠定了坚实的理论基础。在此前提下，杨辉三角不断被人们开掘出新的数学意义。例如，"杨辉三角矩阵"问题[①]，"杨辉三角与素数的关系"问题[②]，随着计算机技术的普及和推广，杨辉三角的程序解亦已逐渐发展成为目前学界研究的热点问题之一[③]，等等。因此，伴随着科学技术日新月异地向前发展，杨辉三角在概率统计、组合数学、工程技术及现代物理中的应用必将越来越广泛和深入。

二、逻辑思维与非形式逻辑思维的交叉与阻抗

西方古代数学形成了一整套逻辑证明的方法，如定义、公理和定理等，与之相比，中国古代数学除了算法之外，少有定义、公理和定理之类显性的逻辑推理。于是，过去学界依此来判断标准来区别中西数学发展的不同路径。事实果真如此吗？李继闵、吴文俊等前辈通过深入研究发现，中国古代数学不仅有一套严格的逻辑规范和算法体系，而且更存在着"隐性"的算理与机械化特色。目前，李继闵、吴文俊的观点已被国内外学者广泛采纳，并成定论。

当然，我们必须承认，《周易》中的象数学对中国古代数学的发展产生了决定性影响。关于这个问题，学界既有的大量成果足以验证之。以王介南为例，他的"周易自组织理论"已经引起学界的高度重视。例如，有学者认为，"比较吴文俊与王介南先生之研究，我们不难发现中国古代数学与河洛、周易象数一脉相承的内在联系。此不仅无损中国数学传统之光辉，反而更使我们体会到中国数学深厚的文化底蕴与不竭的生命力。从质朴的洛书'消减归元术'到高度发展的'开元术'与'四元术'等，不管期间经过怎样的变化发展，贯彻始终的主线正是吴文俊先生揭示的'机械化思想'与'机械化方法'"[④]。

而吴文俊根据中国传统数学发展的实际，认为"机械化算法体系"具有以下四个方面的重要特点：①从实际问题出发，提炼出一般原理、原则与方法，最终解决一大类问题；②以算法为中心，形成以算为主、以术为法的算法体系，具有构造性、算法化和机械化的性质；

①　主要成果有：蒋省吾：《杨辉三角中的行列式》，《衡阳师专学报（自然科学版）》1987年第2期，第32—37页；潘新生等：《"杨辉三角"中的行列式再探》，《湖南数学通讯》1989年第3期；曲桂东、毕艳丽：《也谈"杨辉三角"中的行列式》，《衡阳师专学报（自然科学版）》1990年第3期，第57—61页；陈友信、张峰荣：《"杨辉三角"中的矩阵的逆矩阵》，《数学通报》1993年第10期，第34—38页；邵晓叶等：《杨辉三角矩阵》，《工科数学》1999年第3期，第143—147页；陈伟、龚雷：《也谈"矩阵格中的最短路径与杨辉三角"》，《数学教学》2004年第8期，第39页；琚国起：《杨辉三角与棋盘形街道走法》，《数学通讯》2007年第6期，第15页。

②　盛志荣：《杨辉三角与素数的关系》，《湖南理工学院学报（自然科学版）》2009年第4期，第6—9页；孟凡申：《杨辉三角中被素数整除的组合数及其个数》，《廊坊师范学院学报（自然科学版）》2010年第5期，第5—8页；刘元宗：《"吉祥数"的计数问题与杨辉三角》，《洛阳师范学院学报（自然科学版）》2012年第2期，第21—25页。

③　主要成果有：熊启才、韩涛：《关于一类杨辉三角的计算机程序解》，《河池师范高等专科学校学报（自然科学版）》2000年第4期，第15—18页；孙博文：《分形算法与程序设计 Delphi 实现》，北京：科学出版社，2004年，第174—175页。

④　李曙华：《洛书数字生成律与中国传统数学之源——兼评王介南〈洛书·终极理论——一个单独的公式〉》，《太原师范学院学报（社会科学版）》2008年第4期，第1—7页；王介南：《周易自组织理论与二十一世纪》附录，杭州：浙江大学出版社，2010年，第234页。

③几何代数化,形数合一;④中国数学从不考虑平行线问题,而以垂直性为特征的勾股三角形为中心,具有重视测量、距离等特征。[①]为了形象起见,王树人把以易学为底蕴的中国传统思维方法称为"象思维",从而与西方的概念思维相区别。在王树人看来,象思维的特点是悟性,而概念思维的特点则是理性。刘丹青亦把"悟性思维"称为"东方式思维",与西方式思维相比较,它的主要特点是:倾向于整体性思维,而不是分析性思维;倾向于形象性(非概念性)思维,而不喜欢把事物的属性提炼成抽象概念;倾向于模糊性思维,而不是确定性思维;倾向于顿悟性思维,注重发现结论而不细究结论的由来(逻辑依据)。[②]当然,我们绝不能因此而否定中国传统思维中具有逻辑推理的成分。例如,上述所举杨辉三角与增乘开方法,就包含有一定的演绎推理因素。不过,演绎逻辑在中国古代被称为"推类",或云"推类"逻辑。杨辉自述云:"辉常闻学者谓《九章》题问颇隐,法理难明,不得其门而入。于是以答参问,用草考法,因法推类。"[③]而《详解九章算法》中的"类比"即是杨辉应用"推类逻辑"的重要体现[④],所以在把宋、元数学推向中国古代历史的最高峰方面,"推类逻辑"功不可没。然而,正如胡适所说:中国古代逻辑"有学理的基本,却没有形式的累赘"[⑤]。按照崔清田的理解,所谓"形式的累赘"是指亚里士多德的形式逻辑。形式逻辑"把思维过程的一般形式和与之有关的具体内容区别开来,并把前者作为自己的研究对象",反过来,中国的推类逻辑不是这样,因为"就推类而言,虽然中国逻辑对之作了一般性和概括性的研究,但这一研究不是着力于逻辑结构的分析,而是侧重在描述性的说明,以及实质内容的考虑"[⑥]。于是,我们不得不回到韦伯的论题上来,即数学与资本主义精神。日本学者小室直树将它具体化为下面的疑问:宋代的商业盛极一时,离资本主义仅仅一步之遥,但即使这样,却也没有能够发展成近代资本主义。为什么?韦伯和小室直树的回答是宋代"仍欠缺资本主义精神",所谓资本主义精神实际上就是"数学的精神,形式逻辑学的精神"[⑦]。尽管此言有失偏颇,但是缺乏形式逻辑的有力支撑,确实触碰到了宋、元数学的一根软肋,即中国古代高度发展的数学,并没有像欧几里得的几何原理一样,与形式逻辑学相结合[⑧],而是同悟性思维相结合,以想象思维法、直觉思维法和灵感思维法等非逻辑思维为创新的主要手段和认识工具,注重"观物取象"与"象以尽意",形成了具有中国传统特色的数学发

① 李曙华:《洛书数字生成律与中国传统数学之源——兼评王介南〈洛书·终极理论——一个单独的公式〉》,《太原师范学院学报(社会科学版)》2008年第4期,第5页。
② 刘丹青:《从状态词看东方式思维》,东南大学东方文化研究所编:《东方文化》第1集,南京:东南大学出版社,1991年,第197页。
③ (宋)杨辉:《详解九章算法纂类》,《中国科学技术典籍通汇·数学卷(一)》,开封:河南教育出版社,1993年,第1004页。
④ 关于这方面的研究成果,主要有:朱志凯:《周易的类推思维方式》,《河北学刊》1992年第5期,第23—28页;张晓光:《中国古代逻辑传统中的类与推类》,《广东社会科学》2002年第3期,第32—37页;崔清田:《推类:中国逻辑的主导推理类型》,《中州学刊》2004年第3期,第136—141页。
⑤ 胡适:《中国哲学史大纲》卷上,《胡适学术文集》,北京:中华书局,1991年,第155页。
⑥ 崔清田:《墨家逻辑与亚里士多德逻辑比较研究——兼论逻辑与文化》,北京:人民出版社,2004年,第111页。
⑦ 〔日〕小室直树著,李毓昭译:《给讨厌数学的人》,哈尔滨:哈尔滨出版社,2006年,第61页。
⑧ 〔日〕小室直树著,李毓昭译:《给讨厌数学的人》,哈尔滨:哈尔滨出版社,2006年,第61页。

展模式。相反，形式逻辑却"排除了我们通常称为'直觉'或'灵感'的突跃式思维"，而把思维"限定在推理规则所规定的步子上"。[①]

毋庸置疑，就每一项具体的数学创造过程而言，笔者赞同吴文俊的说法，即"我国古算的表达形式有其另外优越的一面，非欧几里得体例所能及"，因而我国的古代数学虽然没有"采用欧几里得的演绎形式，但同样达到正确结论，其成果之辉煌，远非同时期世界其他地区的数学可以比拟"[②]。在此基础之上，人们发现宋、元时期数学的机械化特色确实非常突出，甚至在一定意义上可称为"计算机数学"，因为"大多数的'术'可以无困难地转化为程序用计算机来实现"[③]。然而，任何事物都是一分为二的，中国古算的机械化特色既是其优点，同时又是其缺点，因为机械化的思维仅仅是人脑思维的一部分，而大量非机械化的思维是不能模拟的。于是，《详解九章算法》里除了杨辉三角之外，尚有不少诸如"勾中容圆"（即直角三角形的内切圆）、"勾中容方"等错综变化的非机械化题例。这些题例虽不能机械化，但是它们本身的逻辑推理却十分精彩。[④] 可见，宋、元时期数学发展的创造性思维情形比较复杂，各种思维形式之间存在着交叉性，而由于各种思维形式具有不同的运行机制，在诸多思维形式一并运行的过程中，必然会出现阻抗性的干扰现象[⑤]，导致创新效率不高，从而延滞了宋、元时期数学向近代数学跨越的步伐。例如，宋、元时期数学运算不能实现符号化就是最典型的阻抗因素之一。另外，"中国不少数学研究者由于受古代各种神话、巫术思想的浸润，数学与迷信经常相互混杂，表现为相互封闭、闭门造车、内向、保守、不善于学习新思想，无法将数学研究的对象定位在客观的、真实的自然现象上，而只是一套虚幻的、意化了的概念客体上"，"这样就从根本上抑制了人们对数学本质的深层发问"。[⑥] 从这个层面看，全面反思宋、元时期数学思维的优劣，或许有助于人们厘清中国科学发展与传统思维的种种关系（包含积极的关系与消极的关系），进而明晰扬弃（既克服又保留）的历史脉络，它对于提升我们的"原发创生性"思维水平确实很有必要。

---

① 朱新明、李亦菲：《架设人与计算机的桥梁——西蒙的认知与管理心理学》，武汉：湖北教育出版社，2000 年，第 66 页。
② 吴文俊：《从〈数书九章〉看中国传统数学构造性与机械化的特色》，吴文俊主编：《秦九韶与数书九章》，北京：北京师范大学出版社，1987 年，第 74 页。
③ 吴文俊：《近年来中国数学史的研究》，吴文俊主编：《中国数学史论文集》3，济南：山东教育出版社，1987 年，第 9 页。
④ 参见吴文俊主编，沈康身卷主编：《中国数学史大系》第 5 卷《两宋》，北京：北京师范大学出版社，2000 年，第 649—664 页。
⑤ 参见楚渔：《中国人的思维批判：导致中国落后的根本原因是传统的思维模式》，北京：人民出版社，2011 年。
⑥ 王汝发：《从数学创新审视中国古代数学的发展》，《哈尔滨工业大学学报》2001 年第 1 期，第 17 页。

第三章 《乘除通变本末》及其科学思想

　　《乘除通变本末》又名《乘除通变算宝》，撰写于咸淳十年（1274 年），共 3 卷。其内容主要是讲简捷算法，包括"单因""重因""重乘""损乘""加法五术""求一法"等算法，以与当时的筹算改革和商业发展相适应。其中"归除口诀"首见于该书，标志着我国古代的珠算文化方兴未艾，所以梅文鼎评论说："归除歌括，最为简妙，此珠盘所恃以行也。"[①]

第一节 《乘除通变本末》的结构特点

一、《乘除通变本末》的算法类别和逻辑结构

（一）《乘除通变本末》的算法类别

　　杨辉重视计算技术，尤以《乘除通变本末》最具代表性。他在书中总结了唐朝以来的各种筹算乘除捷法计有 6 大类：重因法、身外加减法、求一法、损乘、九归和归除[②]，因而成为研究中国古代算法从筹算向珠算转化的一部重要历史文献。

1. 重因法

　　如何实现乘除捷法？这是唐代中期以后算学家所面临的急迫问题。一是因为传统的布算比较烦琐，筹算乘除法通常需要三行布算（即乘数或除数、被除数或积、乘数或商），运算十分不便，且容易出现差错；二是因为商人在繁忙的交易过程中，不得不在布算方面花费较长时间，从而影响了双方交易的效率，显然它已经不能适应商业经济发展的客观需要了。

　　下面以 274×48 为例，看看《孙子算经》与赝本《夏侯阳算经》在布算方面的不同。

　　关于《孙子算经》的筹式运算，孙宏安曾有布列，且对每步运算都有详细说明[③]，故本

---

①　（清）梅文鼎：《梅氏丛书辑要》卷 5《笔算·古算器考》，乾隆二十四年承学堂刊本。
②　梅荣照：《唐中期到元末的实用算术》，钱宝琮等：《宋元数学史论文集》，北京：科学出版社，1966 年，第 19—28 页。
③　孙宏安：《中国古代数学思想》，大连：大连理工大学出版社，2008 年，第 68 页。

题参照其运算过程，特列表如表 3-1 所示。按筹算计数的方法，个位用纵式，十位用横式，依次交互摆布。故《孙子算经》云："凡算之法，先识其位，一纵一横，百立千僵，千、十相望，万、百相当。"[①]

表 3-1　筹式运算过程

算筹摆法	说明
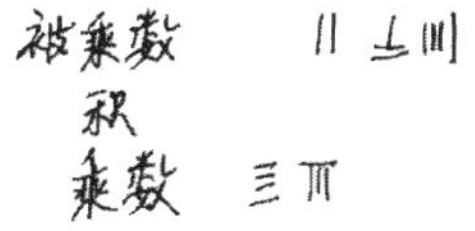 （筹算符号）	被乘数、积和乘数用筹排成三行（或三层），被乘数在上，积在中间。开始计算时只有被乘数和乘数，它们分置上、下，中间留出空来，还要注意数位，乘数的个位与被乘数的最高位数对齐
 （筹算符号）	乘数的最高位数乘被乘数的最高位数，得出的积（8）写在中间，积的个位放在乘数最高位（4）上，数的筹式（纵横）采用被乘数最高位数的上位的用法
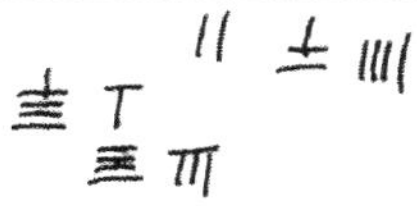 （筹算符号）	乘数的第二位数（这是十位数）乘被乘数的最高位数，得出的积（16）加在上一步得出的积上（等于96），积的个位数放在乘数的第二位上
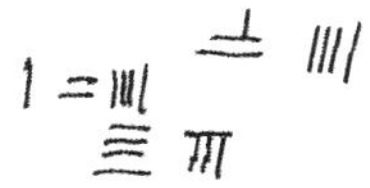 （筹算符号）	上一步因乘数的各位数全乘一遍被乘数后，去掉被乘数的最高位数，乘数向右移一位。依照上述程序，重复用乘数的最高位数乘被乘数的最高位数，得出的积（28）加在上一步得出的积上（等于124）
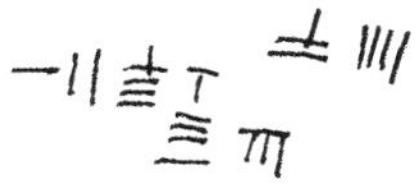 （筹算符号）	乘数的第二位数乘被乘数的第二位数，积（56）加到上一步的积上，个位对齐乘数第二位数，去掉被乘数的第二位数，因乘数的各位数又全乘一遍被乘数后，乘数向右移一位
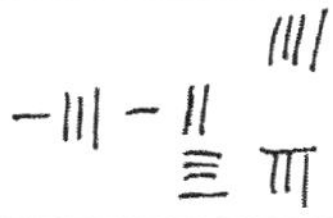 （筹算符号）	乘数的最高位数乘被乘数的第二位数（这里是个位数），积（16）加到上一步的积上（等于1312），个位对齐乘数的最高位
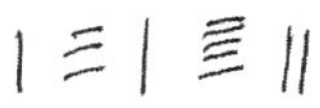 （筹算符号）	乘数的第二位数乘被乘数的第二位数，积（32）加到上一步的积上，个位对齐乘数的第二位，去掉被乘数的第三位数，乘数再向右移（这里已经结束了），然后去掉乘数，得出结果（13152）

而赝本《夏侯阳算经》中的运算相对简单[②]，即 $274 \times 48 = 274 \times 6 \times 8 = 13\,152$，用筹式运算，如图 3-1 所示。

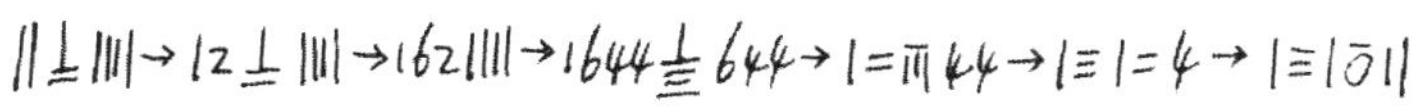

（筹式运算符号流程）

图 3-1　筹式运算过程

由于一位乘法被称为"因"，因此，所谓"重因"就是指把乘数为两位或两位以上的数分解成一位的两次乘或两次除，同时原来在三行内进行的运算转而在一行或一列内完成。唐代江本《三位乘除一位算法》（已佚）包含有"重因法"的内容，赝本《夏侯阳算经》里载

---

①　《孙子算经》卷上，郭书春、刘钝校点：《算经十书》（二），沈阳：辽宁教育出版社，1998 年，第 2 页。
②　劳汉生：《珠算与使用算术》，石家庄：河北科学技术出版社，2000 年，第 10 页。

有不少化三行乘除为一位算法的例题。杨辉在《算法通变本末》中将"重因法"的条件概括为"法数如九九合数者"[①]。当然，"重因法"也不是很完备。例如。对于多位数的乘法，须采用其他的捷法。所以，梅荣照说：杨辉"用一次个位乘法代替多位除法，确是减少许多运算步骤，然而他的方法只能适用于某些特殊除法"[②]。

2. 身外加减法

先看两道算题：赝本《夏侯阳算经》卷下载题云："今有绢二千四百五十四匹，每匹直钱一贯七百文。问计钱几何？答曰：四千一百七十一贯八百文。"[③]

用筹式运算，先列式如下：

$$2454 \times 1.7 = 2454 \times 17 \div 10 = (24\,540 + 2454 \times 7) \div 10$$

其筹算程序如图 3-2 所示。

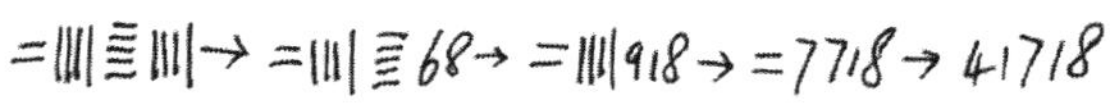

$$=\text{筹码} \rightarrow =\text{筹码}68 \rightarrow \text{筹码}918 \rightarrow 7718 \rightarrow 41718$$

图 3-2　筹算程序示意图

又杨辉《乘除通变算宝》卷中载题云："铜二十九铊，每铊二十三斤，问重几何？答曰：六百六十七斤。"[④]

用筹式运算，先列式如下：

$$29 \times 23 = 29 \times (10 + 13) = (290 + 27) + 9 \times 10 + 20 + 13$$

其筹算程序如图 3-3 所示。[⑤]

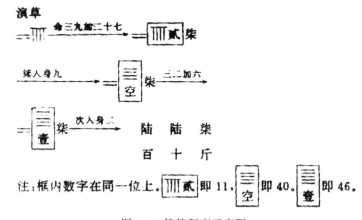

图 3-3　筹算程序示意图

① （宋）杨辉：《乘除通变算宝》卷上，《中国科学技术典籍通汇·数学卷（一）》，开封：河南教育出版社，1993 年，第 1052 页。
② 梅荣照：《唐中期到元末的实用算术》，钱宝琮等：《宋元数学史论文集》，北京：科学出版社，1966 年，第 20 页。
③ 《夏侯阳算经》卷下，郭书春、刘钝校点：《算经十书》（二），沈阳：辽宁教育出版社，1998 年，第 23 页。
④ （宋）杨辉：《乘除通变算宝》卷上，《中国科学技术典籍通汇·数学卷（一）》，开封：河南教育出版社，1993 年，第 1056 页。
⑤ 李培业，〔日〕铃木久男主编：《世界珠算通典》，西安：陕西人民出版社，1996 年，第 380—381 页。

可见，所谓身外加减法，实际上就是化乘除为加减的方法，且前提条件还需要满足乘除数首位为 1，它具体包括"加减一位""加减二位""重加减""连身加""身前因"等方法。对于这些方法，杨辉都给出了系统叙述。例如，对于乘数首位为 2 且不能分解为因数者使用"连身加"，上述"铜二十九铊"题即属于此。杨辉给出的算法是除了把 2 以后的"零数"按照"加一位""加二位""隔位加"的法则加入被乘数外，还需将被乘数本身依原来位置加入乘得的结果中。[①]

3. 求一法

前述身外加减法的适用条件是乘（除）数的第一位数码为 1，而对于乘（除）数的第一位数码不为 1 的情形，人们创立了求一法。唐及北宋就已出现了《求一算术化零歌》《求一指蒙算法玄要》《五曹算经求一法》《求一算法》等求一算术的著述。求一法亦称求一乘除法，盛行于唐及两宋，它的要旨是如何将凡乘（除）数的首位不是"1"的数码转换成"1"。尽管从实际效果来看，求一法相对于筹算有繁难之弊，故明程大位在《算法统宗》一书中弃而不用[②]，但把求一法应用于珠算，还是比较便利的[③]。杨辉在解释"求一法"的优点时说："或倍、或折、或加、或因、或变，莫不随题用意。"[④] 其中，"倍法"与"折半法"是指通过采用把乘数乘以 2 或把除数乘以 1/2，因而使乘数或除数的首位变作"1"。其求一的适宜倍数如图 3-4 所示。[⑤]

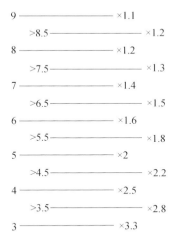

图 3-4　求一的适宜倍数示意图

① 参见梅荣照：《唐中期到元末的实用算术》，钱宝琮等：《宋元数学史论文集》，北京：科学出版社，1966 年，第 22—23 页。
② （明）程大位：《算法统宗》卷 2 "求一乘除法"云："按古有之，宾渠因考其法：用倍折之繁难，不如归除简易，故愚于此而废之，使学者专心于乘除加减之法，而无他歧之感焉。"（（明）程大位著，梅荣照、李兆华校释：《算法统宗校释》，合肥：安徽教育出版社，1990 年，第 181 页）
③ 华印椿编著：《中国珠算史稿》，北京：中国财政经济出版社，1987 年，第 39 页。
④ （宋）杨辉：《乘除通变算宝》卷中，《中国科学技术典籍通汇·数学卷（一）》，开封：河南教育出版社，1993 年，第 1057 页。
⑤ 《珠算小辞典》编写组编：《珠算小辞典》，北京：中国财政经济出版社，1988 年，第 120 页。

图 3-4 中横线两端的数码表示法数的首次位数，如法数的首次位数为 $8.5\cdots \times 1.2 = 10.2\cdots$；$4.5\cdots \times 2.2 = 10.0\cdots$；等等。

4. 损乘

损乘，亦称补数（即因数小于 10^n 的数目）乘法，是一种减法代乘法。赝本《夏侯阳算经》卷下有一道"损一位"的算题："今有糙米三千四百六十四斛五斗七升三合四勺，每斗春得熟米九升，问熟米几何？答曰：三千一百一十八斛一斗一升六合六抄。"解法有二，其中一种解法是"但从十内减一"[1]，即 $3\,464.573\,4 - 346.457\,34 = 3\,118.116\,06$ 斛。杨辉将这种方法称作"损乘"，据《算法通变本末》卷上云："损乘即下乘也，上乘以生数，下乘即损数。术曰：九乘者损一，十去其一即九；八乘者损二，十去其二即八；七乘者损三，十去其三即七；六乘者损四，五乘者折半，折半即是损五；四乘者损六，三乘者损七，二乘者损八。并自末位求起，即下乘也。"[2]这段话的意思是说，当乘数为某个位数时，先算出被乘数与 10 减去乘数所得之差的积，换言之，凡相乘二因数之一数近于 10^n，则需把它凑成 10^n 计算，而将另一因乘以 10^n（实际不用乘，只是在末尾加几个 0 位），再减去多乘的部分积，即得全积。[3]例如，《乘除通变算宝》卷中载有一题："四百三十二人，各支九贯七百，问共几何？答曰：四千一百九十贯四百文。"[4]其解法如下：

$$432 \times 9700 = 432 \times (10\,000 - 300) = 4\,320\,000 - 432 \times 300$$

杨辉给出的"损乘"算题包括"损一位""损二位""损三位""隔位损"等。另外，《法算取用本末》卷下"乘除捷法"300 题中，凡遇到以下乘数时，均可以应用"损乘法"。7，8，9 各损三，即 $a \times 7 = a \times (10-3)$，$a \times 8 = a \times (10-2)$，$a \times 9 = a \times (10-1)$；49，两次损三，即 $a \times (10-3) \times (10-3)$；63，损一损三，$a \times (10-1) \times (10-3)$；64，两次损二，即 $a \times (10-2) \times (10-2)$；81，两次损一，$a \times (10-1) \times (10-1)$；88，加一损二，即 $a \times (10+1) \times (10-2)$；97，隔位损三，即 $a \times 97 = a \times (100-3)$，因 3 与 100 隔了一位，故称"隔位损三"；96，加二损二，即 $a \times (10+2) \times (10-2)$；99，加一损一，即 $a \times (10+1) \times (10-1)$；194，倍一，隔位退三，即 $a \times 194 = a \times 2 \times (100-3)$；267，三因退一一，即 $a \times 3 \times (100-11)$；279，三因隔位退七，即 $a \times 3 \times (100-7)$；294，损四，两次损三，即 $a \times (10-4) \times (10-3) \times (10-3)$；299，加三退七七，即 $a \times (10+3) \times (100-77)$。诚然，"从笔算来看待'损乘'，似乎没有什么简便之处"，但正如郭熙汉所言："在筹算中减法运算是拿掉算筹，加法是添上算筹。从这个意义上考虑，'损乘'的作用就不可低估了。"[5]

---

[1]（宋）《夏侯阳算经》卷下，郭书春、刘钝校点：《算经十书》（二），沈阳：辽宁教育出版社，1998 年，第 27 页。

[2]（宋）杨辉：《乘除通变算宝》卷上，《中国科学技术典籍通汇·数学卷（一）》，开封：河南教育出版社，1993 年，第 1052—1053 页。

[3] 华印椿编著：《中国珠算史稿》，北京：中国财政经济出版社，1987 年，第 484 页。

[4]（宋）杨辉：《乘除通变算宝》卷中，《中国科学技术典籍通汇·数学卷（一）》，开封：河南教育出版社，1993 年，第 1061 页。

[5] 郭熙汉：《杨辉算法导读》，武汉：湖北教育出版社，1997 年，第 93 页。

5. 九归

杨辉在《乘除通变算宝》卷中说："一位为法为除，则用九归代之。若两、三位商除，自合伸引归法取用。"[①]这段话指明了"九归"与"归除"的区别："九归"适用于除数首位从 1 到 9 的除法，而归除则适用于除数在两位及两位以上的除法。为了便于记忆，杨辉录有"九归新括"共 32 句，分 3 种类型。[②]

第一种类型是"归数求成十"：九归，遇九成十；八归，遇八成十；七归，遇七成十；六归，遇六成十；五归，遇五成十；四归，遇四成十；三归，遇三成十；二归，遇二成十。

第二种类型是"归除自上加"：九归，见一下一，见二下二，见三下三，见四下四，（见五下五，见六下六，见七下七，见八下八）；八归，见一下二，见二下四，见三下六；七归，见一下三，见二下六，见三下十二；六归，见一下四，见二下十二，即八；五归，见一作二，见二作四；四归，见一下十二，即六；三归，见一下二十一，即七。

第三种类型是"半而为五计"：九归，见四五作五；八归，见四作五；七归，见三五作五；六归，见三作五；五归，见二五作五；四归，见二作五；三归，见一五作五；三归，见一作五。

例题：43 578÷9 = 4842，依歌诀运算，如图 3-5 所示。

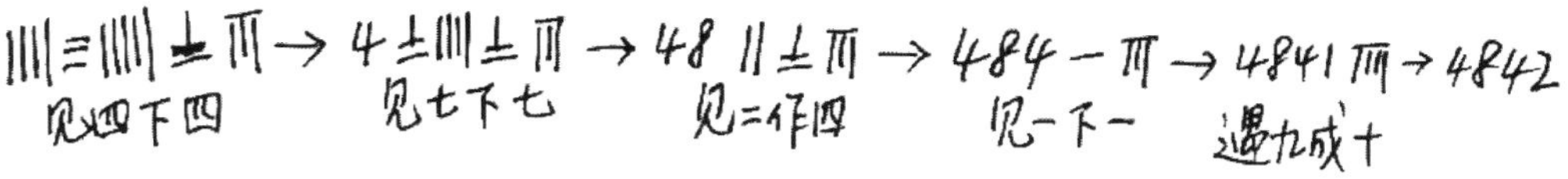

图 3-5 运算程序示意图

所以，"被除数的各位数码，自左而右，依照九归口诀逐位改变后，所得的结果退一位，就是应有的商数"[③]。

6. 归除

如上所言，归除是指除数在两位及两位以上的除法，它的基本算法是：以除数首位对被除数首位，通过"九归"歌诀，算得商数，然后以商数与除数首位以后各数的乘积，从被除数中减去，如此逐位运算，一直到将被除数除尽，便得到整个商数。[④]杨辉在《乘除通变算宝》卷中载有"六十九归"歌诀："见一下三十一，见二下六十二，见三下百二十四，遇三四五作五，遇六十九成百。见四下一百五十五，见五下二百一十七，见六下二百四十八。"用

① （宋）杨辉：《乘除通变算宝》卷中，《中国科学技术典籍通汇·数学卷（一）》，开封：河南教育出版社，1993 年，第 1059 页。
② （宋）杨辉：《乘除通变算宝》卷中，《中国科学技术典籍通汇·数学卷（一）》，开封：河南教育出版社，1993 年，第 1059 页。按：李培业补为 44 句，见《珠算研究》1982 年第 1 期。
③ 钱宝琮：《中国数学史》，李俨、钱宝琮：《李俨钱宝琮科学史全集》第 5 卷，沈阳：辽宁教育出版社，1998 年，第 146 页。
④ 中华书局辞海编辑所修订：《辞海试行本》第 12 分册《自然科学——数学·物理·化学·天文·地球物理·地质》，北京：中华书局，1961 年，第 34 页。

杨辉算书及其经济数学思想研究

现代数学式表示"六十九归"（亦称"六归九除"）歌诀，则为

$$\frac{100}{69}=1+\frac{31}{69}, \quad \frac{200}{69}=2+\frac{62}{69}, \quad \frac{300}{69}=3+\left(1+\frac{24}{69}\right), \quad \frac{345}{69}=5,$$

$$\frac{400}{69}=4+\left(1+\frac{55}{69}\right), \quad \frac{600}{69}=6+\left(2+\frac{48}{69}\right)。$$

又"八十三归"歌诀："见一下十七，见二下三十四，见三下五十一，见四下六十八，见四一五作五，遇八十三成百，四一五为中后，见五下一百二，见六下百十九，见七下百三十六，见八下百五十三。"[1] 用现代数学式表示"八十三归"（亦称"八归三除"）歌诀，则为

$$\frac{100}{83}=1+\frac{17}{83}, \quad \frac{200}{83}=2+\frac{34}{83}, \quad \frac{300}{83}=3+\frac{51}{83}, \quad \frac{400}{83}=4+\frac{68}{83},$$

$$\frac{415}{83}=5, \quad \frac{500}{83}=5+\left(1+\frac{2}{83}\right), \quad \frac{600}{83}=6+\left(1+\frac{19}{83}\right),$$

$$\frac{700}{83}=7+\left(1+\frac{36}{83}\right), \quad \frac{800}{83}=8+\left(1+\frac{53}{83}\right)。$$

归除法在宋代尚不完备，到元明时，经过朱世杰、丁巨、贾亨及何平子等的不断改进和完善，出现了撞归法与起一法等更加简捷的算法，为筹算向珠算过渡创造了条件。[2]

（二）《乘除通变本末》的逻辑结构

对于这个问题，肖学平在《中国传统数学教学概论》一书中有专文论述，笔者不拟作重复叙述。不过，为了论题的需要，我们在此仅引录其主要观点如下。

（1）与传统《九章算术》的数学领域和常用数学模型作为建构体系的标准不同，《乘除通变本末》是以数学本身的逻辑要求来建构思想体系的，因此，该书在体系方面表现出了较强的逻辑性。

（2）与从简单到复杂的认识规律相适应，杨辉在卷1中首先确定了"习算纲目"，提出具体的简化方法；接着，结合"乘、除、加、减"用法，给出了其基本的运算方法和定位方法等；最后，对相乘六法和做估商除法的两种定位方法进行了比较详细的讨论，给出了多种简化方法。就具体的解法而言，人们总是希望找到最捷的解题途径。因此，为了满足这种需要，杨辉在卷2中通过大量算题表达了一个非常重要的算法思想："算无定法，惟理是用。"[3]"理"所指应系一般化的公式和规则，依此，杨辉在该卷最后给出了一个一般性的适用于各

---

① （宋）杨辉：《乘除通变算宝》卷中，《中国科学技术典籍通汇·数学卷（一）》，开封：河南教育出版社，1993年，第1059—1060页。

② 钱宝琮认为，元代珠算尚未出现，故"此时虽用歌诀，珠算未正式出现，所以各书还用筹算记录"（《李俨钱宝琮科学史全集》第3卷，第309页）。

③ （宋）杨辉：《乘除通变算宝》卷中，《中国科学技术典籍通汇·数学卷（一）》，开封：河南教育出版社，1993年，第1060页。

种算法的"定位详说"，从而使得关于乘、除算法的研究在逻辑上趋于完整，卷下将前两卷所出现的乘除方法进一步具体化和简捷化。

（3）对于《乘除通变算宝》而言，"习算纲目"可以被看作是它的逻辑起点。其中，"九九乘法表"是整个乘除算法的基础，是该书中最基本同时也是最抽象的命题，任何其他命题都是它的具体化，而这一过程的逻辑终点便体现在卷末的具体方法之中。

（4）在各种"方法"之间，同样体现着严密的逻辑结构关系，即使是例题，也是为了符合其逻辑展开的需要而设。总之，杨辉为了教学的目的，按照数学发展的逻辑展开而编写了他的数学教科书。[①]《乘除通变算宝》的逻辑结构示意图，如图3-6所示。

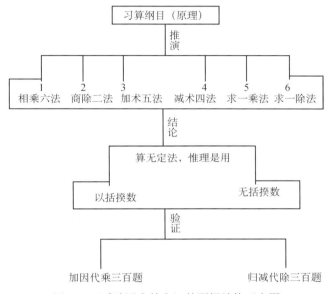

图3-6 《乘除通变算宝》的逻辑结构示意图

二、概念与方法：讲求经画的简式筹算与实际应用

（一）简算法的发展

商业经济的发展，必然促使人们想方设法寻求解决如何简化因重复计算而带来的不便问题。从敦煌千佛洞所存五代时期的一份"算表"中可以窥知，当时算法歌诀和算表比较流行。沈括在《梦溪笔谈》卷18中说："算术不患多学，见简即用，见繁即变，不胶一法，乃为通术也。"[②] 这是针对乘除速算法而发表的议论，实际上，沈括已经记录了北宋时期流行的许

① 肖学平：《中国传统数学教学概论》，北京：科学出版社，2008年，第78—80页。
② （宋）沈括著，侯真平校点：《梦溪笔谈》卷18，长沙：岳麓书社，1998年，第147页。

多简便算法，如增成法、上驱法和重因法等。^①其中，"增成法"还见于《宋史·律历志一》，其载："有徐仁美作《增成玄一法》设九十三问，以立新术，大则测于天地，细则极于微妙，虽粗述其事，亦适用于时。"^②关于此法与九归口诀的关系，有两种解释，沈括云："增成一法……都不用乘除，但补亏就盈而已。假如欲九除者，增一便是，八除者增二便是。但一位一因之，若位数少，则颇简便，位数多，则愈繁，不若乘除之有常。"^③这段话的意思是说，"增成法"的特点是"补亏就盈"，当"位数少"时，此法最为"简便"，然而，当遇到多位数时，此法却较一般的乘除法还要繁难。钱宝琮认为，综合各种因素，"除数为一位数时，'增成'法确是简便，它就是后来九归口诀的前身"^④。按：余宁旺解释说，沈括所讲的"盈"是指把除数凑成 10 的乘方数，而"亏"则是指除数比 10^n 短少的数，至于"一位一因之"应是指"补亏就盈"的运算。^⑤

与沈括的解释不同，金末元初的算学家李冶认为，它是独立于九诀之外的一种新算法。他说："今之算家，自以此法为九诀，则不以增成也。若增乘者，寻常唯求如积则用之，其左右上下。各宜位以相继乘耳，与九归绝不相类。"^⑥李冶站在天元术的角度，把"增成"理解为"增乘"，一字之差，却变成了两个完全不同的概念。"增乘法"是指两个天元式左、右、上、下的系数在相乘中各置于适当的位置，相继作乘。^⑦

在沈括的基础上，杨辉进一步把宋代的简化算法推向了一个新的历史阶段。

第一，杨辉将"古术"改进为"新术"。如"九归新括"把"九归古括"歌诀四句演成 44 句（见《算法通变本末》卷 3 "计算纲目"条），现存 32 句，从而使筹算除法更加简便。"九归古括"四句为："归数求成十，归除自上加，半而为五计，定位退无差。"^⑧"九归新括"32 句，见前文所引。有学者称"《九归新括》口诀三十二句，把北宋初年出现的一种除法——'增成法'提高到一个新的阶段，在此基础上逐步发展为后来的归除法"^⑨。又有论者说："杨辉不遗余力地改进计算技术，大大加快了运算工具改革的步伐。"^⑩可见，杨辉"新术"确实通过一系列的简捷算法把宋代的计算技术从筹算引向了"珠算"时代。

第二，引入了许多新的算学概念。杨辉说："穿除又名飞归，不过就本位商数除数而

① （宋）沈括著，侯真平校点：《梦溪笔谈》卷 18，长沙：岳麓书社，1998 年，第 147 页。
② （宋）《宋史》卷 68《律历志一》，北京：中华书局，1985 年，第 1493 页。
③ （宋）沈括著，侯真平校点：《梦溪笔谈》卷 18，长沙：岳麓书社，1998 年，第 147 页。
④ 钱宝琮：《中国数学史》，李俨、钱宝琮：《李俨钱宝琮科学史全集》第 5 卷，沈阳：辽宁教育出版社，1998 年，第 145 页。
⑤ 余宁旺主编：《中国珠算大全》，天津：天津科学技术出版社，1990 年，第 158 页。
⑥ （元）李冶：《敬斋古今黈》卷 5《拾遗》，文渊阁《四库全书》本。
⑦ 傅海伦：《传统文化与数学机械化》，北京：科学出版社，2003 年，第 144 页。
⑧ （宋）杨辉：《乘除通变算宝》卷中，《中国科学技术典籍通汇·数学卷（一）》，开封：河南教育出版社，1993 年，第 1059 页。
⑨ 穆国杰：《数学的历程》，杭州：浙江大学出版社，2005 年，第 30 页。
⑩ 孙剑：《数学家的故事》，成都：四川大学出版社，2009 年，第 15 页。

已。"①"飞归"最早见于南宋人的著作，如《云麓漫钞》所载"步田之法"及《事林广记》所载"亩门台法"都可用"一除二四，二除四八"等口诀作简化运算。有学者分析了"飞归"较"归除"法更加简捷的道理："原来一般的除法在求出商数之后，要将商数与除数相乘，再将其乘积从被除数中减去。'飞归'却将这些步骤综合起来了，制成口诀的形式，不但简单易学，也的确简化了运算程序。"②虽然"飞归"这个概念不是杨辉独创，但是他最先把它引入了算学专著，足见他对新概念的重视程度。在"相乘六法"中，杨辉提出了"单因""重因""身前因""相乘""重乘""损乘"的概念和方法，其中，尤以"单因"和"身前因"两法最富创见性。

（1）"单因法曰：置众位为实，阴记单位为法。从上位因起，言十过身，言如就身改之。定位如乘。"③

其中，"实"是指被除数，系多位数，而"法"则是指乘数，系一位数。它的运算步骤是："乘数乘被乘数，从高位乘起。乘数与被乘数每位数位上的数相乘时，若其积是两位数，就往前一位记下；若其积仍是一位数，就在本位改写。"④杨辉列举了若干算题，要者有"二因"代 5 除、"三因"代 3333 除、"四因"代 25 除、"五因"代 2 除、"六因"代 1666 除、"七因"代 14285 除、"八因"代 125 除、"九因"代 1111 除。以"六因"代 1666 除为例，杨辉给出的算题是："支钱二千七百四十六贯，买绫每一丈价直一贯六百六十六文，问：合买若干？答曰：一千六百四十七丈六尺。"⑤依术文，则有

$$2\,746\,000 \div 1666 = \frac{2\,746\,000 \times 6}{10^4} + \frac{2\,746\,000 \times 4}{10^4} \times \frac{1}{1666}$$

$$= \frac{2\,746\,000}{10^4}\left(6 + \frac{4}{1666}\right) = \frac{2\,746\,000}{10^4} \times \frac{9996+4}{1666} \approx \frac{2\,746\,000}{1666} \approx 1648丈3尺。$$

此计算结果是用现代计算方法所得，与杨辉原题得数出现误差，当在合理范围之内。因此，杨辉的近似代法可用下面的一般式来表达⑥：

设被除数 a 与除数 b，若存在个位整数 n，使 nb 接近于 10^m（m 为正整数），那么，可用 $\frac{n}{10^m} \cdot a$ 替代 $\frac{a}{b}$，其误差 ε 与余数 R 为

$$\varepsilon = \frac{(10^m - nb)a}{10^m b}$$

$$R = \frac{(10^m - nb)a}{10^m}$$

① （宋）杨辉：《算法通变本末》卷上"习算纲目"，《中国科学技术典籍通汇·数学卷（一）》，开封：河南教育出版社，1993 年，第 1049 页。
② 徐桂峰主编：《千万个为什么》8《数学篇》，台北：金色年代出版社，1981 年，第 266 页。
③ （宋）杨辉：《算法通变本末》卷上，《中国科学技术典籍通汇·数学卷（一）》，开封：河南教育出版社，1993 年，第 1050 页。
④ 郭熙汉：《杨辉算法导读》，武汉：湖北教育出版社，1997 年，第 81 页。
⑤ （宋）杨辉：《算法通变本末》卷上，《中国科学技术典籍通汇·数学卷（一）》，开封：河南教育出版社，1993 年，第 1052 页。
⑥ 孙宏安译注：《杨辉算法》，沈阳：辽宁教育出版社，1997 年，第 22—23 页。

（2）"身前因：自谓十一至十九，可于十后加零，而十即一也。何二十一至九十，不可于身前用因乎？术曰：置实数为身，以一前之数于身前，如因法求之。言如身前布位，言十身前二位下起，定位如乘。"[①]

把这段表述翻译成现代文本语言，如下：

> 对于乘数在 11 至 19 范围内的乘法，用"先将被乘数向左进一位，接着再加上乘数的个位数与被乘数的乘积"来运算，此处的 10 即进位后的 1，从末位数字乘起，依次定为身，这就是"加一位"法（程序见下）。当乘数为 21，31，41，51，…，91 时，可用数码 1 之前的数与被乘数相乘。算法：列置被乘数作为"身"，用"1"之前的十位数，在被乘数的左侧数位上用"单因"法作乘法求积。凡用歌诀中有"如"的，就在该数位的前面一位下算筹；有"十"的，就在该数位左侧第二位下算筹，并按照乘法的要求定位。[②]

"加一位"法算题：$234 \times 13 = 3042$，用"身前因"程式表达，如图 3-7 所示。

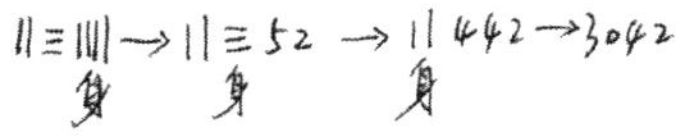

图 3-7 "身前因"的运算程式

可见，乘数与被乘数相乘，只要出现了个位为"1"（首或尾）的情形，都能用身前因法求解。其规则是：1 在右侧，进位相乘，反之，1 在左侧，退位相乘。设两乘数的位数分别为 a 和 b，从运算过程来看，常规乘法需要运算 $a \cdot b$ 次乘和 $a \cdot b$ 次加，而身前因法则仅仅需要运算 $a(b-1)$ 次乘和 $a(b-1)$ 次加，由此可见，身前因法较常规乘法具有明显的优越性和简捷性。

（二）简式筹算的应用

既然简式筹算的目的是提高运算速率，那么在社会经济日趋兴盛和日常交往活动越来越频繁的历史条件下，如何增强简式筹算的应用价值，无疑是众多算学家关注和努力探究的重要课题。杨辉的《乘除通变算宝》之所以强调"通变"，是因为追求算法的灵活性，是算法走向简捷化的必要前提。杨辉在"求一代乘除说"中云：

> 随题用法者捷，以法就题者拙。遇求一题，则用求一法；遇九归题，则用九归法，或倍或折，或加或减，或因或变，莫不随题。用意其可执求一之术而统诸题。[③]

---

① （宋）杨辉：《算法通变本末》卷上，《中国科学技术典籍通汇·数学卷（一）》，开封：河南教育出版社，1993 年，第 1053 页。
② 孙宏安译注：《杨辉算法》，沈阳：辽宁教育出版社，1997 年，第 56 页。
③ （宋）杨辉：《算法通变本末》卷中，《中国科学技术典籍通汇·数学卷（一）》，开封：河南教育出版社，1993 年，第 1057 页。

事实上，阻碍捷法应用的因素，既有来自筹算工具本身的，同时又有来自社会生活领域之中的。例如，对于不同斛石之间的折算问题，杨辉在《乘除通变算宝》卷中举出了下面的例题：

（米）足斛二百二十九石八升，问为八斗三升法斛几何？答曰：二百七十六石。[1]

又《法算取用本末》卷下载："米八百九十石，每石省斛八斗三升，问为足斛几何？答曰：七百三十八石七斗。"[2]

题中出现了不同斛石的折算，在宋代这是一个比较混乱的问题。例如，宋太宗时期连太府寺内都没有标准的度量天平和砝码等。特别是北宋中叶以来，像铸钱司、盐茶司和发运司等专业部门都有设局自制度量衡器之例，遂造成了度量衡制的混乱。南宋方回在《续古今考》中说："近代有淮尺，有浙尺。淮尺，《礼书》十寸尺也。浙尺，八寸尺也，亦曰'省尺'。民间纳夏税绢，阔二尺，长四尺。淮尺：重十二两。吾徽州，十两。江东人用淮尺；浙西人，用省尺、浙尺。"[3] 另外，程大昌的《演繁露》载："今虽国有度定，俗不一制。曰'官尺'者，与'浙尺'同，仅比'淮尺'十八；而京尺者，又多淮尺十二。公私随事致用，元无定则。"[4] 据郭正忠研究，宋代仅斛的类型至少有 13 种以上，其量制有 135 升之石、110 升之石、83 升之石、65 升之石等多种，此处"省斛（83 升）之一石，即为省斛（83 升）之一斛，仅为足斛容积的 0.83 石"[5]。又"足秤一百二十六斤，问为省秤多少？答曰：一百五十七斤半。"[6]"足秤二百三十二斤，问展省秤多少？答曰：二百九十斤。"[7]这是关于足秤与省秤的换算问题。在这里，"足秤"是指 200 钱或 20 两为 1 斤的秤，而"省秤"则是指 16 两为 1 斤之"官司省秤"，两者的比例为 20：16，或 10：8，或 5：4。[8]

在宋代，度量衡制改为十进位后，斤、两仍为十六进位制，计算时比较繁复和麻烦。故此，杨辉在《日用算法》中编制了"斤价化两价"歌诀，以简化计算。其诀云：

一求，隔位六二五；二求，退位一二五；三求，一八七五记；四求，改曰二十五；五求，三一二五是；六求，两价三三七五；七求，四三七五置；八求，转身变作五。[9]

在具体的筹算实践中，杨辉总结了民间速算的方法和经验，并加以歌诀化，因而使算术捷法得到广泛传播。例如，乘数"二百一至三百"用杂法：

① （宋）杨辉：《算法通变本末》卷中，《中国科学技术典籍通汇·数学卷（一）》，开封：河南教育出版社，1993 年，第 1059 页。
② （宋）杨辉：《法算取用本末》卷下，《中国科学技术典籍通汇·数学卷（一）》，开封：河南教育出版社，1993 年，第 1064 页。
③ （元）方回：《续古今考》卷 19《近代尺斗秤》，文渊阁《四库全书》本。
④ （宋）程大昌：《演繁露》卷 16《度》，文渊阁《四库全书》本。
⑤ 郭正忠：《三至十四世纪中国的权衡度量》，北京：中国社会科学出版社，1993 年，第 394 页。
⑥ （宋）杨辉：《法算取用本末》卷下，《中国科学技术典籍通汇·数学卷（一）》，开封：河南教育出版社，1993 年，第 1064 页。
⑦ （宋）杨辉：《法算取用本末》卷下，《中国科学技术典籍通汇·数学卷（一）》，开封：河南教育出版社，1993 年，第 1067 页。
⑧ 郭正忠：《三至十四世纪中国的权衡度量》，北京：中国社会科学出版社，1993 年，第 141 页。
⑨ 钱宝琮：《中国数学史》，李俨、钱宝琮：《李俨钱宝琮科学史全集》第 5 卷，沈阳：辽宁教育出版社，1998 年，第 142 页。

二百一，加三四加五；二百二，隔位加一倍之；二百三，七因两折加一六；二百四，加二加七；二百五，折半身前四因；二百六，倍之隔位加三；二百七，加三八加五；二百八，加三加六；二百九，加一加九；二一一，连身加一一；二一二，倍之隔位加六；二一三，加四二加五；二一四，倍之隔位加七；二一五，加七二三折半；二一六，加二加八；二一七，七因两折加二四；二一八，倍之隔位加九；……；二九八，二因加四九；二九九，加三退七七；三百，二因加五。[①]

所谓"二百一，加三四加五"，是指当 201 作乘数时，先对被乘数作加 34 运算，接着再对所得结果作加 5 运算。当用 202 作乘数时，需先对被乘数作"隔位加一"（即被乘数进两位，另外加上原被乘数与 1 的乘积）的运算，然后，再对所得结果加倍，其余类推，不作赘述。上述引文为杨辉"加因代乘三百题"中的后半部分，其算法多用"定身乘法""一位乘法""补数乘法""折半"，兼用加、因、损、折几种算法，独不见"飞归法"。因此，清人李锐说："《通变》卷内有代乘代除各三百题，此即今人所谓飞归法。"[②] 实际上，这是对杨辉算法的误解。对此，华印椿已有拨正。[③] 当然，用现代珠算的观点看，杨辉上述方法未必简捷，但是在当时的历史条件下，《法算取用本末》所介绍的"代乘代除"法，对于筹算工具的改革和民间算法之捷化，起到了重要的推动作用，甚至有些算法经过后人的进一步补充和完善，直到今天都有一定的应用价值。尤其值得一提的是，中国台湾的王文佩通过长期的数学教学实践发现，对于中等程度的学生而言，"在学习过程中，对于基本观念的再次提醒、足够的示范及演练，确实有其存在的必要性。杨辉在乘除法的各'三百题'，也为初学者和中等程度学习者，提供了更多的范例及学习机会"[④]。这些经验来自于数学教学实践，是论者亲身体悟之所得，所以它体现了《法算取用本末》中的捷法运算对于现代的基础数学与实用民生数学仍具有一定的应用价值。

第二节　《乘除通变本末》的科学价值

一、《习算纲目》与传统数学的教学方法

《算法通变本末》卷上所载"习算纲目"，是中国古代最早的一份算术教学大纲，其内容

---

① （宋）杨辉：《法算取用本末》卷下，《中国科学技术典籍通汇·数学卷（一）》，开封：河南教育出版社，1993 年，第 1066 页。
② （清）李锐：《杨辉算法跋》，《丛书集成》初编本，附《杨辉算法札记》后。
③ 华印椿：《中国珠算史稿》，北京：中国财政经济出版社，1987 年，第 488 页。
④ 王文佩：《杨辉算书与 HPM——以"加因代乘三百题"为例》，李兆华主编：《汉字文化圈数学传统与数学教育——第五届汉字文化圈及近邻地区数学史与数学教育国际学术研讨会论文集》，北京：科学出版社，2004 年，第 209 页。

丰富而实用，既反映了宋代数学发展的新趋势，同时又体现了由浅入深、循序渐进的数学教学规律。特别是杨辉在循循善诱、启发思考、重视计算及不放过细节等数学教育思想的基础上，强调要明算理，因而在中国数学教育历史上具有开创性的意义。

（一）《算法通变本末》

《算法通变本末》是《乘除通变算宝》卷上的名称，共由 4 部分内容组成：习算纲目；乘、除、加、减用法；相乘六法；商除二法。如前所述，"习算纲目"既是全书的总纲，又是乘除算法的根本原理，其具体内容如下。

（1）先念九九合数，一一如一至九九八十一，自小至大，用法不出于此。

（2）学相乘起例并定位，功课一日。温习乘法题目，自一位乘至六位以上，并定位。功课五日。

（3）学商除起例并定位，功课一日。温习除法题目，自一位除至六位除以上，并更易定位。功课半月日。

（4）既识乘除起例，收买《五曹》《应用算法》二本，依法术，日下两三问，《诸家算法》不循次第，今用二书以便初学。且未要穷理，但要知如何发问，作如何用法，答题如何用乘除。不过两月，而《五曹》《应用》已算得七八分矣。《详解算法》第一卷有乘除立问一十三题，专说乘除用体，玩味注字，自然开晓。

（5）《诸家算书》用度不出乘、除、开方三法，起例不出"如""十"二字，下算不出横、直二位，引而伸之，其机殆无穷尽矣。乘除者本钩深致远之法，《指南算法》以"加""减""九归""求一"，旁求捷径，学者岂容不兼而用之。

（6）学加法起例并定位。功课一日。温习"加一位""加二位""加隔位"。三日。

（7）学减法起例并定位。功课一日。加法乃生数也，减法乃去其数也。有加则有减，凡学减必以加法题答考之。庶知其源。用五日温习足矣。

（8）学"九归"，若记四十四句念法，非五七日不熟。今但于《详解算术》"九归"题术中，细看注文，便知用意之隙，而念法、用法一日可记矣。温习九归题目。一日。

（9）"求一"本是加减，乃以倍、折兼用，故名"求一"。其实，无甚深奥，却要知识用度。卷后具有题术下法，温习只须一日。

（10）"穿除"又名"飞归"，不过就本位商数除数而已。《详解》有文，一见而晓。加、减至"穿除"，皆小法也。

（11）商除后不尽之数，法为分母，实是分子。若乘而还原，必用"通分"；分母、分子繁者，必用"约分"；诸分母、子不齐，而欲并者，必用"合分"；分母、子有二较，其多寡者，必用"课分"；均不齐之分者，则用"平分"；斤连铢、两，匹带尺、寸，亦犹分子，非"乘分"、"除分"不能治之。治分乃用算之喉禁也，如不学，则不足以知算。而诸分并著《九章·方田》，若以日习一法，不旬日而周知。更以两月温习，必能开释。《张丘建算》序云："不患乘除为难，而患分母子之为难。"以辉言之，分子本不为难，不过位繁。剖析诸分，不致差错而已矣。

（12）开方乃算法中大节目。勾股、旁要、演段、锁积多用例有七体：一曰开平方，二曰开平圆，三曰开立方，四曰开立圆，五曰开分子方，六曰开三乘以上方，七曰带从开方。并载少广、勾股二章。作一日学一法，用两月演习题目。须讨论用法之源，庶久而无失忘矣。

（13）《九章》二百四十六问，固是不出乘、除、开方三术，但下法布置，尤宜编历。如"互乘"、"五段"、"维乘"、"列衰"、"方程"，并列图于卷首。

（14）《九章》二百四十六问，除习过乘、除、诸分、开方，自馀"方田""粟米"，只须一日。下遍"衰分"功在"立衰"，"少广"全类合分。"商功"皆是折变。"均输"取用衰分、互乘。每一章作三日演习。"盈不足""方程""勾股"用法颇杂，每一章作四日演习。更将《九章纂类》消详，庶知用算门例，《九章》之义尽矣。[①]

上述论说实际上讲的是数学教育的三个阶段论，第（1）—（4）段，为第一个阶段，重点学习乘除的基本算法；第（5）—（12）段，为第二个阶段，重点学习乘除捷法和各种扩展性算法；第（13）—（14）段，为第三个阶段，重点在于系统学习《九章算术》。在此纲目里，除保存了诸种宋代流传的数学著作之外，对于如何学习数学的问题，已经讲得再透彻不过了。其要领有三：一是熟悉乘除运算的基本法则；二是演习题目；三是灵活运用。从明清算学的发展状况看，杨辉的这种数学理念和教学思想影响十分深远。因为自杨辉之后，实用数学遂成为中国传统数学发展的主流，而抽象的纯理论数学则渐渐淡出了人们的视野。譬如，金元之际在北方出现的天元术，把中国传统数学推向了古代历史的最高峰。可惜的是，天元术远离了人们的实际生活，所以明及清初的数学家甚至连天元术著作都读不懂了。例如，明代数学家唐顺之说："艺士著书，往往以秘其机为奇，所谓天元一云尔，如积求之云尔，漫不省其为何语。"[②] 许莼舫从理论数学的角度出发，认为"宋、元之交的一二百年间（约 1100—1300 年），好说是中国数学的极盛时代。贡献最多的算家，要推秦（九韶）、李（冶）、郭（守敬）、朱（世杰）四人。"[③] 然而，尽管杨辉没有被许莼舫先生列入"贡献最多的算家"之列，但是杨辉所开创的实用数学之星火却已成燎原之势，无论官方还是民间，习其算法者都遍及社会各个阶层。因此，明代珠算的普及与杨辉诸多算法歌诀的流行之间的关系非常密

---

① （宋）杨辉：《算法通变本末》卷上，《中国科学技术典籍通汇·数学卷（一）》，开封：河南教育出版社，1993 年，第 64—67 页。

② 《清史稿》卷 506《梅文鼎传》，乌鲁木齐：新疆青少年出版社，1999 年，第 4046 页。

③ 许莼舫：《中算家的代数学研究》，上海：开明书店，1952 年，第 113 页。

切，尤其是杨辉算法对明代算器型算法体系的形成产生了直接影响。从元代开始，杨辉所倡导的简化筹算乘除法歌诀越来越完备，像朱世杰的《算学启蒙》、贾亨的《算法全能集》、丁巨的《丁巨算法》、何平子的《洋明算法》、严恭的《通原算法》、王文素的《算学宝鉴》、程大位的《算法统宗》等，都是在杨辉算法的基础上编撰而成。另外，从数学教育的层面看，《习算纲目》蕴含着丰富的课程论要素：有完善的数学知识体系；有明确的技能培训要求；有可行的学习进度日程；有精辟的教材层次分析；有适用的教学参考书目；有中肯的学习方法指导。同时，在课程观的主要倾向方面，杨辉已经形成了明确的"学生是学习过程的活动主体"和"数学课程是个有结构的体系"的思想认识，它对我们当今的数学教育改革仍具有重要的现实意义。[1]

（二）《乘除通变算宝》

杨辉《习算纲目》的中心是学习和掌握"代乘代除"的运算技巧，而按照杨辉的数学教学三阶段论，该卷属于第二阶段的教学内容，是关于扩展性的乘除替代算法，主要包括"加法""减法""九归""求一"等方法。因"九归"及"求一"法已见前述，故此处仅以"加法"和"减法"为例，略作阐释。

（1）"加法"是指以加代乘的方法，主要有"加一位""加二位""重加""加隔位""连身加"5 种方法。

"加一位"法的运算程序是："以所有物数为实（即被乘数，亦称作'身'），为身，以法首之数（即乘数的首位数，因乘数都是两位数，故十位上都为 1，个位上均是从 1 到 9 的数字），定为得数（即中间的数）。以所求物价一后零数（即个位上的数，亦称'零数'），于身后加之（指将被乘数与'零数'之积加在中间得数上），言十当身布起（指凡遇到乘法口诀中带'十'的，即在该位数上下筹加数），言如次身求之（指凡遇到乘法口诀中带'如'的，就退一位加数）。"[2] 简单来说，"加一位"就是将被乘数乘以 10，然后加上"零数"与被乘数之积，它适用于乘数为 11—19 这些数码的情形。例如，$346 \times 16 = 5536$，用上述方法布算，如图 3-8 所示。

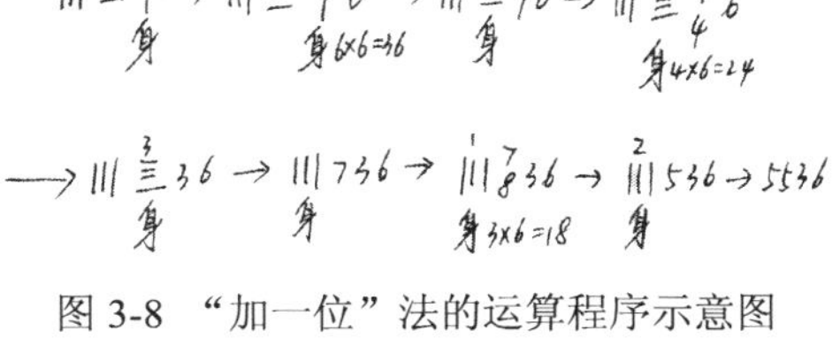

图 3-8　"加一位"法的运算程序示意图

---

① 张永春：《〈习算纲目〉是杨辉对数学课程论的重大贡献》，《数学教育学报》1993 年第 1 期，第 45 页。
② （宋）杨辉：《算法通变本末》卷中，《中国科学技术典籍通汇·数学卷（一）》，开封：河南教育出版社，1993 年，第 1055 页。

"加二位"法的运算程序是:"以所有物数为实,为身,以法首之数(即乘数的首位数,因乘数都是三位数,故百位上都为1,十位和个位上均是从11到99的数字)定为所得数,以所求物价一后二位零数(指乘数的首位数'1'后的两位上的数,分别与被乘数相乘),于实身后先加第二位(即把所得之积加到中间得数上),言十次身布(凡遇到'十'的口诀退一位加),言如隔位加(凡遇到'如'的口诀退两位加),却加第一位(对十位数施此运算),言如次身置(凡遇到口诀带'如'的退一位加),言十起当身求之(凡遇到口诀带'十'的就在本位上加)。"① 可见,该法适用于乘数为111—199这些数码的情形。例如,$383 \times 116 = 44\,428$,用上述方法布算,如图3-9所示。

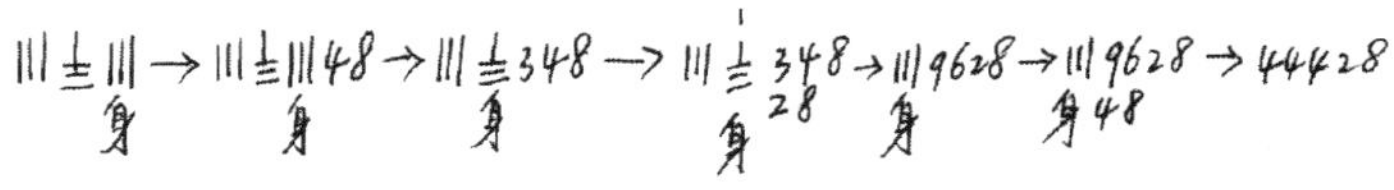

图3-9 "加二位"法的运算程序示意图

"重加"法的运算程序是:"题法繁者,约之(将较繁的乘数分解为两个首位为'1'的两位数的积),用加一位之法(据一个因数作完一次'加一位'运算),加讫。重加(再据另一因数作另一次'加一位'运算)。"② 实际上,"重加"就是连续两次用"加一位"法则。例如,$382 \times 204 = 382 \times 17 \times 12 = 77\,928$,布算程式略。

"加隔位"法的运算程序是:"置实数为身(用乘数的个位数乘被乘数),以法数言十身后布起(当口诀带'十'时,退一位加数),言如隔位加零(当口诀带'如'时,向后隔一位加数)。"③ 此法适用于乘数为101—109这些数码的情形。例如,$107 \times 106 = 11\,342$,用上述方法布算,如图3-10所示。

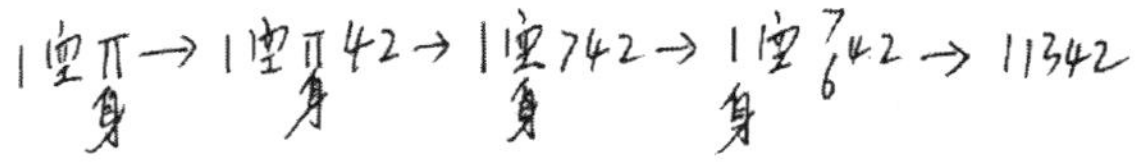

图3-10 "重加"法的运算程序示意图

"连身加"法的运算程序是:"如加一位之法(此法适用于乘数首位为'2',并且不能分解因数而变为上述算法的情形,故按照'加一位'法则运算),先加零数(先将乘数个位上数与被乘数的积加到被乘数上),而后入身数(再将被乘数本身按照原来数位加入前面的结果之中),定位如加(像'加一位'那样定位)。"④ 例如,$29 \times 23 = 29 \times (10+13) = 667$,用"加一位"法布算,具体筹式略。

① (宋)杨辉:《算法通变本末》卷中,《中国科学技术典籍通汇·数学卷(一)》,开封:河南教育出版社,1993年,第1055页。
② (宋)杨辉:《算法通变本末》卷中,《中国科学技术典籍通汇·数学卷(一)》,开封:河南教育出版社,1993年,第1055页。
③ (宋)杨辉:《算法通变本末》卷中,《中国科学技术典籍通汇·数学卷(一)》,开封:河南教育出版社,1993年,第1055页。
④ (宋)杨辉:《算法通变本末》卷中,《中国科学技术典籍通汇·数学卷(一)》,开封:河南教育出版社,1993年,第1056页。

（2）"减法"是指以减代除的方法，主要有"减一位""减二位""重减""隔位减"4 种方法。

"减一位"法的运算程序是："以出钱数为实（用总钱数作被除数），以所求题一后零数为法（用所求解问题中的除数'1'后的个位数作除数），从实首位存身数减零（先由被除数的首位商求得'存数'，再用乘数'1'后的'零数'乘'存数'，从被除数中相关数位中减去）。言十当身减（凡遇到'十'的口诀就从本位减起），言如次身减之（凡遇到'如'的口诀就退一步减之）。"[1] 同前面的"加一位"，该法适用于除数为 11—19 这些数码的情形。例如，5642÷13 = 434，用"减一位"法布算，如图 3-11 所示。

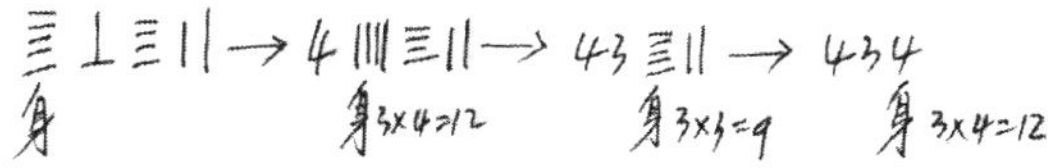

图 3-11 "减一位"法的运算程序示意图

"减二位"法的运算程序是："以所有物数为实（先从被除数的首位商求得'存数'）、为身，以所求物价一后二位零数，从实首位存身，得数（再用除数'1'后的两位'零数'分别乘'存数'，随乘随减），先减第二位（先乘第二位'零数'，从被除数中减去积），言十次身减积（用到带'十'的口诀退一位减数），言如隔位退（用到带'如'的口诀退两位减数），如却减第一位（再乘第一位'零数'），言如次身减积（用到带'如'的口诀就退一位减数），言十就实除之（用到带'十'的口诀就在本位数上减之）。"[2] 此法适用于除数为 111—199 这些数码的情形。例如，29 193÷111 = 263，用"减二位"法布算，如图 3-12 所示。

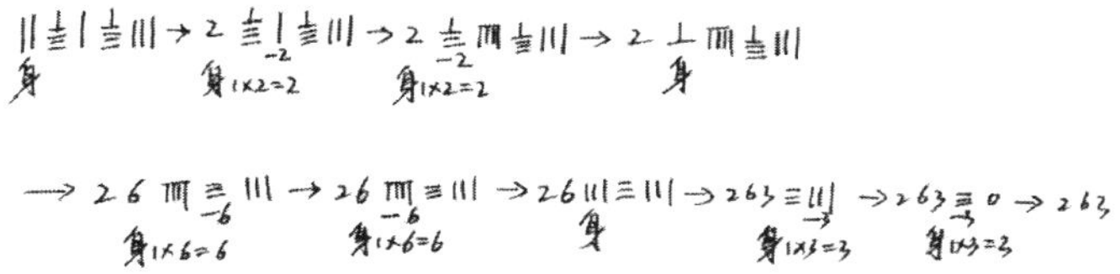

图 3-12 "减二位"法的运算程序示意图

"重减"法的运算程序是："除题位繁者（当出现除数数位较多时），约之（把除数分解成若干个首位数为'1'的两位数）。作两次减（可以'两次'用'减一位'法），或三次减（也可以'三次'用'减一位'法）。位简必捷（当用'减二位'较繁时，可用本法）。不妨本法定位（但不能弄错原来除法的定位）。"[3] 例如，44 132÷187 = 44 132÷11÷17 = 236。原题已转化为用"加一位"法布算，只是多算一次，具体筹式略。

① （宋）杨辉：《算法通变本末》卷中，《中国科学技术典籍通汇·数学卷（一）》，开封：河南教育出版社，1993 年，第 1056 页。
② （宋）杨辉：《算法通变本末》卷中，《中国科学技术典籍通汇·数学卷（一）》，开封：河南教育出版社，1993 年，第 1056 页。
③ （宋）杨辉：《算法通变本末》卷中，《中国科学技术典籍通汇·数学卷（一）》，开封：河南教育出版社，1993 年，第 1057 页。

"隔位减"法的运算程序是："置实数（被除数）为身，以法命实（以除数估商，从被除数中减去除数零后的个位数与商之积）。言十身下减起（口诀中有'十'，用退位减数），言如隔位退零（口诀中有'如'，用隔位减数）。"[1] 该法适用于除数为 101—199 这些数码的情形。例如，728 728÷104＝7007，用"隔位减"法布算，如图 3-13 所示。

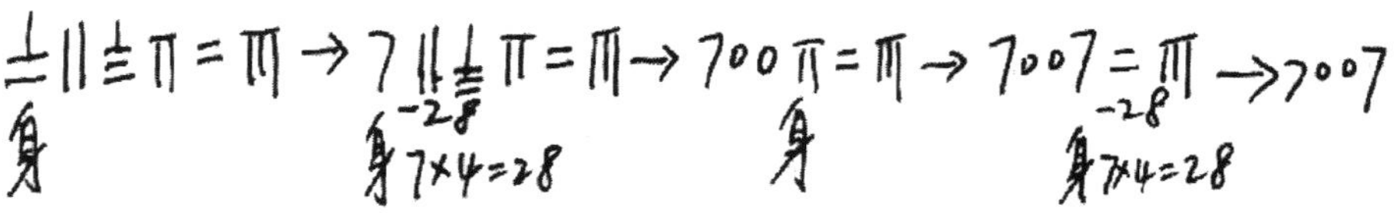

图 3-13 "隔位减"法的运算程序示意图

（三）《法算取用本末》

此卷主要是习题集，它是对卷中乘除捷法的注释，内容包括"加因代乘三百题"和"归减代除三百题"。郭熙汉认为，此卷除数为 191—199 的情形最有特色，在他看来，"由于这些数与 200 的差均为一位数，可以把除法用减法来完成；每次减去 200，再添上除数与 200 的差。这种算法的道理很简单，而且简便、快捷"[2]。当然，此卷的意义似乎还不止于斯，因为从思维方式的角度看，强调大量地练习算题，源于一种古老的文化惯性。美国数学哲学家怀尔德说："数学是一种文化体系。"[3] 他的言外之意是说数学发展应当是多元的和不断变化的，用一种模式去评价世界各国在不同文化体系中培育和成长的数学历史，将很难把韵味无穷的数学内涵——揭示出来。中国传统数学有其独特的文化个性，而杨辉的乘除捷法则非常集中地把这种个性光芒投射到了人们的视野里。

（1）实用＋技艺型的数学模式。先从实用的层面看，杨辉所设计的题型都与人们的生产和生活实际相联系，这是自唐朝李淳风等注释《算经十书》已降，杨辉将筹算数学推向实用化的重要一步，而且是具有决定性意义的一步。如果把珠算称为"民用"数学或者"商用"数学，那么其真正的培育人就是杨辉。仅此而言，杨辉算法又是一种以技艺型为价值取向的算器型算法。[4] 例如，"加因代乘三百题"涉及的算法有"从因""从加""连身加""隔位加零"等，而在"归减代除三百题"里杨辉则非常重视"随题用法"，体现出了他对算题解法多样性的高度关注。通观杨辉"加减代乘除三百题"的设计技巧，追求计算效率是其根本目的。比如，杨辉在解释"从因"法的性质时说："随题用法求捷，不必拘执。"[5] 又杨辉在解答"罗四百九十一丈五尺二寸，各一丈九尺二寸，问给几人"一题的求解方法时，说了下面

① （宋）杨辉：《算法通变本末》卷中，《中国科学技术典籍通汇·数学卷（一）》，开封：河南教育出版社，1993 年，第 1057 页。
② 郭熙汉：《杨辉算法导读》，武汉：湖北教育出版社，1997 年，第 143 页。
③ C. Smorynski：《数学——一种文化体系》，《数学译林》1988 年第 3 期，第 249 页。
④ 王宪昌：《宋元数学与珠算的比较评价》，《自然科学史研究》1997 年第 1 期，第 23—25 页。
⑤ （宋）杨辉：《算法通变本末》卷下，《中国科学技术典籍通汇·数学卷（一）》，开封：河南教育出版社，1993 年，第 1062 页。

一段话。他说:"一丈九尺二寸为法,本用减二,减六。若谓减二繁,则用折半、六归代;六归繁,则以加五、用九归代;或谓减六繁,用折半、八归代;又谓八归繁,更以加二五代之;或三折半代加二五。此祗从人使用,既论小法当尽其理。"① 说来说去,其宗旨还是去繁就简和去繁就捷。这种鲜明的简捷意识确实与南宋商品经济的快节奏生活节律相一致,它反映了当时整个社会阶层特别是投身于各种繁忙的经济生活之中的那些劳动者对筹算改革的迫切要求。

(2)"题法"与"题验"相结合的数学思想。杨辉在《法算取用本末》的总论里,谈了他对代乘代除的深度理解和经验性认识。他说:"夫算者,题从法取,法将题验。凡欲见明一法,必设一题。若遇问题,须详取用,大概不出乘、除。后人用加、减、归、折,乃乘、除之曲径也。若猝然承题,未见取法之隙,用乘、除为便,或日用定数,当立折变为捷,是皆得其宜也。却不必勉强,自取周折。今以一至三百为题,验诸加、减。"②《九章算术》有"题法",但无"题验",而自刘徽补充了术草之后,唐宋算家在术草方面取得了显著成就。然而,与唐宋算家的数学理论略有不同,杨辉除了继续探究与《九章算术》诸题有关的"术草"之外,更加注重"题验",这是杨辉算书的一个重要特点。至于杨辉为什么要凸显"题验"的重要性,恐怕与宋代的科举制度关系密切。科举制度是一种竞争性很强的选拔人才的措施,通过下面的实例即可窥知其竞争的激烈程度。《建炎以来系年要录》卷 172 记载了绍兴二十六年(1156 年)江浙地区的科举竞争实况,当时为缓解士人的竞争压力,"诏增温州解五人,台、婺州各三人。静江府、明、处、湖、衢、严、福、徽、秀、汀、宾、融州各二人。以三郡终场二百人以上始解一人。而静江府及诸州百人始解一人也"③。无论"二百人以上始解一人" 还是"百人始解一人",都体现了南宋科举过程之艰难,可谓前所未有。杨辉曾长期生活在杭州、苏州及台州等地,他对发生在南宋科举与士人之间的那种残酷情状应该说是感悟颇深,所以杨辉"题验"式的数学教育理念适应了广大民众尤其是应试者的客观需要,而它格外受到士人欢迎的主要根由亦在于此。事实上,如果我们把观察的视野再放大一些,那么像二程及朱熹所倡导的"问题式"教学方法,归根到底也是一种应试教育的产物。"题验"的结果往往是提高和强化解题技巧,它对于算法的创新意义不大。我们固然不可以说导致明清时期纯理论的抽象数学逐渐走向衰落的责任在杨辉,但是杨辉重"题验"的数学方法确实更容易为广大民众所接受。所以,纯理论的抽象数学受到明清时期算家的冷落,与南宋以来人们习惯于实用型的思维方式多多少少存在着一定的联系。

---

① (宋)杨辉:《算法通变本末》卷下,《中国科学技术典籍通汇·数学卷(一)》,开封:河南教育出版社,1993 年,第 1070—1071 页。
② (宋)杨辉:《算法通变本末》卷下,《中国科学技术典籍通汇·数学卷(一)》,开封:河南教育出版社,1993 年,第 1062 页。
③ (宋)李心传:《建炎以来系年要录》卷 172 "绍兴二十六年四月戊子条",文渊阁《四库全书》本。

二、捷法和素数与算无定法

（一）捷法和素数

关于捷算法与素数的关系，孔国平曾有专文论之[①]，其主要观点可概述如下。

（1）"重乘"的核心思想就是分解因数。例如，杨辉说："乘位繁者，约为二段，作二次乘之，庶几位简而易乘，自可无误也。"[②] 这段话的意思是说，当遇到乘数为多位数时，为了运算的简捷，需把乘数分解为若干因数连乘之积。譬如，杨辉给出这样一道算题："三万八千三百六十七斤。每斤价钱二十三贯一百二十一文。问钱若干？"[③] 用现代数学式表达，则为 $38\,367 \times 23\,121 = 38\,367 \times 7 \times 9 \times 367$。因此，华印椿称这种方法为"分乘法"，而朱永茂则称之为"分解因数相乘法"。

（2）第一次提出了素数的概念。杨辉在上题的术草中解释："置价钱为法，二十三贯一百二十一文，约之。先以九约，又以七约，乃见三百六十七，更不可约也。"[④] 如众所知，素数的充要条件就是一个正整数如果被 1 且只能被 1 和它本身整除。在此，"更不可约"，即是指"除了 1 和本身外没有其他约数"。很明显，"不可约"之数与素数是一个意思。

（3）列出了从 201 到 300 之间的素数表。按照上面的思路，杨辉在"三十一至一百用杂法"[⑤]里，多次用到了"更不可约"的分解因素法，如"三十三，三因加一"，即当 33 作为乘数时，用乘以 3，再乘以 11 的方法求解；"三十五，七因折半"，即当 35 作为乘数时，用乘以 7，再乘以 5 的方法求解；"三十七，加一一用三除"[⑥]，即当 37 作为乘数时，用乘以 11，再除以 3 的方法求解。而在《法算取用本末》卷下"三百一至三百用杂法"里，杨辉列举了各个多位数的求解方法，其中共有 16 个素数，也是从 201 到 300 的全部素数：211，223，227，229，233，239，241，251，257，263，269，271，277，281，283，293。

当然，在素数方面成就最大者，莫过于杨辉幻方。关于这个问题，留待后面再作阐释。

（二）算无定法

杨辉重视解题方法的创新，这既是他对算法进行长期探索的根本，同时更是其"算无定法"思想的必然要求。在《乘除通变算宝》一书中，杨辉固然提出了许多解题的具体方法，或云"解题模式"，但是，从总的原则看，杨辉尤其突出解题方法的灵活性和多变性。立成法又敢于突破成法，这就是杨辉算术的隽永之处。杨辉在"算无定法详说"中言：

① 孔国平：《杨辉》，吴文俊主编：《世界著名数学家传记》，北京：科学出版社，1995 年，第 343 页。
② （宋）杨辉：《算法通变本末》卷上，《中国科学技术典籍通汇·数学卷（一）》，开封：河南教育出版社，1993 年，第 1053 页。
③ （宋）杨辉：《算法通变本末》卷上，《中国科学技术典籍通汇·数学卷（一）》，开封：河南教育出版社，1993 年，第 1053 页。
④ （宋）杨辉：《算法通变本末》卷上，《中国科学技术典籍通汇·数学卷（一）》，开封：河南教育出版社，1993 年，第 1053 页。
⑤ （宋）杨辉：《算法通变本末》卷上，《中国科学技术典籍通汇·数学卷（一）》，开封：河南教育出版社，1993 年，第 1063 页。
⑥ 宜稼堂丛书本作"加一一用二除"，误，今依郭熙汉的《杨辉算法导读》改正。

因九九错综而有合数，阴阳凡八十一句，今人求简，止念四十五句，余置不用。算家唯恐无数可致，岂得有数不用者乎……刻此算无定法，惟理是用已矣。[1]

又言：

视题用法，本无定据。所用因、折、加、减、归、损，各有定位。若诸法互用、重用，定位殆将不可律论矣。[2]

这里所讲的"定位"，也可理解为"范围"，即是说因、折、加、减、归和损等方法，各有自己的使用条件和范围，离开了各自的条件和范围，其方法就必然会随之发生变化，从而须建立一种适合于新的条件和范围的方法。在这个过程中，创新精神显得尤为可贵。杨辉在批评时人仅仅被动地取用前人乘法，而在新的问题面前不知进取和束手无策这种情形时，非常肯定地表示："且问二十三、四十六，合数中素无者，或三七五、一八七为法，舍相乘何以代之。"[3]引文中最后一句"舍相乘何以代之"，意在寻求一种新的解决疑问的方法，这是胡适所崇奉的"实用主义"思想的根本。胡适在《实验主义》一文中提出了杜威主张思想创新的五大步骤，具体如下。

第一步，思想的起点是一种疑难的境地。在杜威和胡适看来，"一切有用的思想，都起于一个疑问符号。一切科学的发明，都起于实际上或思想界里的疑惑困难"[4]。

第二步，指出疑难之点究竟在何处。

第三步，提出种种假定的解决办法。胡适说："既经认定疑难在什么地方了，稍有经验的人，自然会从所有的经验，知识，学问里面，提出种种的解决方法"，当然，"这些假定的解决，是思想的最要紧的一部分，可以算是思想的骨干"[5]。

第四步，决定哪一种假设是适用的解决。

第五步，证明。胡适说："已证实的假设，能使人信用，便成了'真理'。"[6]

总括上述步骤，胡适明确了自己的核心思想，那就是"思想起于应用，终于应用；思想是运用从前的经验，来帮助现实的生活，更预备将来的生活"[7]。诚然，站在现代哲学的高度，胡适强调思想创新的经验意义，肯定有其历史的局限性，但是如果我们把视野放在杨辉数学思想的特定文化背景里，那么经验对于理解和把握中国算法体系的实质，无疑具有基础性的作用。因此，我们不妨借用胡适的话说，杨辉算法"起于应用，终于应用"。具体地讲，

① （宋）杨辉：《算法通变本末》卷中，《中国科学技术典籍通汇·数学卷（一）》，开封：河南教育出版社，1993年，第1060页。
② （宋）杨辉：《算法通变本末》卷中，《中国科学技术典籍通汇·数学卷（一）》，开封：河南教育出版社，1993年，第1061页。
③ （宋）杨辉：《算法通变本末》卷中，《中国科学技术典籍通汇·数学卷（一）》，开封：河南教育出版社，1993年，第1060页。
④ 胡明主编：《胡适精品集》第1卷《问题与主义》，北京：光明日报出版社，1998年，第307页。
⑤ 胡明主编：《胡适精品集》第1卷《问题与主义》，北京：光明日报出版社，1998年，第308—309页。
⑥ 胡明主编：《胡适精品集》第1卷《问题与主义》，北京：光明日报出版社，1998年，第310页。
⑦ 胡明主编：《胡适精品集》第1卷《问题与主义》，北京：光明日报出版社，1998年，第311页。

《算法通变本末》卷上"习算纲目"讲的都是"实践经验",是一种理论性的应用,与之相适应,《法算取用本末》卷下"加因代乘三百题"和"归减代除三百题"则讲的都是实际生活中经常遇到的现实问题。在此期间,杨辉提出了"皆得其宜也,却不必勉强"[①]的解题原则。基于此,杨辉才把宋代的实用数学推进到了一个新的历史阶段,并为明代珠算的普及奠定了坚实的理论基础,同时积累了丰富的算法实践经验。

---

① (宋)杨辉:《算法通变本末》卷下,《中国科学技术典籍通汇·数学卷(一)》,开封:河南教育出版社,1993年,第1062页。

第四章 《田亩比类乘除捷法》及其科学思想

"田亩"是宋代经济发展的基础,是关乎国计民生的大问题。难怪杨辉说:"为田亩算法者,盖万物之体,变段终归于田势,诸题用术,变折皆归于乘除。"①考南宋经界法的推行,从方法上讲,是以"打量"(即丈量)为其基本手段。《建炎以来朝野杂记》载:"其法令民以所有田各置砧基簿图,田之形状及亩目四至,土地所宜,永为照应。"②关于南宋经界法的评价,笔者不拟详谈。不过,我们不否认经界法因是由业主自实自绘,为了逃避赋税,其中必有虚报和不实之处,但从总体上看,经界法施行的效果还是值得肯定的。我们知道,"经界"的过程实际上就是处理田亩的几何形状问题,仅此而言,杨辉的《田亩比类乘除捷法》适应了经界法的客观需要。因此,从这个意义上而言,《田亩比类乘除捷法》可以被看作是南宋经界法的实践总结,同时也是唐宋以来田亩制度本身长期发展和演变的产物。

第一节 《田亩比类乘除捷法》的结构特点

一、《田亩比类乘除捷法》的概念与逻辑结构

(一)从《九章算术·方田》到《田亩比类乘除捷法》

《九章算术》中"方田"章的宗旨是"以御田畴界域",意即计算各种圭田、箕田等多边形及圆田、弧田等各种曲边形和曲面形的周长和面积,"命分"方法主要有合分术、减分术、课分术、平分术、经分术和乘分术等,直白地讲,就是讲求田亩测算及田界划定的正确法则与数学方法,其中分数四则运算不仅完整,而且在世界上亦是最早的。杨辉的《田亩比类乘

---

① (宋)杨辉:《田亩比类乘除捷法·序》,《中国科学技术典籍通汇·数学卷(一)》,开封:河南教育出版社,1993年,第1073页。

② (宋)李心传:《建炎以来朝野杂记》甲集卷5《经界法》,上海:商务印书馆,1933年,第69页。

除捷法》既然名曰"比类",就表明他的算题除了模仿《九章算术·方田》之外,还增加了不少新的内容,以适应南宋田亩发展的实际需要,如《九章算术·方田》共有 32 道题,而《田亩比类乘除捷法》则扩大为 64 道题,其内容更加丰富(表 4-1)。

表 4-1　《九章算术·方田》与《田亩比类乘除捷法》内容比较

类型	《九章算术·方田》			《田亩比类乘除捷法》		
	例题	方法	特点	例题	方法	特点
直田	"今有田广十五步。问为田几何?答曰:一亩。"	"广、从(纵)步数相乘,得积步。"	正整数和分数运算。以步为长度单位	"今有直田,广三十六步,纵四十八步,问田几何?答曰:七亩二分。"	"广纵步数相乘,为积步;以二百四十除之,为亩;其不及亩之余,或以二十四除之,为分、为厘;或以六十除之,为角;或便云几亩零几步。"	整数和小数运算。以步和里为长度单位。出现了"方里田"题型
圆田	"周一百八十一步,径六十步三分步之一。问为田几何?答曰:十一亩九十步十二分步之一。"	"半周、半径相乘,得积步。"	$\pi \approx 3$	"圆田,周十八步,径六步,问积几步?答曰:二十七步。"	"圆田六法,随取随用:圆步问积者,用周自乘,十二而一;或用半周自乘,三而一;径步问积者,径自乘,三之,四而一;或用半径自乘,三之;周径步问积者,周径相乘四而一;或用半周、半径相乘。以上六法,并周三径一。密率以周自乘,又七因之,如八十八而一。徽术以周自乘,又二十五乘之,如三百一十四而一。密率求径曰:以七乘周,如二十二而一;求积:以径自乘,又十一乘之,十四而一。徽术求径曰:以五十乘周,一百五十七而一;求积:径自乘,又一百五十七乘之,二百而一。"	$\pi \approx 3$ $\pi \approx \dfrac{22}{7}$(密率) $\pi \approx 3.14$(徽率)
宛田	"今有宛田,下周三十步,径五十一步。问为田几何?答曰:一百二十步。"	"以径乘周,四而一。"	此法不确	"丘田,外周六百四十步,径三百八十步,问田几何?答曰:二顷五十三亩八十步。"	"借圆田周径相乘四而一为术。若径步与周势远甚者,不可专此术。"	杨辉说:"丘田比附宛田,用周径相乘四而一之法。田围凸外者,可用;或围步凹里者,未免围多积少,不合法理。须当分段求之,可也。"在此,"分段"求积思想非常先进
弧田或牛角田	"今有弧田,弦三十步,矢十五步。问为田几何?答曰:一亩九十七步半。"	"以弦乘矢,矢又自乘,并之,二而一。"	原术比较粗略,误差大。所以刘徽提出了一种新方法,即"割弧术"	"今有牛角田一段,角长一十六步,角阔六步。问田几何?答曰:一百一十四步。"	用弧矢田法	杨辉说:"《五曹》有牛角田,用角口乘角面,折半。即勾股田势,非牛角也。台州量田图,有牛角田,用弧矢田法。此说方是。"

续表

《九章算术·方田》				《田亩比类乘除捷法》		
类型	例题	方法	特点	例题	方法	特点
环田	"中周九十二步，外周一百二十二步，径五步。"	"并中、外周而半之，以径乘之，为积步。"	有两种形式：整圆环和环缺形。求法：因式分解，化曲为直	"圆箭外围三十六枝，问共几枝？答曰：一百二十七枝。"	"借梯田法：以内围六枝，并外围三十六枝，共四十二；以六层乘之，得二百五十二。折半；加心箭。"	利用圆周的展开图形，"中周"与"外周"分别被当作梯形的上底和下底
圭田或梭田	"今有圭田广十二步，正从二十一步。问为田几何？答曰：一百二十六步。"	"半广以乘正从。"	圭田为等腰三角形。利用"出入相补原理"，把等腰三角形变为长方形，从而使问题简单化和快捷化	"今有梭田，中阔八步，正长十二步，问田几何？答曰：四十八步。"	圭田三法：广步可以折半者，用半广以乘正纵；纵步可以折半者，用半纵步以乘广；广、纵步皆不可折半者，用广纵相乘，折半	将直田、圭田和勾股田三者巧妙地联系了起来
邪田或梯田	"今有邪田，一头广三十步，一头广四十二步，正从六十四步。问为田几何？"	"并两邪而半之，以乘正从若广。又可半正从若广，以乘并。亩法而一。"	直角梯形，而非一般梯形	"今有梯田，上广六步，下广八步，长十二步，问田几何？答曰：八十四步。"	"梯田三法：并上下广，折半，以长乘之；并上下广，以半长乘之；并上下广，乘长，折半。"	等腰梯形。可以借用梯田法求积的田亩有萧田（即上底长、下底短的梯形田）；墙田（直角梯形田）；腰鼓田（两个上下底分别相等的梯形以较短底边相拼而成的田）；鼓田（两个上下底分别相等的梯形以较长底边相拼而成的田）；三广田（两个等高且有一底边相等的梯形，以相等底相拼而乘的田）；曲尺田（两个等高斜腰的梯形以斜腰相拼而乘的田）；箭筈田（两个全等直角梯形以较短的底边相拼而成的田）；箭翎田（两个全等直角梯形以较长的底边相拼而成的田）；环田；圭垛（顶端为1，往下逐层增1的垛）；圭梯垛（圭垛、梯垛）；方箭（中心为1，内层为8，往外逐层增8的箭束）；圆箭（中心为1，内层为6，往外逐层增6的箭束）[1]等

与汉代的《九章算术》相比，《田亩比类乘除捷法》不仅解题的方法增加了许多，而且田亩的形状更加趋于多样化，它从一个侧面反映了南宋山区农业经济开发的深度和广度。就《田亩比类乘除捷法》的理论基础而言，杨辉非常重视对当时先进数学成果的系统研究和应用，尽管我们无法知晓宋代究竟刊印了多少部数学著述，但《议古根源》用二次方程求解田亩问题，尤其是负系数方程的出现，"实贯前古"，确实是北宋所取得的最先进的数学成果之一，因为刘益的正负开方术较贾宪的增乘开方法更具一般性。[2] 所以，杨辉依据《议古根源》的"演段"，引而伸之，对其部分田亩问题"详注图草"[3]，显示出了他具有极强的逻辑抽象

① 郭熙汉：《杨辉算法导读》，武汉：湖北教育出版社，1997年，第217页。
② 傅海伦：《传统文化与数学机械化》，北京：科学出版社，2003年，第113页。
③ （宋）杨辉：《田亩比类乘除捷法》，《中国科学技术典籍通汇·数学卷（一）》，开封：河南教育出版社，1993年，第1086页。

能力，并为成就元代数学高峰的历史地位作出了巨大贡献。例如，郭守敬的"弧矢割圆术"系由沈括的"会圆公式"和杨辉的"弧矢公式"合并变化而成。其中，杨辉的"弧矢公式"由《九章算术·勾股章》之"圆材埋壁"题和《田亩比类乘除捷法》之"议古截田"题发展演变而来。[①]

（二）《田亩比类乘除捷法》的结构体系

《田亩比类乘除捷法》的核心是求解田亩问题，它由上、下两卷构成。上卷依据《九章算术·方田章》的内容，给出了 14 种不同几何形状田亩的求解公式，实用价值很大，其基本田亩形制有 5 种，详细内容见表 4-1。在此，我们只列出求解公式。

（1）直田。设长为 a，宽为 b，则直田的面积 $S=ab$。

（2）圆田。设圆周长为 c，圆直径长为 d，则圆田的面积 $S=\dfrac{c}{2}\cdot\dfrac{d}{2}=\pi\left(\dfrac{d}{2}\right)^2=\pi r^2$。

（3）环田（环缺）。设外周为 C_1，内周为 C_2，环宽为 B，则环田的面积 $S=\dfrac{1}{2}(C_1+C_2)B=\dfrac{1}{2}(2\pi R+2\pi r)B$。

（4）圭田。设底长为 a，高为 h，则圭田的面积 $S=\dfrac{1}{2}ah$。

（5）梯田。设上、下底边长分别为 a,b，高为 h，则梯形的面积 $S=\dfrac{1}{2}(a+b)h$。

这些公式的逻辑意义有二，具体如下。

第一，先将田亩的实际问题模型化，然后用特定的算法来求解。其具体思维程式如图 4-1 所示。

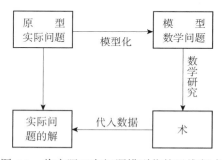

图 4-1 将实际田亩问题模型化的思维程式

第二，从具体上升到抽象的思维逻辑看，上述 5 种常见田亩求积公式都是具体问题，因而杨辉求解的方法用的多是具体思维。有学者认为，"汉民族的思维是具体的、直观的，在

[①] 燕星：《杨辉弧矢公式质疑》，中国数学会《数学通报》编委会编：《初等数学史》，北京：科学技术出版社，1960 年，第 94—95 页。

语言中尽可能地动用具体的形状、印象和声音来传递思想和信息"①。当然，虽然人们都是以动作或形象来进行思维活动的，但不同年龄阶段的人类个体，其具体思维的形式是不一样的。例如，成年人的动作思维和形象思维是在抽象思维达到高度发展的水平下来运用的，因此，它们本身具有较高的概括性。②另外，不同学科之间运用具体思维的程度也各有差别。比如，杨辉在讲解上述 5 种田亩求积问题时，就用到了"类比"思维，而"类比"思维本身较一般的具体思维更多变，它代表了一种更为复杂的思维形式。

《田亩比类乘除捷法》上卷的原型题与类比题的架构如表 4-2 所示。

表 4-2 原型题与类比题的关系

序号	《九章算术》题例	杨辉比类题
1	步法直田	比斤定斛
2	直田步下带尺	比斤两匹尺
3	直田步下带寸	比斤两铢匹尺寸
4	方里田	比方圆箭
5	圆田	畹田比牛田、丘田
6	环田	比方箭、圆箭
7	圭田	比勾股、梭田
8	梯田	比田垛、周围

《田亩比类乘除捷法》下卷在类比思维的基础上又给出了 27 道算题。通过对这些算题的比较和分析，我们不难发现，杨辉既有对前人成果的批判，同时又有对其的继承和发展，逻辑思维水平比较高。其内容包括：桑墙四不等田，三问；截直田，二问；差步问长阔和，三问；和步问长阔差，三问；直田演段，四问；共积分方径，截圭、梯、环、圆田，八问；钱田，三问。③其中，"桑墙四不等田"是对《五曹算经》中"方田正中有桑""墙田方一千步"及"四步等田"三题的刊误；"截直田" 是关于从已知直田中截取部分面积的计算问题，用到了"商除"与"互换"；而从"差步问长阔和"到"钱田"则全部引自《议古根源》，算法内容所展示的都是演段术和开方术。如众所知，"演段术"是一种推导方程的几何方法，它延续着刘徽的"解体用图"法，在笛卡儿解析几何未建立之前，"演段术"的几何图形面积移补成就当时居于世界领先地位，它"不仅反映了我国传统文化中追求直观、实用的倾向，而且其展示的割补原理和数形结合的思想让我们看到我们传统文化的精髓"④。

---

① 关丽等主编：《英汉语言对比与互译指南》，哈尔滨：东北林业大学出版社，2008 年，第 142 页。
② 中国大百科全书总编辑委员会《心理学》编辑委员会：《中国大百科全书——心理学》，北京：中国大百科全书出版社，1991 年，第 358 页。
③ （宋）杨辉：《田亩比类乘除捷法》，《中国科学技术典籍通汇·数学卷（一）》，开封：河南教育出版社，1993 年，第 1073 页。
④ 孔令兵：《数学文化论十九讲》，西安：陕西人民教育出版社，2009 年，第 341 页。

二、以"民生"和"实用"为特色的"乘除捷法"

（一）《田亩比类乘除捷法》与南宋的民生问题

周谷城在论述井田与圭田的区别时说：井田四方四正，而圭田则是不方不正的田，因为"井田大概在平原，圭田大概在丘陵地带。古人划野为田，使之成坵，当然先从平原开始，划成四方四正之田。迨平原划分完了，然后及于丘陵。但丘陵不如平原那么容易划，很难划出豆腐干块式的四方四正之田；反之，却只能划出尖锥或尖劈式的不方不正之田"[①]。

南宋人多地少的矛盾现象非常严重，如婺州"浦江居山僻间，地狭人众，一寸之土垦辟无遗"[②]；福建南平则"四望无平地，山田级级高"。[③] 对此，学界已有不少研究成果[④]，笔者无须赘述。不过，人多地少的矛盾主要存在于江浙、福建、四川平原等人口密度较高的少数经济发达区域。与之不同，像湖北、广南东西两路等地，其情形恰恰相反，人稀地广。如南宋时"湖北地广人稀，耕种灭裂，种而不莳"[⑤]；又"广南两路，自潮州而南，居民鲜少，山荒甚多"[⑥]，等等。因杨辉系钱塘（今浙江杭州）人，长期生活在台州（今浙江临海）、苏州、钱塘等地，对这一带地区的人地矛盾深有感触。由于耕地与赋税关系密切，且又是宋代最敏感和最复杂的民生问题之一，故各层士人对其关注颇多。我们知道，丈量田亩是政府征收赋税的基础，从这个角度看，杨辉著《田亩比类乘除捷法》关乎国计民生，意义非同寻常。为了方便丈量，宋代的田亩以"直田"为常态，至于"直田"的形状，近似"井田"，如图4-2所示。

图4-2 敦煌莫高窟61窟宋代壁画中的"耕作图"

---

① 周谷城：《古史零证》，《周谷城学术精华录》，北京：北京师范大学出版社，1988 年，第 170 页。
② （宋）倪朴：《倪石陵书》卷 1《投巩宪新田利害劄子》，文渊阁《四库全书》本。
③ 《南宋群贤十集》第 30 册《南剑溪上》；刘克庄编集，胡问侬、王皓叟校注：《后村千家诗校注》卷 15《地理门·溪十三首》，贵阳：贵州人民出版社，1986 年，第 419 页。
④ 要者有：钱克金：《宋代苏南地区人地矛盾及其引发的农业生态环境问题》，《中国农史》2008 年第 4 期，第 117—127 页；刘树友等：《宋代以来中国人口问题形成探析》，《兰台世界》2009 年第 15 期，第 50—51 页；王丽歌：《宋代福建地区人地矛盾及其调节》，《古今农业》2011 年第 1 期，第 54—62 页；等等。
⑤ （宋）彭龟年：《止堂集》卷 6《乞权住湖北和籴疏》，文渊阁《四库全书》本。
⑥ （宋）曹勋：《松隐集》卷 23《上皇帝书十四事》，文渊阁《四库全书》本。

　　这是一幅反映宋代耕地、收割和打场景象的"耕作图"，见于敦煌莫高窟 61 窟宋代壁画中，图中所示农田形状即"直田"。然而，南宋田亩的情形相当复杂，如宣和元年（1119 年），北宋末代政府有"浙西逃田、天荒、草田、葑菱荡、湖泺、退滩等地，皆计籍召佃里租，以供应奉"①之令。至于这些田亩的形状是什么样子，史载不详。宋代山区的农业开发应是当时最活跃的经济领域，也是缓解人口压力的重要出路之一，所以大量人口向山区转移，必然会出现"深山穷谷，人迹所不到，往往有民居"②的情况。由于山区自然地理的限制，人们开荒只能因山而宜，于是，梯田这种新的田亩形式应运而生。漆侠的《宋代经济史》及韩茂莉的《宋代农业地理》特别讲到福建之外的东南丘陵山地，如徽州、台州、严州及明州等地，梯田已经非常普遍了。据陈耆卿统计，台州田亩有田（指水田）、地和山 3 种类型，其中田有 2 628 283 亩，地有 948 222 亩，山有 1 753 538 亩，山与地的和比田多。③ 而明州山区居民"从山巅直到水湄，'累石堑土'，将所有坡地都建为梯田"④，反映了梯田对东南丘陵山地生态环境的影响十分显著。在这里，我们不拟讨论梯田对东南丘陵山地生态环境所造成的严重后果，因为在当时的特定历史条件下，对于广大的山居民众来说，如何生存和繁衍才是头等重要的事情。当然，通过"累石堑土"开出来的山田，田面大小不一，且形状亦各不相同，有些小的山田甚至"指十数级不能为一亩"⑤，然其劳动强度却很大，如皖南山区有"凿山为田，高耕入云者，十倍其力"⑥之说。可惜的是，载有福建、浙江等山田面积与形状的宋代《鱼鳞图册》实物，今已不存。由明代传世的《鱼鳞图册》可知，徽州梯田"层累而上"，山田单位面积小，土地清丈不易。故此，程大位在《算法统宗》卷 3 中绘制有"新制丈量步车图"⑦（图 4-3），以解决各种几何田亩的清丈问题。经过汇总，程大位共给出了 22 种几何田亩的计算问题，即方田、直田、圆田、覆月田、弧矢田、圭形田、三角田、梭形田、斜圭田、梯形田、斜形田、眉形田、牛角田、榄形田、三广田、勾股田、四不等形田、五不等田、倒顺二圭田、三圭形田、六角形图田和八角形图田等。有学者认为，上述几何田亩的算法，是程大位"总结了徽州土地丈量的经验"。⑧ 例如，《鱼鳞图册》所载徽州梯田之 1 号田亩仅有 5 分 5 厘多，却被分割为 12 级地块，而另 1 号田亩仅 2 分 2 厘，则被分割为 15 级地块。⑨ 恰如漆侠所言，这是"在山石的罅隙中耕锄"。⑩ 既然如此，那么，我们就可以说，

---

①　《宋史》卷 174《食货志上二》，北京：中华书局，1985 年，第 4212 页。

②　（宋）李纲：《桃源行诗序》，《李纲全集》上，长沙：岳麓书社，2004 年，第 135 页。

③　漆侠：《宋代经济史》上，北京：中华书局，2009 年，第 65 页。

④　韩茂莉：《宋代农业地理》，太原：山西古籍出版社，1993 年，第 139 页。

⑤　（宋）罗愿：《新安志》卷 2《叙贡赋》，文渊阁《四库全书》本。

⑥　（宋）方岳：《秋崖先生小稿》卷 38《徽州平粜仓记》，台北："商务印书馆"影印，文渊阁《四库全书》本，1986 年版。

⑦　（明）程大位著，梅荣照等校释：《算法统宗校释》，合肥：安徽教育出版社，1990 年，第 228 页。

⑧　汪庆元：《明中期徽州绩溪鱼鳞册初探》，《国学研究》第 19 辑，北京：北京大学出版社，2007 年，第 117 页。

⑨　栾成显：《经济与文化互动——徽商兴衰的一个重要启示》，《部级领导干部历史文化讲座》资政卷下，北京：国家图书馆出版社，2010 年，第 455 页。

⑩　漆侠：《宋代经济史》上，北京：中华书局，2009 年，第 65 页。

杨辉的《田亩比类乘除捷法》同样是总结了台州、明州等地土地丈量的实际经验，它讲的虽是数学问题，但折射出来的却是南宋最为迫切的民生问题，即如何解决山地居民的生计问题。

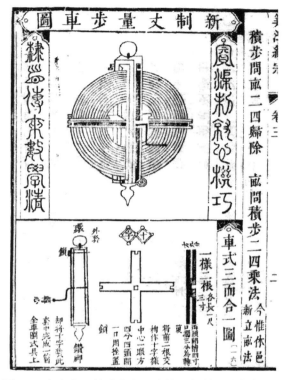

图 4-3　程大位《算法统宗》中的"新制丈量步车图"

（二）宋代实用数学的典范

如前所述，山地田亩的开凿，本来成本就很大，加之受自然条件限制，一坵之地难得规正，所以，丈量造册作为赋税的基础，确实不易。抛开政治因素不说，单从科学的角度而言，如何解决对不规正山地的丈量，于国于民都是非常迫切的现实问题。杨辉的《田亩比类乘除捷法》适应了南宋政府的这种客观需要，所以它盛行于世，并对元明数学发展产生了重要影响，自在情理之中。

杨辉是否担任过南宋的地方税官，不得而知。然而，《田亩比类乘除捷法》除了"田亩"之外，还通过"比类"这种形式，把"乘除捷法"推广到了社会经济生活的各个层面和领域。例如，

　　　铜三十六铊，每铊四十八斤，问共若干？答曰：一千七百二十八斤。①

---

① （宋）杨辉：《田亩比类乘除捷法》，《中国科学技术典籍通汇·数学卷（一）》，开封：河南教育出版社，1993 年，第 1074 页。

纱四十八疋，每匹用丝三两六钱，问共若干？答曰：一百七十二两八钱。[①]

用匠四十八工，每工支米三升六合，问共若干？答曰：一石七斗二升八合。[②]

物七斤六两，每斤八贯二百文，问钱几何？答曰：六十贯四百七十五文。[③]

银九斤六两六铢，每两三贯四百文，问共几何？答曰：五百一十贯八百五十文。[④]

用现代人的眼光看，上述例题都非常简单，但是把它们放在 700 多年前的南宋，却相当实用。如果从更广阔的视野看，上述例题都与商业经济有关。苏轼认为，北宋是一个"贱农而贵末"[⑤]的朝代。两宋工商业已经成为国家赋税的重要来源，这与唐以前相比，无疑是一个巨大变化。贾大泉指出：

> 历代封建统治者都认为国之大事，食货为先。"农，食货之本也。"故杜佑作《通典》，首食货而先田制；马端临作《通考》，田赋为第一。然而，到了宋代，农业虽仍是社会最主要的经济部门，其赋税来源的组成结构却发生了变化：原在国家赋税中无足轻重的商税、专卖税、矿税等则逐渐升居主要地位。[⑥]

唯物史观强调，赋税是国家存在的物质基础。马克思说："国家存在的经济体现就是捐税。"[⑦] 既然宋朝的赋税来源发生了改变，工商业已经构成其国家存在的重要物质基础，那么"贵末"思想的形成就是一个合乎社会发展规律的现象。但是，这绝对不等于一定要走向"贱农"的一面。如宋人所言，山地田亩的产量一般都不高，吕祖谦说严州山地田亩"苗稼疏薄"，所收常"不足食"。[⑧] 不过，对于宋代山地的粮食产量，我们应历史和辩证地看。韩茂莉指出，东南丘陵山区的开发，有两点值得注意：第一，"在山区的农业开发过程中，人们首先利用的土地一般是自然条件最好的山间盆地，然后逐渐向山麓地带推进，最后延伸到条件较差的坡地"。[⑨] 依此，吕祖谦针对严州山田与水田的分布状况，曾作出了这样的估算："山居其八，田居其二"[⑩]，也就是说，水田与山地（指旱地）的比为 2∶8。当然，在这"居八"的份额里，山间盆地和山麓硗确之地的产量是有高低差异的。第二，从"烧畬"到"细种"，耕作技术发生了变化。考察宋代明州、严州、处州、温州和歙州等地的人口增长率，人口增长率超 100%的州，80%以上处于丘陵山区，所以"相对平原地区，丘陵山区呈现出

---

① （宋）杨辉：《田亩比类乘除捷法》，《中国科学技术典籍通汇·数学卷（一）》，开封：河南教育出版社，1993 年，第 1074 页。
② （宋）杨辉：《田亩比类乘除捷法》，《中国科学技术典籍通汇·数学卷（一）》，开封：河南教育出版社，1993 年，第 1074 页。
③ （宋）杨辉：《田亩比类乘除捷法》，《中国科学技术典籍通汇·数学卷（一）》，开封：河南教育出版社，1993 年，第 1074 页。
④ （宋）杨辉：《田亩比类乘除捷法》，《中国科学技术典籍通汇·数学卷（一）》，开封：河南教育出版社，1993 年，第 1076 页。
⑤ （宋）苏轼撰，孔凡礼点校：《苏轼文集》卷 8《策》，北京：中华书局，1986 年，第 259 页。
⑥ 贾大泉：《宋代赋税结构初探》，《社会科学研究》1981 年第 3 期，第 51 页。
⑦ 《马克思恩格斯全集》第 4 卷，北京：人民出版社，1960 年，第 342 页。
⑧ （宋）吕祖谦：《东莱集》卷 3《为张严州作乞免丁钱奏状》，文渊阁《四库全书》本。
⑨ 韩茂莉：《宋代农业地理》，太原：山西古籍出版社，1993 年，第 134 页。
⑩ （宋）吕祖谦：《东莱集》卷 3《为张严州作乞免丁钱奏状》，文渊阁《四库全书》本。

人口高值增长的趋势"。[1] 然而，在"一寸之土，垦辟无遗"[2]的特定背景下，想要山地养活更多的居民，唯有改进耕作技术一途。因此，陈著在《嵊县劝农文》中鼓励人们"细种为生"[3]，变粗放为细作。此时，如何对丘陵山地田亩的产量进行科学评估，就显得越来越重要了。杨辉根据东南丘陵山地的不同形状，一共抽象和提炼出 24 种几何田亩（即田亩模型），它们成为田主赋税的基本量纲，具体内容如表 4-3 所示。

表 4-3　《田亩比类乘除捷法》所见有代表性的山地几何田亩

序号	名称	几何形状	序号	名称	几何形状
1	直田		6	牛角田	
2	圆田		7	环田	
3	方箭		8	圆箭	
4	畹田		9	圭田	
5	丘田		10	勾股田	

---

① 韩茂莉：《宋代农业地理》，太原：山西古籍出版社，1993 年，第 133—134 页。
② （宋）倪朴：《倪石陵书》卷 1《投巩宪新田利害剳子》，文渊阁《四库全书》本。
③ （宋）陈著：《本堂集》卷 52《嵊县劝农文》，文渊阁《四库全书》本。

续表

序号	名称	几何形状	序号	名称	几何形状
11	梭田		18	鼓田	
12	梯田		19	三广田	
13	墙田		20	曲尺田	
14	萧田		21	箭筈田	
15	圭垛		22	小梯垛	
16	梯垛		23	大梯垛	
17	腰鼓田		24	箭翎田	

由于上述东南丘陵山地田亩的几何模型来自实际的丈量经验，如"台州量田图"中有曲

尺田、箭筈田和箭翎田等①，又台州黄岩县围量田图有梭田棣②及台州量田图有牛角田③等，可以说基本上囊括了南宋"经界"过程中所遇到的各种形状的田亩，而一旦这些实际问题被模型化之后，人们就有针对性地建立起一套符合简捷原则的解题方法。从《九章算术》到《田亩比类乘除捷法》，一以贯之，中国算学家形成了具有中国特色的数学逻辑体系，即先"从实际生活中分析出数量关系，建立数学模型"，然后再"从研究具体的数学问题入手，通过抽象与归纳而得到解决问题的数学方法"。④ 当然，在杨辉看来，"解决问题的数学方法"不能过于复杂，也不能不易学习和掌握。所以，鉴于几何田亩与田亩产量的科学评估之间关系密切，杨辉除了重点凸显《田亩比类乘除捷法》的实用价值外，更加追求算法的简捷与精确。例如，杨辉把属于"田亩"的概念直接用于带从开抽象的方、益积开方、减从开方和益隅开方等一般算法之中，从而使那些具体概念演变为一套以"机械化"为特色的求解代数方程的方法，不仅易于操作，而且更易于推广。⑤ 这样，《田亩比类乘除捷法》就成为中国古代实用数学的一部典型著作，它对于元、明、清乃至我国现代数学的发展都具有重要的典范意义。华罗庚在谈到"优选"思想的精髓时说："在具有各种互相制约、互相影响的因素的统一体中，寻求一个最合理（依某一目的，如最经济，最省人力）的解答便是一个数学问题，这就是'多、快、好、省'的具体体现。"⑥ 尽管华罗庚与杨辉生活在不同的历史时期，但是他们的数学思想却是一致和可通约的。

第二节　《田亩比类乘除捷法》的科学价值

前面讲到了《田亩比类乘除捷法》的"民生"意义和偏重于实用的思维特征，但是从纯数学的层面看，杨辉的"方程"思想在《田亩比类乘除捷法》中确实有很好的体现。此外，通过《田亩比类乘除捷法》，我们还能比较深刻地领悟到杨辉那种在批判中创新的数学精神。

一、"垛积术"与解二次或高次方程的方法

（一）"垛积术"与田亩求积问题

沈括在《梦溪笔谈》中说："算术求积尺之法，如刍萌、刍童、方池、冥谷、堑堵、鳖

---

① （宋）杨辉：《田亩比类乘除捷法》，《中国科学技术典籍通汇·数学卷（一）》，开封：河南教育出版社，1993 年，第 1082—1083 页。
② （宋）杨辉：《田亩比类乘除捷法》，《中国科学技术典籍通汇·数学卷（一）》，开封：河南教育出版社，1993 年，第 1080 页。
③ （宋）杨辉：《田亩比类乘除捷法》，《中国科学技术典籍通汇·数学卷（一）》，开封：河南教育出版社，1993 年，第 1078 页。
④ 戴再平：《数学方法与解题研究》，北京：高等教育出版社，1996 年，第 6 页。
⑤ 郭熙汉：《杨辉算法导读》，武汉：湖北教育出版社，1997 年，第 171 页。
⑥ 华罗庚：《数学的用场与发展》，《现代科学技术简介》，北京：科学出版社，1978 年，第 221 页。

臑、圆锥、阳马之类，物形备矣，独未有'隙积'一术……'隙积'者，谓积之有隙者，如累棋、层坛，及酒家积罂之类，虽（以）「似」覆斗，四面皆杀，缘有刻缺及虚隙之处，用'刍童法'求之，常失于数少。余思而得之，用'刍童法'为上行、下行别列：下广以上广减之，余者以高乘之，六而一，并入上行。"[①] 这是关于"垛积术"（亦称"隙积术"）的最早文献记载，仅此而言，沈括是自觉探讨"垛积"问题的第一人。宋代的陶瓷业发展迅猛，一方面，窑的数量多、产量大，据不完全统计，目前全国范围内已发现的古代陶瓷遗址分布于 18 个省的 170 个县，其中有宋代窑址的约有 130 多个县，占总数的 75%，这些县的宋代窑址，少则一处，多则数百处，这一数量远远超过宋以前的任何时期[②]；另一方面，烧制的器形类别空前增多，尤以陈设瓷的发展为巨，像北方的定窑系、耀州窑系、钧窑系和磁州窑系，南方的越窑系、龙泉窑系、建窑系和景德镇窑的青白瓷等，在烧造艺术方面都取得了空前绝后的伟大成就。陶瓷品烧制多了，如瓮、缸、罐、坛等往往会堆积成长方形台垛，另外，酒家也常常把空罂堆积成梯垛形。于是，人们通过长期的观察和实践，开始探讨计算长方形锥台与陶瓷数量之间的数量关系，垛积术由此产生。

设长方形台垛的上广为 a （个），长为 b ，下广为 c （个），长为 d ，高为 n （层），则沈括的求解方法可用数学式表示如下，即长方形台垛的物体总数（ S ）为

$$S = \frac{n}{6}\left[(2b+d)a + (2d+b)c\right] + \frac{n}{6}(c-a)$$

这是一个关于高阶等差级数的一般求和公式。后来，杨辉在此基础上，进一步得出了求解方垛、方锥及三角垛等的求和公式，具体内容见前。在《田亩比类乘除捷法》中，杨辉将"垛积术"用于求解圭垛、小梯垛和大梯垛（如图 4-4 所示）的田亩堆草束积。

（1）"今有圭垛一堆，上一束，底阔八束。梯草垛二堆：小堆上有六束，底阔十三束；大堆上有九束，底阔十六束。问共几束。答曰：二百一十二束。术曰：依梯垛，并三堆上下，以高乘之；折半。"[③]

用数学式表示，则数列的前 n 项和为

$$\text{圭垛} \; S = 1 + 2 + \cdots 8 = \frac{1}{2}n(1+n) = \frac{1}{2}\times 8(1+8) = 36 \; （束），$$

$$\text{小梯垛} \; S = 6 + 7 + \cdots + 13 = \frac{1}{2}(a_1 + a_n)n = 4\times 19 = 76 \; （束），$$

$$\text{大梯垛} \; S = 9 + 10 + \cdots 16 = \frac{1}{2}(a_1 + a_n)n = 4\times 25 = 100 \; （束），$$

三堆相加，其和为 $36 + 76 + 100 = 212$ 束，合问。可见，圭垛、小梯垛和大梯垛分别表示 3

① （宋）沈括：《梦溪笔谈》卷 18《技艺》，长沙：岳麓书社，1998 年，第 143—144 页。
② 童光侠：《宋代陶瓷的文化底蕴及其它》，《景德镇高专学报》1999 年第 3 期，第 7 页。
③ （宋）杨辉：《田亩比类乘除捷法》，《中国科学技术典籍通汇·数学卷（一）》，开封：河南教育出版社，1993 年，第 1083 页。

隔公差均为 1 的数列，故用等差数列的前 n 项和公式求解，即能得出堆草束之积。

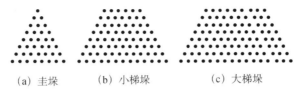

(a) 圭垛　　(b) 小梯垛　　(c) 大梯垛

图 4-4　垛与等差数列

（2）方箭（图 4-5）。"外围三十二枝，问共箭几枝？答曰：八十一枝。草曰：内围八枝，并外围三十二，共四十；折半；以四乘之。"[①]

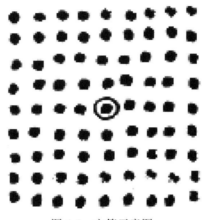

图 4-5　方箭示意图

依题草，则该问题组成一个等差数列，由内向外依次为 1，8，16，24，32。从内围 8 始，为一等差是 8 的数列，其和为

$$S = 1 + 8 + 16 + 24 + 32 = 1 + \frac{1}{2}(8 + 32) \times 4 = 81 \ （枝）。$$

（3）圆箭（图 4-6）："外围三十枝，问共箭几枝？答曰：九十一枝。草曰：内围六枝，并外围三十，共三十六枝；折半；以五层乘之。"[②]

依题草，则该问题组成一个等差数列，由内向外依次为 1，6，12，18，24，30，从内围 6 始，为一等差是 6 的数列，其和为

$$S = 1 + 6 + 12 + 18 + 24 + 30 = 1 + \frac{1}{2}(a_1 + a_n)n$$

$$= 1 + \frac{1}{2}(6 + 30) \times 5 = 1 + 90 = 91(枝)。$$

① （宋）杨辉：《田亩比类乘除捷法》，《中国科学技术典籍通汇·数学卷（一）》，开封：河南教育出版社，1993 年，第 1082 页。

② （宋）杨辉：《田亩比类乘除捷法》，《中国科学技术典籍通汇·数学卷（一）》，开封：河南教育出版社，1993 年，第 1082—1083 页。

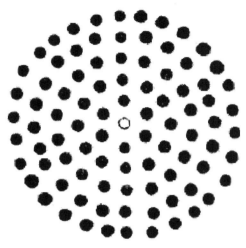

图 4-6　圆箭示意图

　　关于杨辉的数列思想，我们需要把《详解九章算法》与《田亩比类乘除捷法》结合起来分析。上述三题为一般的等差数列，而《详解九章算法》中给出的数列则是高阶等差数列。尽管与沈括的"隙积术"相比，杨辉在高阶等差级数方面确实没有新的创造，但他的功绩是将沈括的"隙积术"推广到经济生活的各个方面，并为元代朱世杰给出系统而普遍的解法奠定了基础，从而把垛积术"推向前所未有的完备境界"。[①] 如果我们再把研究视野扩大一点，那么"垛积的概念和垛积术的计算，为早期晶体物理学的发展在某些方面铺平了道路"。[②]

　　若从数学教育的层面看，杨辉将等差级数求和问题与梯形求积问题联系起来，则充分体现了中国古代数学中"数"与"形"相统一的思维传统，并使初学者在这里能够真正感受到具体与抽象的完美结合。

（二）解二次或高次方程的方法

　　《田亩比类乘除捷法》卷下载有从求解一次方程到求解高次方程的算法，系统性比较强，十分难得。

1. 一元一次方程

　　例题："直田长四十八步，阔四十步，计积八亩。今欲依原长四十八步，截卖三亩，问阔几何？答曰：阔十五步。商除术曰：置截积七百二十步，以原长四十八除之，得阔。"[③]

　　设所求阔为 x，依题草，则有方程

$$48x - 240 \times 3 = 0,$$

　　① 杜石然：《朱世杰研究》，《宋元数学史论文集》，北京：科学出版社，1966 年，第 186—196 页。
　　② 卢嘉锡总主编，戴念祖卷主编：《中国科学技术史——物理卷》，北京：科学出版社，2001 年，第 111 页。
　　③ （宋）杨辉：《田亩比类乘除捷法》，《中国科学技术典籍通汇·数学卷（一）》，开封：河南教育出版社，1993 年，第 1085 页。

解得

$$x = \frac{240 \times 3}{48} = 15 \ (\text{步})。$$

2. 一元二次方程

例题："直田积八百六十四步，只云阔不及长十二步，问阔几何？答曰：二十四步。术曰：置积为实，以不及步为从方，开平方除之。"[①]

设阔为 x，长为 $x+12$，则有方程

$$x(x+12) = 864 \ (\text{步}), \quad \text{或} \quad x^2 + 12x - 864 = 0,$$

解得

$$x = \frac{-b \pm \sqrt{b^2 + 4ac}}{2a} = \frac{-12 \pm \sqrt{12^2 + 4 \times 864}}{2} = \frac{-12 \pm 60}{2} = 24 \ (\text{平方步})。负根不合题意，舍去。$$

然杨辉开带从平方法草如下：

$$x^2 + 12x = 864, \quad 设 x = 10x_1, \quad 100x_1^2 + 120x_1 = 864。$$

议得 $2 < x_1 < 3$，则上式变为

$$100(x_1 - 2)^2 + (120 + 400)(x_1 - 2) = 864 - 2 \times 120 - 2 \times 200 = 224。$$

设 $x_2 = 10(x_1 - 2) = x - 20$，变换上式，则有方程

$$x_2^2 + 52x_2 = 224, \quad 解得 \ x_2 = 4, \quad 故 \ x = 24 \ (\text{平方步})。$$

3. 一元四次方程

例题："圆田一段，直径一十三步。今从边截积三十二步，问所截弦，矢各几步？答曰：弦十二步，矢四步。"[②]

设所求矢长为 x，弦长为 b，依题意绘图如图 4-7 所示。[③]

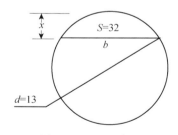

图 4-7 圆田示意图

由弧田术得方程式 $x^2 + bx = 64$；另，由勾股术得下面的关系式

---

① （宋）杨辉：《田亩比类乘除捷法》，《中国科学技术典籍通汇·数学卷（一）》，开封：河南教育出版社，1993 年，第 1086 页。
② （宋）杨辉：《田亩比类乘除捷法》，《中国科学技术典籍通汇·数学卷（一）》，开封：河南教育出版社，1993 年，第 1093 页。
③ 吴文俊主编：《中国数学史大系》第 2 卷《中国古代数学名著〈九章算术〉》，北京：北京师范大学出版社，1998 年，第 467 页。

$\left(\dfrac{b}{2}\right)^2 = x(d-x)$，将此式代入上式，得方程 $-x^4 + 52x^3 + 124x^2 = 4096$。

因刘益和杨辉都没有给出上述四次方程的建立经过，所以除了上述建构方程的步骤外，孙宏安根据圆的性质，亦还原了刘益建构上面一元四次方程的逻辑步骤和基本思路（图 4-8）。①其具体方法如下：

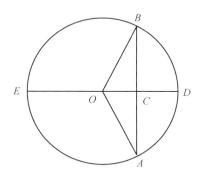

图 4-8　刘益建构一元四次方程的逻辑步骤

设直径为 DE，所截弓形的弓高为 x，则弓形面积

$$S = \frac{1}{2}(AB + x)x$$

又由直角三角形中有关线段成比例的性质知

$BC \cdot CA = CE \cdot CD$，即 $BC \cdot CA = \left(\dfrac{AB}{2}\right)^2$。因 $CE \cdot CD = (DE - x)x$，

则将上述式子整理后得

$DE = \dfrac{\left(\dfrac{AB}{2}\right)^2}{x} + x$，将此式代入 $S = \dfrac{1}{2}(AB + x)x$，经化简，即有下列方程式

$-5x^4 + 4DEx^3 + 4sx^2 = (2s)^2$。已知 $DE = 12$，$S = 32$，则方程变为 $-x^4 + 52x^3 + 124x^2 = 4096$。

至于杨辉如何得出估商"矢四步"，目前还是一个未知数。许莼舫用类似于贾宪增乘开方法计算，认为杨辉的估商基于以下计算步骤（图 4-9）。②

列（1）式，估定上商为 4，乘负隅，从下廉减去，即得（2）式；乘下廉并入上廉，又得（3）式；乘上并入三乘方法，如（4）式；乘三乘方法，从积内减，恰尽，如（5）式，所以上商 4 是原方程的一个正根。

另外，我们还可用综合除法求得该方程的整数根。

① 孙宏安：《〈杨辉算法〉解方程一例》，《中学数学教学参考》2001 年第 8 期，第 62—63 页。
② 许莼舫：《中国代数故事》，北京：中国青年出版社，1965 年，第 111 页。

	（1）	（2）	（3）	（4）	（5）
上商	4	4	4	4	4
积	4096	4096	4096	4096	0
三乘方法	0	0	0	1024	1024
上廉	128	128	256	256	256
下廉	52	32	32	32	32
负隅	5	5	5	5	5

图 4-9　许莼舫推测杨辉估商的计算步骤

因 $f(x)=x^4-52x^3-124x^2+4096=0$，解 4096 的约数有 $\pm1,\pm2,\pm4,\pm8,\pm16,\pm32,\pm4096$。

由于 $x=\pm1$ 不是方程的根，以 $a=\pm2,\pm4,\pm8,\pm16,\pm32,\pm4096$ 分别代入下列二式 $\dfrac{f(1)}{1-a}$ 和

$\dfrac{f(-1)}{1+a}$，即 $\dfrac{3921}{1-a}$ 和 $\dfrac{4025}{1+a}$ 中。由计算得知仅当 $a=4$ 时，其值为整数。

用 $x-4$ 试除 $f(x)$，用综合除法，如图 4-10 所示：

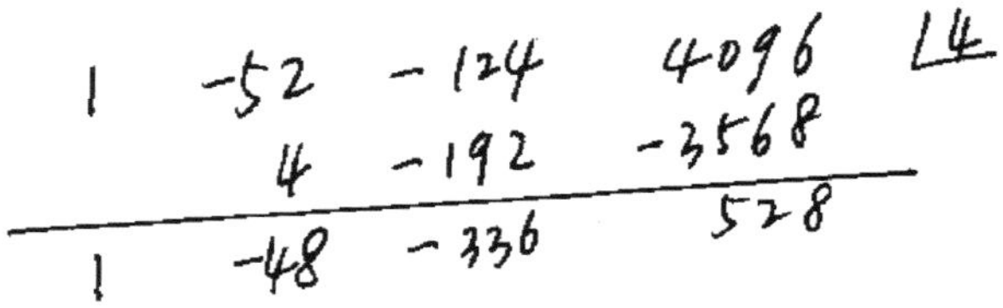

图 4-10　综合除法示意图

于是，$f(x)=(x-4)(x^3-48x^2+528)=0$，它有根 $x=4$。从生产实际出发，杨辉对弓形面积的求解，其算法在建筑设计和施工领域有着广泛的应用价值。

4. 二元二次方程组

例题："直田积八百六十四步，只云长阔共六十步，问长多阔几何？答曰：十二步。"[①]

设长为 x，阔为 y。依题意，则有下列方程组

$$\begin{cases} xy=864 \\ x+y=60 \end{cases}$$

将 $y=60-x$ 代入 $xy=864$，解得 $x_1=36$，$x_2=24$。

当 $x_1=36$ 时，$y_1=24$；当 $x_2=24$ 时，$y_2=36$，与题设不符，故舍去。所以，长为 36，阔为 24，用长减阔即得 12 步。

综上所述，杨辉虽然不是解高次方程的第一人，但是他将刘益《议古根源》所涉及的二次及二次以上方程的解法进行归纳总结，比较系统地讲述了益隅开方法、减从开方法、四因

---

① （宋）杨辉：《田亩比类乘除捷法》，《中国科学技术典籍通汇·数学卷（一）》，开封：河南教育出版社，1993 年，第 1089 页。

积步法和翻积开方法等，并通过"比类"而将它们推广到经济生活的多个领域，尤其是刘益求解一般方程式已不拘于系数的正负，它为元代朱世杰四元术消元法的创立奠定了坚实的基础，而前揭一元四次方程的出现，则显系刘益和杨辉把增乘开方法推广到一般高次方程解法的最初实例。

二、杨辉的精神指向及其科学研究动机

（一）杨辉数学研究的批判精神

如何继承中国古代数学文化的优秀传统？这是每一位算家都会经常思考的问题。宋代印刷术发达，古籍整理空前兴盛。仅就数学古籍的整理而言，唐代已经形成了以"十部算经"为基本内容的完整的算学体系，以此为基点，北宋元丰七年（1084 年），秘书省刻印了《九章算术》《周髀算经》《孙子算经》《五曹算经》及《夏侯阳算经》等唐代以前的算学著作，作为学校的通用教材。故宋本《数术记遗》后附有"算学源流"，其中载有"崇宁国子监算学令"：

> 诸学生科《九章》、《周髀》义，及算问（谓假设疑数）兼通《海岛》、《孙子》、《五曹》、《张邱建》、《夏侯阳算法》，并历算、三式、天文书。[①]

在这期间，因金亡北宋而导致"秘阁图书，狼藉泥土中"。[②] 在此等情形之下，南宋被迫于嘉定五年至六年（1212—1213 年）重新刊刻《算经十书》，即有《黄帝九章》《周髀算经》《五经算法》《海岛算经》《孙子算经》《张丘建算经》《五曹算经》《缉古算经》《夏侯阳算经》及《算术拾遗》等。[③] 即使名之为《算经十书》，北宋、南宋先后也有许多变化。例如，《算术拾遗》见于新编直指算法统宗引杨辉《续古摘奇算法》，而鲍澣之在《数术记遗》序中认为，《数术记遗》当时已无传本，却未尝言及《算术拾遗》，所以《算术拾遗》是否就是徐岳的《数术记遗》，已无从考证。[④] 如前所述，宋代数学的发展离不开生产实际，反过来，随着生产实际的不断发展和变化，新的情况和问题迫切需要人们对传统范本中所出现的各种算法重新进行科学验证，扬长避短，甚或对其传本中出现的问题来一番订讹正误。事实上，北宋中期就形成了疑古惑经思潮，一直延续至南宋中后期，并逐渐形成以朱熹、王柏和金履祥为代表的理学疑经派和以郑樵、吕祖谦、袁枢和王应麟等为代表的偏向经学和文献学方面的疑经派。[⑤] 不过，目前学界对宋代疑经思潮的研究多集中在对传统经学的辨义和解惑

---

① 《数术记遗》宋本"附录"，北京：文物出版社，1980 年影印北京大学图书馆藏宋嘉定六年福建刻本。
② （宋）徐梦莘：《三朝北盟汇编》卷 97 引《宣和录》，文渊阁《四库全书》本。
③ 李俨、钱宝琮：《李俨钱宝琮科学史全集》第 2 卷，沈阳：辽宁教育出版社，1998 年，第 121 页。
④ 幼狮数学大辞典编辑小组编辑：《幼狮数学大辞典》下，台湾：幼狮文化事业公司，1983 年，第 3310 页。
⑤ 杨新勋：《宋代疑经研究》，北京：中华书局，2007 年，第 155 页。

上，而对南宋学者就传统技艺学所作的辨义和解惑的成就关注不够。毋庸置疑，杨辉在保存和传承中国古代数学文化的精髓方面，确实作出了突出贡献。然而，有一点更值得学界关注，那就是从文献体例的视角看，杨辉在《田亩比类乘除捷法》卷下单辟一目"《五曹》刊误三题"，绝对是前无古人。杨辉说："《五曹算法》题术有未窈当者，僭为删改，以便后学君子。"[①]

第一题："《五曹》云：方田正中有桑；斜至隅一百四十七步，问田几何？合计：一百八十亩一十八步。《五曹》法误答：一百八十三亩一百八十步。《五曹》术：以二乘桑至隅步，乃取田之全斜也。以五乘，七除，即'方五斜七'之义。所以误答前数。然不可用'方五斜七'之法。"[②]

这道算题出自《五曹算法》卷1《田曹》，其"方五斜七"是指对角线长为5∶7，这是流行于民间的一种经验算法，仅适用于较小面积的计算，面积增大，误差将随之增大。[③]显然，《五曹算法》在没有划定适用范围的条件下，将"方五斜七"扩大任意田亩面积的计算，是不适当的。因此，杨辉批评《五曹算法》云："'方五斜七'仅可施于尺寸之间，其可用于百亩之外。"[④]那么，如何计算已知斜隅且田亩较大的方田面积呢？杨辉给出的算法是：

当二乘隅，为方田之弦步。自乘，折半，开平方除之，取田方一面之数。以方自乘，即得所答。或谓开方有分子之繁，莫若竟用半隅一百四十七步，自乘，倍之，为积母。乃捷径也。[⑤]

设正方形对角线（即"斜"）长为 b，边长为 a，用公式表示则为

$$a^2 = \left(\sqrt{\frac{b^2}{2}}\right)^2 \text{ 或 } a^2 = 2\times\left(\frac{b}{2}\right)^2 \text{。}$$

第二题："《五曹》曰：墙田方围一千步，问田几何。即是方田。答曰：二百六十亩一百步。田形既方，不当曰墙田，只当直云方田若干为题。其术称：以四除一千步，得二百五十步。自乘，为积。亩法除之。四除外围，不可施于直。恐例将直田外围四而取一，为方面。乘积岂不利害，往往曾见有人误用此术，所以言之。"[⑥]

如前所见，墙田，即为直角梯形，与方田的几何形状不同。按：《五曹算法》卷1《田曹》的算法，设边长为 a，则方田的面积为

① （宋）杨辉：《田亩比类乘除捷法·序》，《中国科学技术典籍通汇·数学卷（一）》，开封：河南教育出版社，1993 年，第 1073 页。
② （宋）杨辉：《田亩比类乘除捷法》，《中国科学技术典籍通汇·数学卷（一）》，开封：河南教育出版社，1993 年，第 1084 页。
③ 孙宏安译注：《杨辉算法》，沈阳：辽宁教育出版社，1997 年，第 348 页。
④ （宋）杨辉：《田亩比类乘除捷法》，《中国科学技术典籍通汇·数学卷（一）》，开封：河南教育出版社，1993 年，第 1084 页。
⑤ （宋）杨辉：《田亩比类乘除捷法》，《中国科学技术典籍通汇·数学卷（一）》，开封：河南教育出版社，1993 年，第 1084 页。
⑥ （宋）杨辉：《田亩比类乘除捷法》，《中国科学技术典籍通汇·数学卷（一）》，开封：河南教育出版社，1993 年，第 1084 页。

$$S = \frac{1}{240} \times a^2 = \frac{1}{240} \times 250^2 = 260\frac{5}{12} \quad （亩）。$$

然而，按照墙田算法，设上底为 a，下底为 b，高为 h，则"方田"的面积为 $S = \frac{1}{2}(a+b)h$，其计算结果肯定与"方田"的计算结果不一样。在这里，我们不难看到民间数学受到经验思维的巨大影响。尽管经验知识是科学认识的重要来源，而人类的知识体系也正是人类运用自己的认知能力对各种经验进行整理加工的产物，但是毕竟经验知识不等于科学知识。从认识的真理性层面看，经验知识有待于上升为科学知识，而科学知识不仅仅是对经验知识的校正，更是对经验知识存在价值的提升。《五曹算法》混淆了"墙田"与"方田"的概念，恰恰表明了中国古代经验知识的模糊性和不确定性，而造成这种现象当与中国古代形式逻辑不发达有一定关系。可以肯定，杨辉力图从经验知识的模糊性上升到科学知识的精确性，代表着宋、元数学向更高阶段发展的一种新趋势。

第三题："《五曹》：四不等田，东三十五步，西四十五步，南二十五步，北一十五步，问田几何。答称：三亩八十步。非。实三亩四十步三尺九分六厘八毫七丝半。田围四面不等者，必有斜步。然斜步岂可作正步相并。今以一寸代十步为图，以证四不等田，不可用'东西相并，南北相并；各折半；相乘'之法。如遇此等田势，须分两段取用。其一勾股田；其一半梯田。"[①]

在经验性的模糊思维里，尤其是在计算各种几何田亩时，常常忽略细节，追求一种"大体上"近乎合"理"的数值，实际上它限制了真正以追求精确为宗旨的科学思维的成长与发展。比如，祖冲之计算圆周率 π 已经精确到小数点后 7 位，这项成就自唐至清再没有人能够突破和超越。其中一个很重要的原因就是，人们越来越趋于经验知识了，很少有人去钻研数字的精确化。同前面一道"墙田"犯的毛病一样，不该忽略的细节被忽略了，结果导致数值出现较大误差。例如，《五曹算法》的算法是："并东西，得八十步。半之，得四十步。又并南北，得四十步。半之，得二十步。二位相乘，得八百步。以亩法除之，即得。"[②] 用图 4-11 表示，则《五曹算经》给出的求四不等田积公式为

$$S = \frac{a+c}{2} \times \frac{b+d}{2}$$

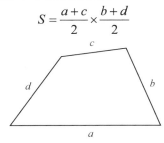

图 4-11 《五曹算经》给出的求四不等田积公式示意图

① （宋）杨辉：《田亩比类乘除捷法》，《中国科学技术典籍通汇·数学卷（一）》，开封：河南教育出版社，1993 年，第 1084 页。
② 《五曹算经》卷 1《田曹》，郭书春、刘钝校点：《算经十书》（二），沈阳：辽宁教育出版社，1998 年，第 3 页。

秦九韶在《数书九章》卷 5 "三斜求积"（图 4-12）及 "计地容民"（图 4-13）两题中给出 "四不等田" 的求积公式。其中 "三斜求积" 的公式是[①]

$$S = \sqrt{\frac{1}{4}\left[c^2 a^2 - \left(\frac{c^2 + a^2 - b^2}{2}\right)^2\right]}。$$

又 "计地容民" 公式如图 4-13 所示。[②]

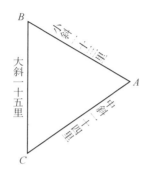

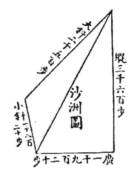

图 4-12 "三斜求积" 示意图　　　　　图 4-13 "计地容民" 示意图

设北、西、南、东四边分别为 a, b, c, d，则有

$$S = \sqrt{\frac{1}{16}\left[(a^2 + b^2)c^2 - (a^2 + b^2 + c^2 - d^2)^2\right]} + \frac{1}{2}ab。$$

通过比较，不难看出《五曹算法》求积公式的差缪。正如杨辉所言 "田围四面不等者，必有斜步"，故 "如遇此等田势，须分两段取用。其一勾股田；其一半梯田"。显然，杨辉的解题思路是正确的。这是问题的一个方面，另一方面，严格来说，杨辉的算法亦不精确，他还没有真正解决 "四不等田" 的求积问题。不过，作为对求四不等田积的正确算法，除了上面秦九韶给出 "四不等田" 的求积公式外，《田亩比类乘除捷法》卷下在 "四不等田题" 后有一段注文，其给出的求积公式亦比较符合题意的要求。其注文云：

> 列并北十五步幂及南二十五步幂，得，内减东三十五步幂，余一千六百五十，自乘之，得二百七十二万二千五百，寄位，列并北十五步幂及西四十五步幂，得数，以南二十五步幂乘之，得一百四十万六百二十五，四之，内减寄位，余以一十六归之，得一十八万一千四百零六步少，开平方除之，得四百二十五步九一八一二五九强，再寄，列西

以北乘之，折半之，加入再寄，得七百六十三步四一八一二五九，乃是积步也，以亩法除之，为亩；不满，为步；又不盈步，以一步积乘之，合问。[①]

其图示如图 4-14 所示。

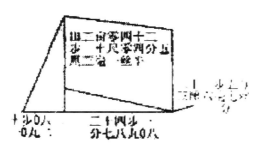

图 4-14　杨辉"四不等田题"示意图

据考，这个注记是著名和算家关孝和加入的，整个算法以秦九韶的"三斜求积"为基础，因而注记所采用的数据更精确，也更合乎近似计算的要求。[②]

由上述实例可以看出，中国古代算家为了取得正确的田积结果，经过了非常曲折的发展历程。期间既有后人对前人结论的纠偏和正谬，同时前人成果又为后人继续拓展搭建了思想平台及攀登科学高峰的梯阶。科学真理不是从天上掉下来的，也不是人的头脑先验就有的，它在与谬误的斗争中不断自我发展和自我完善。如前所述，错误的出现往往是超越了一定的条件和范围，就像用"方田"法求"墙田"面积，以及用一般梯形求"四不等田"的面积一样，适用条件和范围变了，解法亦应随之变化。另外，人们的认识"总是在客观上被历史状况所限制，在主观上被得出该思想映像的人的肉体状况和精神状况所限制"[③]。所以，在科学研究的过程中，批判前人是获得正确认识的关键环节。当然，有时人们获得的正确认识并不是批判一次就能取得的，而是需要经过两次、三次甚至更多次的批判。因此，这个过程必然包括我们在批判前人的同时，自己亦准备被后人所批判，这就是科学研究与科学批判精神的辩证法。杨辉在这个方面为我们树立了楷模，而他的数学成就无疑建立在对别人研究成果的批判性吸收和借鉴这个重要前提之下。

（二）杨辉"田亩乘除捷法"的研究动机

杨辉在《田亩比类乘除捷法·序言》中道出了其编撰该书的动机，他说："辉择可作关键题问者，重为详悉著述，推广刘君重训之意。"[④]"推广"亦即传播，在这里杨辉谈到了数

① （宋）杨辉：《田亩比类乘除捷法》，《中国科学技术典籍通汇·数学卷（一）》，开封：河南教育出版社，1993 年，第 1085 页。
② 孙宏安：《关于"四不等田"的一点注记》，《辽宁师范大学学报（自然科学版）》2002 年第 3 期，第 229—232 页。
③ 《马克思恩格斯选集》第 3 卷，北京：人民出版社，1972 年，第 76 页。
④ （宋）杨辉：《田亩比类乘除捷法》，《中国科学技术典籍通汇·数学卷（一）》，开封：河南教育出版社，1993 年，第 1085 页。

学传播的问题。何谓数学传播？邓宗琦认为，数学传播是指"已知数学思想、理论、方法、技术（亦称'数学知识'）的人们通过各种手段告诉未知者的过程"。①1989 年 11 月 16—18 日，在南开大学数学研究所召开的第一次数学传播会议上，人们非常关注当时辽宁教育出版社出版的"数学命题欣赏"丛书，认为那是数学传播的重要形式之一。《田亩比类乘除捷法》说到底亦是一部宋代的田亩名题选粹，它的广泛流传与杨辉的数学传播思想紧密相关。至于中国古代的数学传播问题，孙旭培有专门讨论②，兹不详述，仅列举其要点如下。

（1）注经式的研究阻碍了数学的创造性发展与传播。因为"作注（如刘徽的《九章算术注》、李淳风的《九章算术注》等）虽然使被注释的著作更完整，更有利于发挥它的效用，但由于这种注经式的研究局限在原体系内，影响了注释者学术才华的发挥。一代一代相沿成习，更会养成不敢突破前人，不敢自立门户或不敢标新立异的气氛，容易扼杀创造的生机，不利于科学的发展"③。

（2）缺乏科学和简便的符号，影响了中国古代数学传播的质量。中算为什么不能衍生出近世代数学？尽管这个问题复杂，但从传播学的角度看，缺乏科学和简便的符号应是一个很重要的原因。按照美国数学家克莱因的说法，代数只有引进了较好的符号体系，才能成为一门科学。④仅此而言，"我国的筹算，应用到求解朱世杰的四元高次联立方程时已经到顶了，再往前迈进，必须突破筹算的限制，向符号代数转化。但这一步没有完成。13 世纪，阿拉伯数字曾传入中国，但未被采用。清代著名数学家梅文鼎（1633—1721 年）介绍过西方算法，却不肯使用阿拉伯数字。直到清末，西学笔算传来中国，才逐步采用阿拉伯数字和其他数学符号"⑤。

（3）相比天文学和医学，官方对数学教育重视不够，特别是很多士人不以数学为专业，这就极大地阻碍了数学的发展和传播。⑥

此外，还有一个原因，那就是翻译无法满足数学发展的客观需要。对此，邓宗琦解释说："在 16 世纪前为了学习不同民族的数学成果或者为了把本民族的数学创造发明传播出去，可行的办法是'翻译'。英国数学家 Robert（约 12 世纪）于 1140 年将阿尔·花剌子模（约 780—840 年）的《代数学》译成拉丁文，才使得代数学能在欧洲传播。至于《几何原本》译成不同民族语言更是不计其数。令人难以想象的是，中国的数学著作没有在中世纪译成其他民族的文字。正因为这样，中国数学在当时未能在世界范围内传播。"⑦一方面，宋代的

① 邓宗琦：《数学传播史略》，《华中师范大学学报（自然科学版）》1992 年第 4 期，第 511 页。
② 孙旭培主编：《华夏传播论——中国传统文化中的传播》，北京：人民出版社，1997 年，第 285—288 页。
③ 孙旭培主编：《华夏传播论——中国传统文化中的传播》，北京：人民出版社，1997 年，第 288 页。
④ 〔美〕M. 克莱因著，张理京等译：《古今数学思想》，上海：上海科技出版社，1979 年，第 290—301 页。
⑤ 孙旭培主编：《华夏传播论——中国传统文化中的传播》，北京：人民出版社，1997 年，第 287 页。
⑥ 孙旭培主编：《华夏传播论——中国传统文化中的传播》，北京：人民出版社，1997 年，第 288 页。
⑦ 邓宗琦：《数学传播史略》，《华中师范大学学报（自然科学版）》1992 年第 4 期，第 511 页。

印刷术十分发达，同时中国与阿拉伯之间的商贸经济交往也甚兴盛；然而，另一方面却是中算著作无法为阿拉伯民族所认识，这确实是一个发人深省的问题。以杨辉为例，"为田亩算法者，盖万物之体"[①]，这种观念在重商情结比较浓厚的阿拉伯民族里难以产生出来，因为阿拉伯民族本质上是一个商业民族，而云南回族流行"盘田一生，不如做生意一时"[②]的谚语，则比较客观地反映了回族商人对于"农"与"商"关系的认识，与中国传统社会中的"重农轻商"观念大相径庭。近现代如此，中古时期亦如此。例如，许有壬说：宋末元初回商"擅水陆利，天下名城巨邑，必居其津要，专其膏腴"[③]。又王应麟《玉海》卷 186 记载：宋代"海舶岁入，象犀珠宝香料之类，皇祐中五十三万有奇，治平中增十万，中兴岁入二百余万缗"[④]。以回族商人为主的蕃客在宋代财政经济中的地位举足轻重。事实上，市舶之力已经成为南宋朝廷的主要收入来源。在这样的经济背景下，杨辉算法不能满足阿拉伯民族的经商需要，遂造成杨辉算法迟迟不能西传的历史后果。然而，与杨辉算法西传的状况不同，朝鲜世宗十二年（1431 年），《杨辉算法》被官方指定为科举考试的专用书。17 世纪以后，朝鲜数学家几乎都学习和研究《杨辉算法》，因此，"不论在数学人才的培养方面，还是数学知识的传播与普及方面，抑或数学的研究与著述方面，《杨辉算法》都发挥了巨大作用"[⑤]。尤其是现代《高中数学新课程标准》增设了算法初步的内容，《杨辉算法》再一次引起世人的高度关注。我们坚信，随着以算法为程序灵魂的计算机的普及，《杨辉算法》的思想精髓必将在未来的科学研究和日常生活中发挥越来越重要的作用。与之相适应，杨辉"推广刘君重训之意"的现代价值亦必然会越来越突出。

① （宋）杨辉：《田亩比类乘除捷法》，《中国科学技术典籍通汇·数学卷（一）》，开封：河南教育出版社，1993 年，第 1085 页。
② 《云南回族社会历史调查》（二），昆明：云南人民出版社，1985 年，第 25 页。
③ （宋）许有壬：《至正集》卷 52《哈只哈心碑文》，文渊阁《四库全书》本。
④ （宋）王应麟：《玉海》卷 186《唐市舶使》，扬州：广陵书社，2003 年，第 3402 页。
⑤ 郭世荣：《中国数学典籍在朝鲜半岛的流传与影响》，济南：山东教育出版社，2009 年，第 176 页。

第五章 《续古摘奇算法》及其科学思想

与《杨辉算法》的其他两部著作略有不同,《续古摘奇算法》中纯数学的研究倾向鲜明,如幻方、重差术及孙子定理等,抽象性都比较强。从目前的史料来看,《续古摘奇算法·海岛题解》是最早研究《海岛算经》的史籍,其勾股形中容横容直定理的提出,是一个创举[①],而《续古摘奇算法·纵横图》表明,杨辉不仅是世界上最早对幻方作系统研究的人,还开创了组合数学研究的新领域。

第一节 《续古摘奇算法》的结构特点

一、"选萃"法与杨辉对中算杰出成果的科学总结

"续古摘奇"即是中算研究中的"选萃"法。杨辉说:

> 一日,忽有刘碧涧、丘虚谷携《诸家算法》奇题及旧刊遗忘之文,求成为集。愿助工板刊行,遂添掫诸家奇题,与夫缮本及可以续古法草,总为一集,目之曰《续古摘奇算法》。[②]

从现传勤德书堂刊本的内容看,杨辉共摘取了《诸家算法》奇题 67 问,分上、下两卷。上卷包括 48 问,实际上仅 45 问,即纵横图 20 问,蓍管术 5 问,诸田不求积步竞答亩数 12 问及六十甲子内音、求年内日甲(积数)、地支逢宿、甲子逢宿、三女归盟、倍息一月(相乘)、正湖法、量仓法、开河定日、共买纱绢和买果求停(并率)各 1 问,与目录所列一致;下卷包括 19 问,实际为 29 问,因为目录是按照类型划分的,所以"19 问"亦可称作 19 个算题类型,即雉兔同笼、绫罗隐价(二率分身)、三鸡析值、三果共价、三酒分身(三率分

---

① 《中国历史大辞典·科技史卷》编纂委员会编:《中国历史大辞典·科技史卷》,上海:上海辞书出版社,2000 年,第 650 页。
② (宋)杨辉:《续古摘奇算法·序》,《中国科学技术典籍通汇·数学卷(一)》,开封:河南教育出版社,1993 年,第 1095 页。

身）、方金求重、开河问积、乘除代换（并互换）、河上荡杯、兵士支绢（合分互换）、定率求差、三七差分（衰分）、引绳量木、贼人盗绢（盈不足）、方圆总论、开方不尽法、度影量竿（乘除）、以表望术（勾股）和隔水望木（海岛）等。毫无疑问，这些奇题基本上囊括了宋代以前中国传统算题的精粹，杨辉以"摘奇"的形式向世人展示了中国古代在算法方面所取得的杰出成就。当然，从数学传播的角度看，"摘奇"这种形式对于推动实用数学尤其是抽象数学的发展非常有效。

（1）纵横图，亦称幻方。这是《续古摘奇算法》最有代表性的纯数学算题，杨辉已能列出三到十阶纵横图，数形结合，构造巧妙，内容十分丰富，详论见后。

（2）翦管术。此术实际上就是求解一次同余式的方法，因其最早出现在《孙子算经》一书里，故又被称为"孙子问题"，或称"剩余定理"，它是中国古代数学最有创造性的成果之一。《孙子算经》"物不知数"题云：

今有物，不知其数。三、三数之，剩二；五、五数之，剩三；七、七数之，剩二。问物几何？答曰：二十三。术曰：三、三数之，剩二，置一百四十；五、五数之，剩三，置六十三；七、七数之，剩二，置三十。并之，得二百三十三，以二百十减之，即得。[①]

在《续古摘奇算法》卷上，杨辉不仅照录此题，还添了 4 个问题，以便人们熟练地掌握这种算法。《孙子算经》给出的算法是：先求出 3、5、7 三个数的两两公倍数，如表 5-1 所示。

表 5-1 两两公倍数表

序号	第一组 3 与 5 的公倍数	第二组 3 与 7 的公倍数	第三祖 7 与 5 的公倍数
最小公倍数	15	21	35
其他公倍数	30	42	70
	45	63	105
	60	84	140
	75	105	175
	90	126	210
	105	147	245
	115	168	280
	130	189	315
	…	…	…

其中，"30"是第一组中符合"除以 7 余 2"的较小数；"63"是第二组中符合"除以 5

① 《孙子算经》卷下"今有物，不知其数"题，郭书春、刘钝点校《算经十书》二，沈阳：辽宁教育出版社，1998 年，第 22 页。

余 3"的较小数;"35"是第三组中符合"除以 3 余 2"的较小数。依据数的整除性,可知 30+63+35=128 是符合"除以 7 余 2,除以 5 余 3,除以 3 余 2"的数,然而却不是符合此条件的最小数。于是,用 128 减去 3、5、7 三个数的最小公倍数 105,即得到满足条件的最小数。

又如,

十一数,余三;十二数,余二;十三数,余一。问原总?答曰:一十四。术曰:十一余一,下九百三十六;题内余三,下二千八百八。十二余一,下一千五百七十三;题内余二,下三千一百四十六。十三数余一,下九百二十四。题内余一。并之,六千八百七十八。满总法一千七百一十六去之,去四个一千七百一十六,余一十四,合问。[①]

设三个数分别为 $m_1=11$,$m_2=12$,$m_3=13$,则它们的最小公倍数是:$11 \times 12 \times 13 = 1716$。

已知 $M_1 = 12 \times 13 = 156$,求乘率 M_1',用辗转相除法,得

$$156 = 11 \times 14 + 2; \quad 11 = 2 \times 5 + 1, \quad c_1 = 5; \quad 2 = 1 \times (2-1) + 1, \quad c_2 = 1 \times 5 + 1 = 6。$$

即 $M_1' = 6$。又 $M_2 = 11 \times 13 = 143$,求乘率 M_2',用辗转相除法,得

$$143 = 12 \times 11 + 11; \quad 12 = 11 \times 1 + 1, \quad c_1 = 1; \quad 11 = 1 \times (11-1) + 1, \quad c_2 = 1 \times 1 + 1 = 11。$$

即 $M_2' = 11$。又 $M_3 = 11 \times 12 = 132$,求乘率 M_3',用辗转相除法,得

$$132 = 13 \times 10 + 2; \quad 13 = 2 \times 6 + 1, \quad c_1 = 6; \quad 2 = 1 \times (2-1) + 1, \quad c_2 = 1 \times 6 + 1 = 7。$$

即 $M_3' = 7$。则

本数 $x = 6 \times 156 \times 3 + 11 \times 143 \times 2 + 7 \times 132 \times 1 - 4 \times 1716 = 14$。

另外,杨辉还给出了一个含有 4 个同余式的一次同余式组求解问题。原题云:"二数余一,五数余二,七数余三,九数余四,问原总数几何?答曰:一百五十七。"[②] 用金代符号表示,则

$$N \equiv 1 (\mathrm{mod}\, 2)$$
$$N \equiv 2 (\mathrm{mod}\, 5)$$
$$N \equiv 3 (\mathrm{mod}\, 7)$$
$$N \equiv 4 (\mathrm{mod}\, 9)。$$

设参数 F_1, F_2, F_3, F_4,分别使

$$9 \times 7 \times 5 \times F_1 \equiv 1 (\mathrm{mod}\, 2), \quad 2 \times 7 \times 9 \times F_2 \equiv 2 (\mathrm{mod}\, 5),$$
$$2 \times 5 \times 9 \times F_3 \equiv 3 (\mathrm{mod}\, 7), \quad 2 \times 5 \times 7 \times F_4 \equiv 4 (\mathrm{mod}\, 9) 成立。$$

于是,$9 \times 7 \times 5 \times 1 = 315$,$2 \times 7 \times 9 \times 1 = 126$,其解为
$2 \times 5 \times 9 \times 6 = 540$,$2 \times 5 \times 7 \times 4 = 280$

---

① (宋)杨辉:《续古摘奇算法》卷上,《中国科学技术典籍通汇·数学卷(一)》,开封:河南教育出版社,1993 年,第 1100 页。
② (宋)杨辉:《续古摘奇算法》卷上,《中国科学技术典籍通汇·数学卷(一)》,开封:河南教育出版社,1993 年,第 1100 页。

$$N = 315 \times 1 + 126 \times 2 + 540 \times 3 + 280 \times 4 = 3307 。$$

则最小解为 $N = 3307 - 630 \times 5 = 3307 - 3150 = 157$ 。

可以肯定的是，杨辉为"大衍求一术"的发展作出了积极贡献，且上面题中所出现的四个同余式组，即扩充三个模数为四个两两互素模数的同余式组，亦系前所未见的题型。可惜的是，杨辉"在理论上并未提出较为深奥的见解，仍是遵循《孙子算经》的论述，所论建树不大"。[①] 所以真正把"物不知数"题的理论高度推进到世界领先地位者，应是南宋的秦九韶。

（3）三女归盟。题云："长女三日一归，中女四日一归，小女五日一归，问几何日相逢？答曰：六十日。术曰：三、四、五数相乘。"[②]

此题摘自《孙子算经》卷下第35题，它是一道求最小公倍数的问题。因为3、4、5三数互质，故3×4×5=60即为3、4、5三个数的最小公倍数。考《孙子算经》原题的术文云："置长女五日、中女四日、少女三日，于右方。各列一算于左方。维乘之，各得所到数：长女十二到，中女十五到，少女二十到。又各以归日乘到数，即得。"[③] 用筹式表示，如图5-1所示。[④]

图 5-1　求最小公倍数算题

换算成现代符号，上面的筹式可变为 3×4＝12，3×5=15，4×5=20，此回归次数与三女各自归日对应相乘，则 12×5＝15×4＝20×3＝60 。有人将此称为"更相减损术"。[⑤] 李迪认为，"根据上面的演算过程，可以体会到筹算求最小公倍数的具体做法"[⑥]。然而，此论是否符合史实，目前尚难定论。如沈康身所说：透过此题的筹式演算，我们猜想"算经作者可能理解求最小公倍数的一般规则"[⑦]，这种不确定的说法表明，对于《孙子算经》"今有三女"题与求最小公倍数的关系，还需要作进一步的研究。不过，从《孙子算经》到杨辉的《续古摘奇算法》，确实可以看出后者在求最小公倍数方面所做的积极努力。如果我们换一个角度看《孙子算经》的"今有三女"的术文，那么杨辉对求最小公倍数的贡献就会变得更加清楚。经纪志纲揭示，《孙子算经》"今有三女"本问，应先求3、4、5三个数的最小公倍数，然后

① 白尚恕：《中华文化集萃丛书——睿智篇》，北京：中国青年出版社，1991年，第173页。
② （宋）杨辉：《续古摘奇算法》卷上，《中国科学技术典籍通汇·数学卷（一）》，开封：河南教育出版社，1993年，第1102页。
③ 《孙子算经》卷下"今有三女"题，郭书春、刘钝点校《算经十书》二，沈阳：辽宁教育出版社，1998年，第24—25页。
④ 李迪：《中国数学通史·上古到五代卷》，南京：江苏教育出版社，1997年，第227页。
⑤ 沈康身：《更相减损术源流》，吴文俊主编：《〈九章算术〉与刘徽》，北京：北京师范大学出版社，1982年，第212页。
⑥ 沈康身：《更相减损术源流》，吴文俊主编：《〈九章算术〉与刘徽》，北京：北京师范大学出版社，1982年，第212页。
⑦ 沈康身：《更相减损术源流》，吴文俊主编：《〈九章算术〉与刘徽》，北京：北京师范大学出版社，1982年，第212页。

再以归日除之各得所到数，但《孙子算经》恰恰相反。设所求最小公倍数为 1，则相会时各所到数是

$$\frac{1}{3}, \frac{1}{4}, \frac{1}{5}, \text{通分后，得} \frac{1 \times 4 \times 3}{5 \times 4 \times 3}, \frac{1 \times 5 \times 3}{5 \times 4 \times 3}, \frac{1 \times 5 \times 4}{5 \times 4 \times 3}。$$

其中，分子即在相同时间内的"各所到数"，由此可见，《孙子算经》把求三个数的最小公倍数问题转化成求三个分数的最小公分母。[①] 与之相较，杨辉的求最小公倍数更为自觉和入理。

（4）倍息一月。题云："一文日增一倍，倍至三十日，问计钱几何？答曰：一百七万三千七百四十一贯八百二十四文。"[②]

这道题摘自《谢经算术》，此书已佚，详细内容无从考索。然从术文看，它是一道专门解析指数规律的算题。其求术有三法[③]：

第一法，"以十度八因。一度八因超三日数，十度八因超三十日数。"用现代符号表示，则为 $2^{30} = \left(2^3\right)^{10}$。第二法，"五度六十四乘之。六十四乃六日数，五度乘为三十日"。用现代符号表示，则为 $2^{30} = 64 \times 2^5 = 2^6 \times 2^5$。第三法，"以三度三十二乘出，得数自乘，亦同。三度三十二乘，乃得十五日数，以十五日数相乘，即三十日之数也"。用现代符号表示，则为 $2^{30} = \left(2^3 \times 32\right)^2 = \left(2^3 \times 2^5\right)^2$。

（5）正斛法。"斛"是我国古代的容量单位，它的变动关乎民生大计，故杨辉用专篇来讨论"正斛法"，足见他对这个问题的重视程度。杨辉对"斛"制变革的历史做了如下的描述：

> 《夏侯阳》仓曹云：古者凿池，方一尺，深一尺六寸二分，受粟一斛。至汉王莽改铸铜斛，用深一尺九寸二分。至宋元嘉二年（425 年），徐受重铸，用二尺三寸九分。至梁大同元年（535 年），甄鸾校之，用二尺九寸二分。然异时事变，斗尺（斛）不同，以古就今，临时较定，始可行用。若欲审之，以掘地作穴，方广三尺已下。以今时斗，量米一斛，置诸穴中，概令平满，如有少剩，临时增减，取米适平，然后出之，径量以知深浅，乃可为斛法定数。辉伏睹京城见用官斗号杭州百合，浙郡一体行用。未较积尺积寸者，盖斗势上阔下狭，维板凸突，又有提梁，难于取用。况栲栳藤斗，循习为之。今将官升与市尺较订，少补日用之万一。每立方三寸，谓四维各三寸，高三寸，积二十七寸。受粟一升；每方五寸，深五寸四分，积一百三十五寸。受粟五升；每方一尺，深二寸七分，积二百七十寸。受粟一斗；每方一尺，深一尺三寸五分，受粟五斗。[④]

---

① 纪志刚主编：《孙子算经·张邱建算经·夏侯阳算经导读》，武汉：湖北教育出版社，1999 年，第 55 页。
② （宋）杨辉：《续古摘奇算法》卷上，《中国科学技术典籍通汇·数学卷（一）》，开封：河南教育出版社，1993 年，第 1102 页。
③ 吴文俊主编：《中国数学史大系》第 5 卷《两宋》，北京：北京师范大学出版社，2000 年，第 586 页。
④ （宋）杨辉：《续古摘奇算法》卷上，《中国科学技术典籍通汇·数学卷（一）》，开封：河南教育出版社，1993 年，第 1103 页。

关于此段量制史料，吴文俊主编的《中国数学史大系》第 5 卷及郭正忠著《三至十四世纪中国的权衡度量》等都有较细致的阐释。其中，尤为值得注意的现象是宋代的斛制非常混乱，既有中央朝廷之量、各种地方官量、专用官量及军量和学量等，同时又有乡村居民及城镇工商业自制和使用的民间量器，加上"栲栳藤"本身的原因，制作很不规则，"既有按法量或官量规格复制的合法量器，也有违反规格私造而应予取缔的非法量器，还有本属非法而又为官府所默许、认可的量器"[①]等。为了增收多取，官府往往加大量器来收取，是谓"加耗"，名色至多。此外，尚有 20 多种加斛与加斗，从而使民众的税负更加沉重。所以，宋代斛制的变化反映了统治阶级残酷剥削的一面，而从数学史的角度而言，我们通过对量斛的容积换算，无疑能够加深对其剥削性质的认识。宋代浙尺有三种形制：27.4 厘米、28.3 厘米及31 厘米，依此计算，则宋代的"杭州百合"官斗分别为

$$(0.3 \times 27.4)^3 \approx 555 \text{ 毫升}; \quad (0.3 \times 28.3)^3 \approx 612 \text{ 毫升}; \quad (0.3 \times 31)^3 \approx 804 \text{ 毫升}.$$

按：宋代以前，以 10 斗为 1 斛，而北宋末南宋初[②]则改 5 斗为 1 升。斛形无定制："既有圆体五斗斛，又有方体五斗斛；既有敞口斛，又有狭口斛。"[③] 正是在这样的历史背景下，杨辉才提出了"正斛法"的主张，即提出订正容量单位的标准。在"正斛法"之下，有"求圆斛术"，主要讲述立方体量器与圆柱体量器等容积的换算方法。然而，杨辉给出其"方体五斗斛"的基本标准是："每方一尺，深二尺七寸，受粟一石。"[④] 此类官斛的容积为 27 000 立方寸，若仍按上述宋代厘米尺计算，则 1 石斛容量分别为 55 541 毫升、61 196 毫升和 80 436 毫升，是前述官升容积的 100 倍。

（6）开方不尽之法。此法主要讲解当被开方数不是整方幂数时，如何用分数表示不尽根数的方根与怎样还原的问题，它的实质在于求方根的近似值。因此，李继闵认为，对不尽方根的认识与取舍，是古代中国与希腊人关于数的观念的最本质差异。[⑤] 杨辉引《辨古通源》"开方不尽之法"云：

"开方除不尽之数命为分子"术曰：倍隅数入廉，一退；平方二因，立方三因。并入下法一算；总为分母，以命分子之数。[⑥]

考《九章算术·少广章》刘徽注说："若开之不尽者，为不可开，当以面命之。"[⑦]"面"指正方形的边长，然而究竟如何理解这段话，学界的认识不一。如肖作政释[⑧]：对于开不尽

① 郭正忠：《三至十四世纪中国权衡度量》，北京：中国社会科学出版社，1993 年，第 371 页。
② 郭正忠：《三至十四世纪中国权衡度量》，北京：中国社会科学出版社，1993 年，第 395 页。
③ 郭正忠：《三至十四世纪中国权衡度量》，北京：中国社会科学出版社，1993 年，第 397 页。
④ （宋）杨辉：《续古摘奇算法》卷上，《中国科学技术典籍通汇·数学卷（一）》，开封：河南教育出版社，1993 年，第 1103 页。
⑤ 李继闵：《〈九章算术〉及其刘徽注研究》，西安：陕西人民教育出版社，1990 年，第 444 页。
⑥ （宋）杨辉：《续古摘奇算法》卷下，《中国科学技术典籍通汇·数学卷（一）》，开封：河南教育出版社，1993 年，第 1112 页。
⑦ 《九章算术》卷 4《少广章》，郭书春、刘顿点校：《算经十书》（一），沈阳：辽宁教育出版社，1998 年，第 37 页。
⑧ 肖作政编译：《〈九章算术〉今解》，沈阳：辽宁人民出版社，1990 年，第 86 页。

的数，设 $A = a^2 + r$，"以面命之"即 $\frac{r}{a}$，所以 $\sqrt{A} = a + \frac{r}{a}$；李迪则释为[①]：$\sqrt{A} = a + \frac{r}{2a}$；李兆华更释作[②]：$\sqrt{A} = a + \frac{r}{2a+1}$，等等。依此相较，李兆华的解释与杨辉的"开方除不尽之数命为分子"术一致。

（7）二率分身。引题云："雉兔同笼，上有三十五头，即是三十五只。下共九十四足，问各几何。答曰：雉二十三，兔一十二。分身术曰：倍头减足，倍四。不分雉兔，是以二足乘只数，于众足内减，所余者，即一兔剩二足也。折半，为兔。"[③]

设鸡 x 只，兔 y 只，c 为总头数，d 为总脚数，则有方程组

$$\begin{cases} x + y = c \\ 2x + 4y = d \end{cases}$$

解得 $x = \frac{4c - d}{2} = \frac{4 \times 35 - 94}{2} = 23$（只）；$y = \frac{d - 2c}{2} = \frac{94 - 2 \times 35}{2} = 12$（只）。

自《九章算术》以降，我国古代形成了一整套求解"线性方程组"（包括二元一次方程组和三元一次方程组）的理论和方法，取得了巨大的历史成就。杨辉在《续古摘奇算法》卷下还摘取了《张丘建算经》中的"百鸡问题"及《辨古通源》中的"三率分身"等算题，对三元一次不定方程组问题用增减率求解，从而使我国古代求解三元一次不定方程组的算法和步骤更趋于简捷与清晰。

（8）重差。刘徽在《九章算术注》中说："凡望极高、测绝深而兼知其远者，必用重差。勾股则必以重差为率，故曰重差也。"[④] 可见，重差是一种对可测而不可至的目标，通过两次测量之差，再用比例相似进行的计算。对其最早的应用是《周髀算经》中的"日高术"。据考，赵爽注《周髀算经》时，曾利用几何图形面积关系，给出了"重差术"的证明，并绘有"日高图"，惜图已不传，后来，刘徽所补注与图也失传。唐代算家根据"日高术"及图的特点，将其从《九章算术》中独立出来，名之为《海岛算经》。然"唐李淳风而续算草，未问解白作法之旨"[⑤]，且"本经题目广远，难于引证，学者非之"[⑥]，有鉴于此，杨辉在《续古摘奇算法》卷下专门列有"海岛题解"，并"将《孙子》度影量竿题问，引用，详解，以验（《海岛》）小图"。[⑦] 杨辉引《海岛算经》第1题云：

本经今有望海岛，立二表高五丈，前后参直，相去千步。人从前表却行一百二十三

① 李迪：《中国数学通史·宋元卷》，南京：江苏教育出版社，1999年，第140页。
② 李兆华：《〈算法统宗〉试探》，《古算今论》，天津：天津科学技术出版社，2000年，第162页；李文铭主编：《数学史简明教程》，西安：陕西师范大学出版社，2008年，第77页。
③ （宋）杨辉：《续古摘奇算法》卷下，《中国科学技术典籍通汇·数学卷（一）》，开封：河南教育出版社，1993年，第1106页。
④ （晋）刘徽：《九章算术·序》，郭书春、刘顿点校《算经十书》（一），沈阳：辽宁教育出版社，1998年，第1—2页。
⑤ （宋）杨辉：《续古摘奇算法》卷下，《中国科学技术典籍通汇·数学卷（一）》，开封：河南教育出版社，1993年，第1114页。
⑥ （宋）杨辉：《续古摘奇算法》卷下，《中国科学技术典籍通汇·数学卷（一）》，开封：河南教育出版社，1993年，第1114页。
⑦ （宋）杨辉：《续古摘奇算法》卷下，《中国科学技术典籍通汇·数学卷（一）》，开封：河南教育出版社，1993年，第1114页。

步，人目着地取望岛峰，与前表参合。复从后表却行一百二十七步，人目着地取望岛峰，亦与表末参合。问岛高及去表远各几何。答曰：岛高四里五十五步。前表至岛远一百二里一百五十步。本术曰：表高乘表间为实，相多为法，除之。所得加表高，即得岛高。臣淳风等谨案：此术意，宜云，岛谓山之顶上，两表谓立表木之端直。以人目于木末望岛参平，人去表一百二十三步，为前表之始。后立表木至人目于木末相望，去表一百二十七步。二表相去为相多，以为法。前后表相去千步为表间。以表高乘之为实。以法除之，加表高，即是岛高积步，得一千二百五十五步。以里法三百步除之，得四里，余五十五步，是岛高之步数也。求前表去岛远者，以前表却行，乘表问，为实，相多为法，除之。臣淳风等以此术意，宜云，前去表乘表间，得一十二万三千步，以相多四步为法，除之，得数又以里法三百步除之，得表去岛远数。[1]

关于杨辉的引文，至今都具有非常重要的学术意义，首先，戴震对此题中李淳风注文"岛谓山之顶上……去表一百二十七步"颇有疑义，后钱宝琮亦认为此段文字"不能句读"，故"只可缺疑"。[2] 杜石然则认为，依杨辉录文，"可以做到不添不改，适当标点即可"[3]，此说甚是。其次，杨辉以此题为论证《海岛算经》思想的钥匙，畅说其源，因而成为"现存论及《海岛算经》诸题证明的最早的文献"。[4] 图 5-2 是《古今图书集成》中所绘"窥望海岛之图"。

图 5-2 窥望海岛图

① （宋）杨辉：《续古摘奇算法》卷下，《中国科学技术典籍通汇·数学卷（一）》，开封：河南教育出版社，1993 年，第 1114 页。
② 李俨、钱宝琮：《李俨钱宝琮科学史全集》第 4 卷，沈阳：辽宁教育出版社，1998 年，第 207 页。
③ 杜石然：《数学·历史·社会》，沈阳：辽宁教育出版社，2003 年，第 427 页。
④ 郭熙汉：《杨辉算法导读》，武汉：湖北教育出版社，1997 年，第 386 页。

杜石然将其变换为现代几何图形①，如图 5-3 所示。

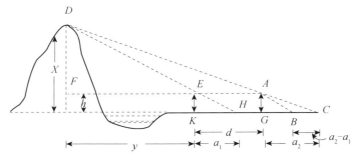

图 5-3 窥望海岛几何解析图

设海岛高为 x，岛与前一标竿之间的距离为 y，标竿的高度为 h，两竿之间的距离是 d，前表却行 a_1，后表却行 a_2，则相多为 $a_2 - a_1$，依题意

$$x = \frac{d}{a_2 - a_1} \times h + h = \frac{5 \times 1000}{127 - 123} + 5 = 1255 步 = 4 里 55 步，此为"测高重差公式";$$

$$y = \frac{d}{a_2 - a_1} \times a_1 = \frac{123 \times 1000}{127 - 123} = 30\,750 步 = 102 里 150 步，此为"测远重差公式"。$$

依据上述两个公式，杨辉进一步通过"比类"的形式来论证"重差术"。由于其论证过程比较烦琐，且郭熙汉、孙宏安等都有专门阐释，笔者不必多费口舌。在这里，笔者只想引述郭熙汉的一段话作为对这个问题的结束语：

> 我们确实看到，杨辉把整个重差理论的基础建立在"勾中容横，股中容直，二积皆同"之上。也就是杨辉所说"先贤用心之源"。上述结论的正确性，有两个重要支柱，一是勾股理论，一是出入相补原理。这在中国古代数学中都有确实的出处。所以，认为杨辉的论证符合中国古代数学的特色，是有说服力的。因此，杨辉在本卷中对《海岛算经》第一问的引用，以及对"重差"理论的"说其源"，在重差理论的发展源流中的重要地位，也就显露出来了。②

二、科学创造的一种途径：从散乱的数学史料中发现问题

继承与创新是科学研究的一对基本矛盾，谚语"巧妇难为无米之炊"中的"米"即是指科学创新过程所需要的基本原材料，像前人的研究成果就是其科学创新的基本原材料之一，当然也是避免低水平重复的重要方法。在中国古代，数学发展有其特殊性，杨辉在《续古摘奇算法·序言》中说：

---

① 杜石然：《数学·历史·社会》，沈阳：辽宁教育出版社，2003 年，第 78 页。
② 郭熙汉：《杨辉算法导读》，武汉：湖北教育出版社，1997 年，第 344 页。

夫六艺之设，数学居其一焉。昔黄帝时，大夫隶首创此艺。继得周公著《九章》，战国则有魏刘徽撰《海岛》，至汉甄鸾注《周髀》、《五经》，唐李淳风校正诸家算法。自昔，历代名贤皆以此艺为重。迄于我宋设科取士，亦以《九章》为算经之首。[1]

数学是儒家思想体系的一个组成部分，因此，儒家学说对中国传统算法的发展产生了重要影响。但是，中国社会的发展实际往往非常复杂，而道家和释家的思想学说对中国传统算法发展所产生的影响不可低估。例如，北周甄鸾笃信佛教，他在撰著的多部数学书中即带有鲜明的佛教烙印，像《数术记遗》中所引有佛经文句就是典型的实例。据此，钱宝琮认为，传本《数术记遗》不是汉徐岳撰，而是"甄鸾的依托伪造而自己注释的书"。[2] 唐朝佛教大盛，与之相适应，佛教数学进入了一个新的发展阶段。其标志是以僧一行为代表的佛教数学家的出现，以及大量佛教数学知识的传入，如瞿昙悉达在《开元占经》中介绍了"印度三角学""九执历经"及"印度笔算和位值制数码"等，又唐慧琳在《一切经音义》中解释了印度大数名称的意义；《摩登伽经》卷下载有印度度量衡的单位名称及其单位分析，等等。唐朝佛教文化的极度膨胀，对中国传统的儒家和道家文化产生严重的影响，儒学发展迟缓，于是，唐武帝掀起了一场声势浩大的灭佛运动。五代时期的周世宗紧踵其后，继续保持对佛教的严厉打压态势。值此之际，儒教复兴，道教转盛，反映在数学领域，一方面是《算经十书》的刊刻，显示了儒家学说强势地位的确立，另一方面，在《算经十书》之外，隐迹山林的道士开始探究象数学，并著书立说，促进了宋代数学的发展和繁荣。当然，宋代在发展儒、道的同时，一改周世宗打压佛教的政策，提倡"三教融合"，所以佛教文化与儒、道文化相互渗透遂成为宋代科技发展的一个重要特点。结合数学本身的发展历史而言，则上面的特点可以表述为："中国数学家的数学论著深受历史上各种社会思潮、哲学流派以至宗教神学的影响，具有形形色色的社会痕迹。"[3] 以《算经十书》为例，唐代有《周髀算经》《九章算术》《海岛算经》《孙子算经》《夏侯阳算经》《张丘建算经》《缀术》《五曹算经》《五经算术》和《缉古算经》，而北宋时《缀术》已亡佚，《韩延算术》则被误认为是《夏侯阳算经》，至南宋时又将《数术记遗》补入，遂成新的《算经十书》。其中，《数术记遗》辑录于杭州七宝山三茅宁寿山《道藏》中，它本身又包含有道教和佛教数学的内容，因此，南宋新刻《算经十书》体现了三教合流的历史发展趋势。另外，除《算经十书》外，道家数学著述亦十分抢眼，如邵雍的《皇极经世书》与二进制，李思聪的《洞渊集》与天元术[4]，刘牧的《易数钩隐图》与组合数学，隐君子与秦九韶算术，青阳人中山子与《算学通元九章》[5]等。如果再加上民

---

① （宋）杨辉：《续古摘奇算法·序》，《中国科学技术典籍通汇·数学卷（一）》，开封：河南教育出版社，1993年，第1095页。
② 李俨、钱宝琮：《李俨钱宝琮科学史全集》第5卷《中国数学史》，沈阳：辽宁教育出版社，1998年，第101页。
③ 中外数学简史编写组：《中国数学简史》，济南：山东教育出版社，1986年，第9页。
④ 李崇高：《道教与科学》，北京：宗教文化出版社，2008年，第133页。
⑤ 李俨、钱宝琮：《李俨钱宝琮科学史全集》第3卷《中国数学大纲（修订版）》，沈阳：辽宁教育出版社，1998年，第133页。

间算学家的著述，那么宋代的算学著作已经达到空前丰富的程度，如李籍的《九章算经音义》及《周髀算经音义》、李绍穀的《求一指蒙玄要》、夏翰的《新重演议海岛算经》、徐仁美的《增成玄一法》、韩公廉的《九章勾股验测浑天书》、沈括的《梦溪笔谈》、刘益的《议古根源》、贾宪的《算法敩古集》及《贾宪九章》、蒋周的《益古算法》、蒋舜元的《应用算法》、曹唐的《曹唐算法》、李文一的《照胆》和石信道的《钤经》[①]等。面对如此庞杂的算学成果，尤其是针对那些非主流的算家思想，究竟是采取虚无主义的态度还是拿来主义的态度，是衡量宋代算学成就高低的一个重要标准。宋代以前的算家极少关注非主流算家的著述及其思想，如唐朝算书中除了《算经十书》外，尚有《九章重差》《九章重差图》《九章杂算文》《数术记遗》《三等数》《算经要用百法》及《算经表序》等。然而，目前除了《数术记遗》尚有传本，其他算书全部佚失。现在，我们倒不是遗恨算书佚失本身，而是觉得如果当时那些主流算家稍微大度一点，能够以宽阔的眼界将其他非主流算家的成果吸纳到他们的著作中，以嘉惠后学，至少后人还能从中窥知他们算法思想的精髓，而不是对其茫然无知。从这个层面看，杨辉对中国古代算学发展的历史贡献就更加杰出和伟大了。例如，杨辉对待刘益的《议古根源》，就采取了拿来主义的态度。他说：

中山刘先生益撰《议古根源》，演段锁积，有超古入神之妙，其可尽为发扬，以裨后学。[②]

又《续古摘奇算法》的原著者为刘碧涧和丘虚谷，而杨辉仅仅"添撰诸家奇题"，从而使之成为一部不朽的算学名著。试想如果没有一种开放和宽广的胸怀，杨辉就不可能成为宋元四大家之一，因此，内容庞杂便成了杨辉算书的一个重要特点。然而，内容庞杂绝不是为了炫耀博学之能，而是因算题的需要，或是探其理，或是补其阙，或是正其舛。总之，在杂乱的算书典籍中发现问题和解决问题，才是杨辉编撰《续古摘奇算法》的本旨。

（一）对圆周率与"圆三径一"关系的论说

杨辉云："《九章》欲将方积为圆，用十二乘周，开平方除之。如圆积求方，用周自乘，十二而一，平方除之。并取圆之，方四，径一之义。矧如徽、密二率各有分子，于开方有碍。《黄帝九章》素无开方尚余分子之法，虽《辨古通源》有之，或欲还原，须用添入一段积数。终不及乘除分子还原端正。古人既用圆三径一之率，如开方不尽之法，亦可并行，不妨徽、密二术为方为圆。"[③]

---

① 李俨：《中国数学大纲》上，上海：商务印书馆，1931年，第108—111页。
② （宋）杨辉：《续古摘奇算法·序》，《中国科学技术典籍通汇·数学卷（一）》，开封：河南教育出版社，1993年，第1095页。
③ （宋）杨辉：《续古摘奇算法》卷下，《中国科学技术典籍通汇·数学卷（一）》，开封：河南教育出版社，1993年，第1112页。

杨辉首先肯定求"圆周率"是一个"未易概论"[①]的问题，然后，对"圆三径一"、徽率及密率作了比较。其结论是："二术言之，圆三径一亦未为是。古人取圆三方四之义。故行圆三径一之法。"[②] 也就是说，从徽率和密率的角度看，"圆三径一"确实误差较大，因而不是一种好的数值。然而，圆周率既是一个科学问题，同时又是一个历史问题。把科学问题放在特定的历史背景中去阐释和分析，从而将科学问题看作是一个发展的动态过程，是杨辉辨析圆周率的基本指导思想。所以，他认为在《九章算术》时代，人们还没有认识和掌握分数开方法。在此背景之下，想要解决"方积为圆"的问题，就得采用下列式式：

设正方形边长为 a ，圆半径为 r ，则

$$\sqrt{a^2 \times 4\pi} = \sqrt{\pi r^2 \times 4\pi} = 2\pi r;$$

反过来，若想解决"圆积求方"问题，则需采用下列式式：

设圆周长为 l ，圆半径为 r ，正方形边长为 a ，则

$$\sqrt{\frac{l^2}{4\pi}} = \frac{l}{2\sqrt{\pi}} = \frac{2\pi r}{2\sqrt{\pi}} = \sqrt{\pi}r。$$

上面两式中的 π ，都取 3，主要是为了方便和实用。在杨辉看来，《九章算术》之所以用"圆三方四"和"圆三径一"来处理以上问题，是因为若圆周率取"徽率"和"密率"，计算结果就会出现分数，一则《黄帝九章算经细草》中没有开方后留有分数的算法，二则即使《辨古通源》有"开方不尽法"，也不能摆脱还原繁难的困难，远远不如去掉分数还原更容易。这样就出现了两种情况，即或用"圆三径一"，或用"开方不尽法"，究竟使用哪一种方法更恰当，还需要根据具体算题而定。从严格的科学法则看，圆周率数值越精确，其科学性就越强，本应无条件取用才对，但是，杨辉算法追求的是"简捷"和实用，力求避免繁复。以此为前提，杨辉的思想虽不免失之于疏阔，然而他对在实践过程中所出现的各种算法，不作简单的肯定或否定，而是根据具体情况灵活掌握和应用。仅此而言，杨辉对应用圆周率的论辩还是符合历史实际的。又如，在对待"互换算法"与"重互换算法"时，亦复如此。杨辉举例说："《应用算法》以径乘代互换者，固善。其间又有不可代者。宜两存之。"[③]

（二）对配分比例算法的补充

杨辉说："《指南算法》有四、六差分，递用加五，可以致其数。如甲衰四，'加五'作六，为乙之衰；又如六上'加五'，得九，为丙之衰。辉因到姑苏有人求'三、七差术'，继

① （宋）杨辉：《续古摘奇算法》卷下，《中国科学技术典籍通汇·数学卷（一）》，开封：河南教育出版社，1993 年，第 1111 页。
② （宋）杨辉：《续古摘奇算法》卷下，《中国科学技术典籍通汇·数学卷（一）》，开封：河南教育出版社，1993 年，第 1111—1112 页。
③ （宋）杨辉：《续古摘奇算法》卷下，《中国科学技术典籍通汇·数学卷（一）》，开封：河南教育出版社，1993 年，第 1108 页。

答之，尤不可不传，以补衰分之万一。"[1] 所谓"四、六差分"，是指按照 4∶6 的固定比率作配分比例的问题，其运算法则是[2]：

$$4, \quad 4\times\frac{15}{10}, \quad 4\times\frac{15}{10}\times\frac{15}{10}, \quad 4\times\frac{15}{10}\times\frac{15}{10}\times\frac{15}{10}, \quad 4\times\frac{15}{10}\times\frac{15}{10}\times\frac{15}{10}\times\frac{15}{10}, \quad \cdots$$

后来，杨辉在姑苏（今江苏苏州市）解决了按照 3∶7 的固定比率作配分比例的算法，它对"差分"问题的研究是一个重要补充。例如，"今有四人分钱九百二十八贯，欲递以三、七差分，问各得几何？答曰：甲五百四十八贯八百文，乙二百三十五贯二百文，丙一百贯八百文，丁四十三贯二百文。"[3] 其题意为四人按照甲∶乙＝乙∶丙＝丙∶丁＝7∶3 的比例分钱。其算法是："列置甲、乙、丙七、丁三。丙七不可为三，以三因丙、丁，生乙差：甲、乙（49），丙（21），丁（9）。乙之差不可为三。亦以三因下位，生甲差：甲（343），乙（147），丙（63），丁（27）。副并四差，得五百八十为法。以所均之钱，各乘列衰，以法除之，合问。"[4]

用现代算式表示，则为[5]

设甲为 x_1，乙为 x_2，丙为 x_3，丁为 x_4，列衰

	x_1	x_2	x_3	x_4
第1步：			7	3
第2步：		7×7	7×3	3×3
第3步：	7×7×7	7×7×3	7×3×3	3×3×3

得 $x_1∶x_2∶x_3∶x_4=343∶147∶63∶27$。然后，依衰分术分别算得

$$x_1 = \frac{343\times928}{343+147+63+27} = 548.8 \text{（贯）；}$$

$$x_2 = \frac{147\times928}{343+147+63+27} = 235.2 \text{（贯）；}$$

$$x_3 = \frac{63\times928}{343+147+63+27} = 100.8 \text{（贯）；}$$

$$x_4 = \frac{27\times928}{343+147+63+27} = 43.2 \text{（贯）。}$$

（三）对谢察微"百鸡术草"的辩诬

如见前揭，《张丘建算经》所出现的"百鸡问题"，一直是古代算学家孜孜求解的数学难题，时至今日，都没有得到满意的阐释。考虑到《张丘建算经》术文十分简略，后学无从知其密。原题云："今有鸡翁一，值五文；鸡母一，值三文；鸡雏三，值一文。凡一百

---

① （宋）杨辉：《续古摘奇算法》卷下，《中国科学技术典籍通汇·数学卷（一）》，开封：河南教育出版社，1993 年，第 1110 页。
② 郭熙汉：《杨辉算法导读》，武汉：湖北教育出版社，1997 年，第 363 页。
③ （宋）杨辉：《续古摘奇算法》卷下，《中国科学技术典籍通汇·数学卷（一）》，开封：河南教育出版社，1993 年，第 1110 页。
④ （宋）杨辉：《续古摘奇算法》卷下，《中国科学技术典籍通汇·数学卷（一）》，开封：河南教育出版社，1993 年，第 1110 页。
⑤ 郭熙汉：《杨辉算法导读》，武汉：湖北教育出版社，1997 年，第 364 页。

文，买鸡百只，问翁、母，雏各几何？答曰：鸡翁八只，值四十文；鸡母十一只，值三十三文；鸡雏八十一，值二十七文。《张丘建算经》术云：鸡翁每增四，鸡母每减七，鸡雏每益三。"[1]

设鸡翁为 x 只，鸡母为 y 只，鸡雏为 z 只，则依题意，列三元一次不定方程组如下：

消去 z ，得 $7x+4y=100$ 。用同余式表示，则为 $4y\equiv2(\mathrm{mod}\,7)$ ，求得 $y=4+7m$ ，解得三组正整数解：鸡翁为 4 只，鸡母为 18 只，鸡雏为 78 只；鸡翁为 8 只，鸡母为 11 只，鸡雏为 81 只；鸡翁为 12 只，鸡母为 4 只，鸡雏为 84 只。所以《张丘建算经》给出的答案是不完整的。然而，谢察微的细草却莫名其妙地把人们引向了一条错误的思路上去。他说：

> 置钱一百文为实。又置鸡翁一、鸡母一，各以鸡雏三因之。鸡翁得三，鸡母得三，并鸡雏三，并之共得九为法，除十得十一，为鸡母数。不尽一，返减下法九，余八为鸡翁数。别列鸡都数一百只，减去鸡翁八，鸡母十一，余八十一为鸡雏数。置翁、母、雏各价因之。合问。[2]

实际上，这种"合问"具有偶然性，并不具有通用"算理"。所以，清代算家梅瑴成说："此乃偶合耳，非法也。以九为除法，得数为母鸡，已不可解。至以不尽之数，减法而得公鸡，尤不可解矣。"[3]而杨辉在仔细考察了谢察微的细草之后，认为"于已算出数上增减，正无本法"。[4]然后，他在《张丘建算经》的答案之外又补充了另一解。杨辉的术草是：

> 置所答数，鸡翁增四，得十二只；鸡母减七，得四只；鸡雏益三，得八十四只。共百鸡，合问。[5]

当然，"百鸡问题"还有许多非正整数解。于是，有人给出了求解"百鸡问题"的参考表达式[6]：

$$\begin{cases} x=-4m \\ y=25-7m \\ z=75+3m \end{cases}$$

"百鸡问题"已成不定方程的代名词，它于 12 世纪传入了印度[7]，13 世纪传入了欧洲。[8]

---

① （宋）杨辉：《续古摘奇算法》卷下，《中国科学技术典籍通汇·数学卷（一）》，开封：河南教育出版社，1993 年，第 1106—1107 页。
② （宋）杨辉：《续古摘奇算法》卷下，《中国科学技术典籍通汇·数学卷（一）》，开封：河南教育出版社，1993 年，第 1107 页。
③ （清）梅瑴成：《增删算法统宗》，民国石印文。
④ （宋）杨辉：《续古摘奇算法》卷下，《中国科学技术典籍通汇·数学卷（一）》，开封：河南教育出版社，1993 年，第 1107 页。
⑤ （宋）杨辉：《续古摘奇算法》卷下，《中国科学技术典籍通汇·数学卷（一）》，开封：河南教育出版社，1993 年，第 1107 页。
⑥ 谈祥柏：《数学不了情》，北京：科学出版社，2010 年，第 12 页。
⑦ 王宗儒编著：《古算今谈》，武汉：华中工学院出版社，1986 年，第 180 页。
⑧ 周明儒编著：《文科高等数学基础教程》，北京：高等教育出版社，2009 年，第 276 页。

另据史料记载，唐朝杨勋曾将解线性方程组的代数问题用来考核和提升官吏，而这种把解线性方程组问题与行政管理结合起来，在中国古代肯定是个创举。[①]在此，杨辉在一题多解方面进行了积极的探索，其功不朽。

第二节　《续古摘奇算法》的科学价值

在崇尚实用数学的前提下，杨辉集中精力对被视为"九九贱技"的幻方进行了多角度的探索，找到了一些素数构造规律，如杨辉给出了三阶至十阶幻方的构造方法，为组合数学的发展提供了珍贵史料，其创新和开拓进取精神难能可贵。

一、杨辉幻方与多形数图

（一）"河图"与"洛书"及其幻方的性质

《易·系辞上》云"河出图，洛出书"[②]，《易纬·乾凿度》又云《易》"一阴一阳合而十五之谓道"[③]。然而，直到宋代杨辉之前，始终没有人对它的数学性质进行过系统的阐释。一般认为，"河图""洛书"是象数学之渊薮，但是，由于它本身距离现实生活较远，素以实用为内核的中国传统数学基本上都不谈论"河图""洛书"，如专以儒家经典为算术对象的《五经算术》，仅有《周易》的"策数法"[④]，而无"河图""洛书"。虽然甄鸾注《数术记遗》中有"九宫者，即二、四为肩，六、八为足，左三、右七，戴九、履一，五居中央"[⑤]之说，但他却没有对其图作深入的数理说明。自陈抟传"河图""洛书"于种放之后，经过李溉、许坚、范谔昌和刘牧等的发扬光大，图书学派在宋代渐趋昌盛，这就为杨辉"纵横图"（亦即"幻方"）的出现创造了条件。目前，我们尚无法断定"纵横图"与刘碧涧、丘虚谷所辑《诸家算法奇题》之间的关系，不过，杨辉曾"添撰诸家奇题"，或许"纵横图"即杨辉所"添撰"的内容。"纵横图"共15图，开篇为"河图""洛书"。考宋人对"河图"与"洛书"的理解，可分为两派：一派以刘牧为代表，将"天地生成数"看作"洛书"，"九宫数"为"河图"；另一派以阮逸为代表，将"天地生成数"看作"河图"，"九宫数"为"洛书"，蔡元定传此说，杨辉沿袭之。所以，《续古摘奇算法》卷上"河图数"与"洛书数"的图示如图5-4和图5-5所示。

① 张素亮主编：《数学史简编》，呼和浩特：内蒙古大学出版社，1990年，第71页。
② （唐）李鼎祚：《周易集解》卷14，文渊阁《四库全书》本。
③ （汉）郑康成：《周易·乾凿度》卷下，文渊阁《四库全书》本。
④ 《五经算术》卷上《〈周易〉策数法》，郭书春、刘顿点校：《算经十书》（二），沈阳：辽宁教育出版社，1998年，第5页。
⑤ （汉）徐岳撰，（北周）甄鸾注，郭书春校点：《数术记遗》，《算经十书》（二），第5页。

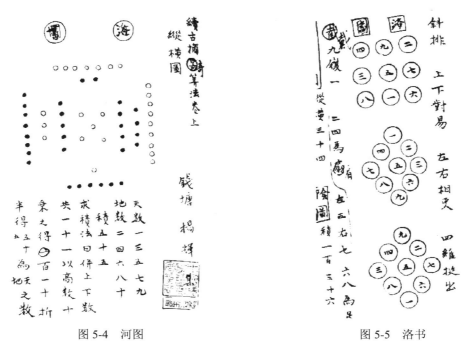

图 5-4 河图　　　　　　　　图 5-5 洛书

图中原为：前者为"河图"，后者为"洛书"。后来，明洪武戊午年（1378 年）古杭勤德书堂刊本改前者为"洛书"，后者为"河图"，这是不符合历史原貌的，应予以纠正。

1."河图"的数学内涵

图中的黑圆点代表阴数即偶数，白圆点代表阳数即奇数。从构成规律看，"河图"分三层：第一层即最外层，四数之和为 30；第二层即中层，四数之和为 10；第三层即内层，三数之和为 15。以"5"为中心，三层之数的和为 55，其中 30、10 和 15 都是 5 的倍数；图中在 1—9 中，除 5 之外，数都不重复，仅 5 为 3 个。如果将 2 个 5 相加等于 10，那么就组成了从 1 到 10 的等差数列，求和后得 55。

2."洛书"与幻方

杨辉将 1—9 每个数稍作调整，最终变换成"洛书"方阵。其构造规律是："（九子）斜排，上下对易，左右相更，四维挺出；戴九履一，左三右七，二四为肩，六八为足。"[①] 其意思是说，先将 9 个自然数依自小至大的规律斜排，接着再将上、下 2 个自然数对调位置，同时把左、右两头的自然数交换位置，最后再将中间 4 个自然数各向外挺出，就构成了"洛书"方阵（即三阶幻方）。[②] 其图示如图 5-6 所示。

---

① （宋）杨辉：《续古摘奇算法》卷上，《中国科学技术典籍通汇·数学卷（一）》，开封：河南教育出版社，1993 年，第 1097 页。
② 吴琪：《河图与洛书——幻方的雏形》，《中学生数学》2005 年第 12 期，第 9 页。

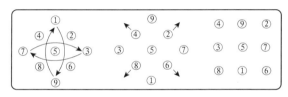

图 5-6 "洛书"方阵

3."洛书"的数学性质

"洛书"方阵中的 9 个数,在以 3 个数构成的任何一条直、斜线上,其和都等于 15,此即三阶幻方的特点,15 系此三阶幻方的常数。推而广之,则"幻方"具有下面的性质:第一,每行每列即对角线上数的和为同一个常数,用数学式表示为 $P = \frac{1}{2}n(n^2+1)$;第二,在同一行、同一列或同一对角线上与中心等距离的两数之和,等于中心数的 2 倍;第三,将幻方的任何一个数都加上或乘以同一个常数,所得仍为一个幻方;第四,交换与中心等距离的两列或两行,所得到的结果仍为一个幻方;第四,把每行、每列的数字看作一个三位数,此 3 个三位数之和与其 3 个逆转三位数之和相等,而且它们的平方和亦相等。[①]当然,随着研究的不断深入,人们会发现越来越多的幻方性质。因此,有人说:"洛书的方阵之学,千变万化,人类及计算机,都没法穷其究竟。以洛书四四方阵来说,就有一二八种变化,数字愈大愈复杂。可是若能明其诀窍,则亦简易之学耳!"[②]

(二)多形数图与杨辉的组合数学思想

杨辉的《续古摘奇算法》所阐释的纵横图有"四四图""五五图""六六图""七七图""六十四图""九九图""百子图""聚五图""聚六图""聚八图""攒九图""八阵图"及"连环图"等,他不仅构造了四阶至十阶幻方,还构造了不同形状的幻方,因而在组合数学发展史上具有开创性的价值和意义。在此,仅择要简介如下。

1."积一百三十六阴图"与四阶幻方的构造

杨辉对 1—16 的自然数,按照一定的组合结构,建构了一个四阶幻方。其具体的构造方法如图 5-7 所示。

> 以十六子依次第作四行排列。先以外四角对换;一换十六,四换十三。复以内四角对换。六换十一,七换十。横直上下斜讹(即"变化"之义),皆三十四数。对换止可施之于小。[③]

---

① 徐崇文主编:《高中学习潜能开发》,上海:上海三联书店,2006 年,第 122—123 页。
② 陈碧:《周易象数之美》,北京:人民出版社,2009 年,第 124 页。
③ (宋)杨辉:《续古摘奇算法》卷上,《中国科学技术典籍通汇・数学卷(一)》,开封:河南教育出版社,1993 年,第 1097 页。

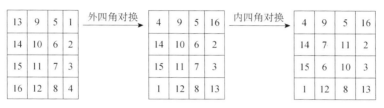

图 5-7　四阶幻方的构造

此四阶幻方的行、列及对角线上 4 个数字的和等于 34，而图 5-7 中 16 个数的总和为

$$1+2+3+4+5+6+7+8+9+10+11+12+13+14+15+16$$

$$=16\times1+\frac{16\times(16-1)}{2}\times1=16+120=136。$$

马克·柯林斯发现，如果将此幻方中的每个数都减去 1，成 0—15 个数，并分别用四位二进制数代替，那么，上面的四阶"阴图"就变化为图 5-8。[①]

0001	1111	1100	0010
1010	0100	0111	1001
0110	1000	1011	0101
1101	0011	0000	1110

图 5-8　四阶"阴图"的变式

仔细观察这个幻方，其幻方中的数是成中心对称互补的，因此，幻方每行、每列及 2 条主对角线上都各有 8 个 0 和 8 个 1，它的对称性与平衡性非常精确，体现了中国古代以"中和美"为核心的传统审美理想。

2. "九九图"的构造与性质

杨辉"九九图"的形状如图 5-9 所示。

31	76	13	36	81	18	29	74	11
22	40	58	27	45	63	20	38	56
67	4	49	72	9	54	65	2	47
30	75	12	32	77	14	34	79	16
21	39	57	23	41	59	25	43	61
66	3	48	68	5	50	70	7	52
35	80	17	28	73	10	33	78	15
26	44	62	19	37	55	24	42	60
71	8	53	64	1	46	69	6	51

图 5-9　九九图

---

① 吴鹤龄编著：《好玩的数学——娱乐数学经典名题》，北京：科学出版社，2003 年，第 29 页。

"纵横三百六十九，共积三千三百二十一"。①

与前揭"九宫图"比照，不难发现，"九九图"（在 81 个空格内不重复地填上 1—81 的数字）其实是"九宫图"的一种变化形式。其中，2、7、6；9、5、1；4、3、8 三组数字，分别被放置在一个宫中，然后宫中的每一个数都加上 9，且依次与这个数字产生连环加和关系，这是杨辉捷法思想的一个具体展现。例如，1 所在宫中各数的构造规律如图 5-10 所示。②

4	9	2
3	5	7
8	1	6

图 5-10　九宫图的构造

若以九宫图为参照，则

$1+9=10$，置于"九宫图"中的"2"处；$10+9=19$，置于"九宫图"中的"3"处；$19+9=28$，置于"九宫图"中的"4"处；$28+9=37$，置于"九宫图"中的"5"处；$37+9=46$，置于"九宫图"中的"6"处；$46+9=55$，置于"九宫图"中的"7"处；$55+9=64$，置于"九宫图"中的"8"处；$64+9=73$，置于"九宫图"中的"9"处。经过如此变换之后，"九宫图"就变成了"九九图"中的"1"字宫，如图 5-11 所示。

图 5-11　"九九图"中的"1"字宫

依此，则 2 所在宫中各数的生成规律是：$2+9=11$，置于"九宫图"中的"2"处；$11+9=20$，置于"九宫图"中的"3"处；$20+9=29$，置于"九宫图"中的"4"处；$29+9=38$，置于"九宫图"中的"5"处；$38+9=47$，置于"九宫图"中的"6"处；$47+9=56$，置于"九宫图"中的"7"处；$56+9=65$，置于"九宫图"中的"8"处；$65+9=74$，置于"九宫图"中的"9"处。经过如此变换之后，"九宫图"就变成了"九九图"中的"2"字宫，如图 5-12 所示。

---

① （宋）杨辉：《续古摘奇算法》卷上，《中国科学技术典籍通汇·数学卷（一）》，开封：河南教育出版社，1993 年，第 1098 页。
② 金瓯龄：《九九图秘诀》，上海：上海交通大学出版社，2008 年，第 4—6 页。

图 5-12 "九九图"中的"2"字宫

其余依次类推，即得"九九图"。其中，每行、每列即纵横各数相加之和等于 369，而 1—81 相加之和为

$$1+2+3+4+\cdots+81=81\times1+\frac{81\times(81-1)}{2}\times1=81+3240=3321。$$

据邹庭荣研究，"九九图"具有以下性质[①]：第一，距离幻方中心 41 的任何中心对称位置上两数之和皆为 82；第二，整个幻方依"九宫图"可分割为 9 个小方阵，为 9 个三阶幻方；第三，若把"九九图"的 9 个三阶幻方的每个换反复的"幻和"值置于九宫格中，则它们构成一个新的三阶幻方，且幻方中的 9 个数分别为首项为 111、末项为 135、公差为 3 的等差数列。如果把这些数按照大小顺序的序号置于九宫格内，恰好就是"洛书幻方"。

3. 聚六图及其特点

杨辉聚六图的形状如图 5-13 所示。

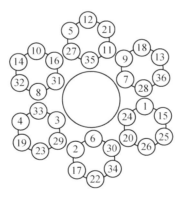

图 5-13 聚六图

"六子回环，各一百一十一。"[②]

在杨辉的诸多"纵横图"中，"聚六图"是最别开生面的幻方之一，亦可称作"变形幻方"，它是将 36 个数分成 6 组，每组 6 个数，其和均为 111，可惜无构造说明。此图表明了幻方由方阵向幻圆甚至异形幻圆的转化，开辟出了一个新的研究领域，对后世幻圆的发展产生了重要影响，如明朝程大位的"聚六图"、清朝张潮的"更定聚六图"及"龟文聚六图"、

---

① 邹庭荣：《数学文化欣赏》，武汉：武汉大学出版社，2007 年，第 76 页。
② （宋）杨辉：《续古摘奇算法》卷上，《中国科学技术典籍通汇·数学卷（一）》，开封：河南教育出版社，1993 年，第 1099 页。

日本幻圆图、美国富兰克林的"幻圆"图和英国阿当斯的"六角幻方"等，而"六角幻方"被幻方界称为"数学宝库中的'稀世珍宝'"。①

4."攒九图"及其特点

杨辉攒九图的形状，如图 5-14 所示。

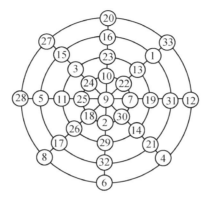

图 5-14　攒九图"斜直周围，各一百四十七"

"斜直周围，各一百四十七。"②

该图十分奇特，共 33 个自然数，以 9 为中心，构成 4 条直线、4 个同心圆。4 条直线中每条线上的 9 个数之和，4 个同心圆中每个圆上 8 个数与中心 9 的和，皆为 147。另外，在直线上位于 9 两侧的 4 个数之和均系 69③，而各圆周上的数字和则都为 138，且直线上任意两个中心对称数之和均为 138。与此同时，南宋另一位象数家丁易东则构造了"洛书四十九位得大衍五十数"，其图类似于杨辉的"攒九图"，所不同的地方是，丁易东将 1—49 各数排列在 6 层同心圆的 4 条直线上，中心数为 25，直线上任意两个中心对称数之和均为 50。不管是杨辉还是丁易东，诚如清人张潮所言："纵横斜正，无不妙合自然，有非人力所能为者，大抵皆从洛书悟而得之。"④

二、对中算数学传统的经典诠释

对于中算，自宋代之后，《易学》研究基本上沿着"易理"和"易数"两条线路向前发展，"河图"与"洛书"学派属于"易数"一路。限于历史的原因，崇尚"易理"者往往贬斥"易数"派有务虚而不务实的思想倾向。故欧阳修说："马图出河龟负畴，自古怪说何悠

① 李天华等：《数学奇观》，武汉：湖北少年儿童出版社，1989 年，第 93 页。
② （宋）杨辉：《续古摘奇算法》卷上，《中国科学技术典籍通汇·数学卷（一）》，开封：河南教育出版社，1993 年，第 1099 页。
③ 郭熙汉：《杨辉算法导读》，武汉：湖北教育出版社，1997 年，第 315 页。
④ （清）张潮：《心斋杂俎》卷下《算法图补》，北京大学图书馆藏清乾隆年间诒清堂刻本。

悠。"① 又说:"曲学之士牵合以通其说,而误惑学者,其患岂小哉?"② 到清代,汉学一反宋学的学术风格,倡导考据,而不讲义理,像胡渭、毛奇龄及黄宗羲等都极力抨击"易数"之学,驳图书之谬,甚至梅珏成在《增删算法统宗》一书中将明代《算法统宗》卷首的"河图洛书图"全部删去,所以杨辉纵横图研究在清代没有实质性的提高,结果造成了"幻方起源之处反而落后于阿拉伯世界,而阿拉伯又落后于印度"③的尴尬局面。

如前所述,直到北宋中后期纵横图仍被看作是一种数字游戏,因而遭到时人的抨击。南宋时期由于朱熹的提倡,以十数为"河图"和以九数为"洛书"的观念逐渐成为易学主流,受此观念影响,数学家杨辉才真正把"河图"和"洛书"作为一个数学问题而加以深入的研究。李文林说在世界范围内,证明定理与创造算法是数学发展的两大趋势,而"定理证明是希腊人首倡,后构成数学发展中演绎倾向的脊梁;算法创造昌盛于古代和中世纪的中国、印度,形成了数学发展中强烈的算法倾向",尤其是"在中世纪,希腊数学衰落下去,算法倾向在中国、印度等东方国度繁荣起来;东方数学在文艺复兴前夕通过阿拉伯传播到欧洲,对近代数学兴起产生了深刻影响。事实上,作为近代数学诞生标志的解析几何与微积分,从思想方法的渊源看都不能说是演绎倾向而是算法倾向的产物"。④ 从这个层面看,杨辉算法包括杨辉三角和纵横图在内,特别是纵横图由生活在君士坦丁堡的摩索普拉于 15 世纪将其介绍到欧洲,对世界近代数学的发展产生了重要影响。

《续古摘奇算法》卷上共有幻方 13 个,幻圆 6 个。其中,幻圆均未言及构造法,而在幻方中,亦仅有"洛书"和"阴图"的造法,"显示了他的一种没有明示的观点,即所有幻方均由'自然排列'对换而成"⑤。陈景润已经证明不存在二阶魔术方阵,同时他给出了 n 阶魔术方阵每行(或每列或每条对角线)的数值⑥:

$$\frac{n^2\left(n^2+1\right)}{2} \div n = \frac{n\left(n^2+1\right)}{2}。$$

我们讲中国的数学传统,当然不能离开《周易》中的象数思想。邓球柏强调了南宋程大昌的《易原》一书对杨辉"纵横图"的影响。在程大昌看来,刘牧所论黑白点图式的河图、洛书应是《周易》之源,于是,程大昌对"河图、洛书"作了如下阐释:

> 《乾凿度》本出汉世,其书多言《河图》……其所谓四正四维,环拱一五,却无往而不为十五,即此图也。然而昔之作为《乾凿度》者,实尝亲见其(是)图矣。其书言七八之象、九六之变,皆以十五为宿。盖于《图》乎得之矣……而《系辞》之言《图》

① (宋)欧阳修:《欧阳修集》卷 1,哈尔滨:黑龙江人民出版社,2005 年,第 64 页。
② (宋)欧阳修:《欧阳修集编年笺注》4,成都:巴蜀书社,2007 年,第 537 页。
③ 欧阳录:《幻方与幻方的当代理论》,长沙:湖南教育出版社,2004 年,第 25 页。
④ 李文林:《中国古代数学的发展及其影响》,《中国科学院院刊》2005 年第 1 期,第 34 页。
⑤ 欧阳录:《幻方与幻方的当代理论》,长沙:湖南教育出版社,2004 年,第 15 页。
⑥ 陈景润:《数学趣谈》,哈尔滨:黑龙江教育出版社,1986 年,第 135 页。

《书》也，正与天地变化、天象吉凶，同在圣人法效之数也。则谓以数发智者，信而可证也。[1]

关于这段话与杨辉的纵横图的关系，邓球柏已经作了肯定回答，笔者不必多言。但是我们需要重点申述一下，杨辉的纵横图体现了《周易》象数的精髓，因而他的构造数学思想及其方法直到今天在程序设计、图论、对策论等方面都有十分重要的应用价值。对此，陈景润的《数学趣谈》、舒文中的《幻方》等都有很精辟的论说，这里不再重述。有学者认为，杨辉所构造的三阶纵横图一直到十阶纵横图即"百子图"，总共 13 图"全都准确无误"。[2]

确实，杨辉的纵横图对世界数学发展的影响深远，而他所揭示出来的某些纵横图的构成规律，在代数成果方面可谓前所未有，但这绝不等于说杨辉的成果就完美无缺了。比如，"百子图"说："纵横五百五，共积五千五十"[3]，如图 5-15 所示。

1	20	21	40	41	60	61	80	81	100
99	82	79	62	59	42	39	22	19	2
2	18	23	38	43	58	63	78	83	98
97	84	77	64	57	44	37	24	17	4
5	16	25	36	45	56	65	76	85	96
95	86	75	66	55	46	35	26	15	6
14	7	34	27	54	47	74	67	94	87
88	93	68	73	48	53	28	33	8	13
12	9	32	29	52	49	72	69	92	89
91	90	71	70	51	50	31	30	11	10

图 5-15　百子图

实际上，"百子图"的本意是把 1—100 的数字分别填入图 5-15 中的 100 个方格内，使其纵横及对角线上的 10 个数之和都等于 505。而杨辉所给出的"百子图"不符合前面的要求，即杨辉的"百子图"之纵横两条直线上的数字之和均为 505，但对角线之和并不相合。对此，李俨说："图仅纵横可合五百五，于隅径不能合。"[4] 杨辉没有能够解决这个难题，后来清朝数学家张潮尝试纠正"百子图"之误，也没有成功。尽管张潮更定百子图是一个标准的"十阶幻方"，然而该幻方的纵横及对角线上的数字之和均为 369，而不是 505。实际上，张潮仍没有能够弥补杨辉的遗憾。对于这个数学难题，经过李俨、舒文中及万逸凡等的积极

①　(宋) 程大昌：《易原·河图洛书》，(明) 程敏政：《新安文献志》卷 31《原》，文渊阁《四库全书》本。
②　张国祚等主编：《中华骄子——数学大师》，北京：龙门书局，1995 年，第 37 页。
③　(宋) 杨辉：《续古摘奇算法》卷上，《中国科学技术典籍通汇·数学卷 (一)》，开封：河南教育出版社，1993 年，第 1098 页。
④　李俨：《中国算学史》，上海：商务印书馆，1937 年，第 115 页。

探索，目前人们已能用"蝶形双曲线法"及"行列等和方阵拼合法"[①]成功构造"十阶幻方"，具体内容详见图 5-16。[②]

当然，杨辉的"百子图"还有其他的构造方法。由这个实例不难看出，中国传统数学的思想精髓就是追求构造性和程序性，因而非常适合计算机运算。基于此，杨辉的纵横图的构造方法不仅是对中算数学传统的绝妙阐释和创造性发挥，而且随着计算机技术应用的普及，它必将在解决缺陷幻方填充、幻方模和分解等新的幻方问题方面发挥越来越重要的作用。

51	100	1	31	70	71	30	11	99	41
69	52	97	2	32	29	12	98	42	72
33	68	53	96	3	13	95	43	73	28
4	34	67	54	93	94	44	74	27	14
92	5	35	66	55	45	75	26	15	91
89	6	36	65	56	46	76	25	16	90
7	37	64	57	88	87	47	77	24	17
38	63	58	85	8	18	86	48	78	23
62	59	84	9	39	22	19	83	49	79
60	81	10	40	61	80	21	20	82	50

图 5-16 十阶幻方

---

① 李抗强：《数学趣味幻方》，香港：天马图书有限公司，2003 年，第 144—145 页。
② 万逸凡等：《幻方新构型及其性质研究》，《高中生数学建模获奖论文》，https://wenku.baidu.com/view/94beed66561253 d380eb.6e5d.html. 百度文库，第 10 页。

第六章　《日用算法》与数学诗括

　　《日用算法》（1262 年）共 2 卷，系一部用歌诀来推广和传播乘除捷算法的通俗性著作，可惜清康熙时期，此书已佚失。李俨及郭熙汉从《永乐大典》和《诸家算法》中辑得部分内容，今有中、英文辑本流传。该书载有一首"化零歌"，里面不仅含有对小数概念的更明确表示，且从"日用"的角度看，也更加方便两化斤和有利于人们快速计算货物的斤价。这种以整齐押韵的文句来编撰算书的方法，体现了中国古代民间数学发展的重要特色。

第一节　《日用算法》的主要结构特点

一、《日用算法》的内容概要及原本的失传

（一）《日用算法》的内容概要

　　杨辉在《日用算法·序言》中说：为解决初学者"无启蒙日用"的状况，"以乘除加减为法，秤斗尺田为问。编诗括十有三首，立图草六十六问……分上下卷首"。[①] 可见，《日用算法》侧重于日常生活中所遇到的有关"秤、斗、尺、田"四个方面的数学问题，算法不外乎乘、除、加、减，与《详解九章算法》和《杨辉算法》相比，《日用算法》的突出特点是"编诗括十有三首"。从思维学的角度讲，将算法诗歌化，便于记忆和传播，因而其成为宋代普及乘除算法的一种重要方式。

　　"立图草六十六问"（即 66 个问题）目前仅存一题三图草。其题云："今有钱六贯八百文，买物一斤，问一两值几何？答曰：四百二十五文。"其第三草曰："斤价为实折半，取十六两为八两价；八归，是取八两为一两价。"[②] 杨辉给出的图解，如图 6-1 所示。

---

　　① 郭熙汉：《日用算法辑佚》，《杨辉算法导读》，武汉：湖北教育出版社，1997 年，第 453 页。
　　② 郭熙汉：《日用算法辑佚》，《杨辉算法导读》，武汉：湖北教育出版社，1997 年，第 460 页。

图 6-1　第三草的运算过程（筹算法）

其用现代数学式表示，如图 6-2 所示。

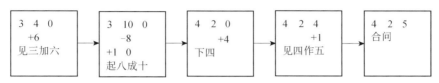

图 6-2　第三草的运算过程（现代算法）

这是宋、元算书中仅见的归除演算图解，它把筹算除法的"三重张位"简化为一重，其基本算式已经与珠算没有什么区别了。[1]

其第四草曰："斤价为身，身为存十减六，斤价分为十六两，存留十两价，减去六两，于价贯上定百为一两之价。"[2] 杨辉给出的图解，如图 6-3 所示。

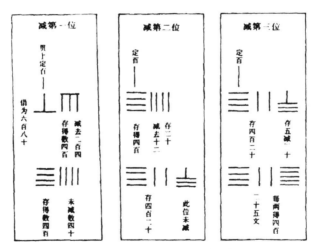

图 6-3　第四草的运算过程（筹算法）

其用现代数学式表示，如图 6-4 所示。

这是除数为 16 的算法之一，用减法替代除法，其运算法则是：先从被除数的第一位商得存数，接着再将零数（此处是 16 的个位数 6）乘存数从被除数中的第一位或第二位减去，依此类推，直至得出问题所有的商数。

---

①　张德和：《珠算长青》，北京：中国财政经济出版社，2008 年，第 66—67 页。
②　郭熙汉：《日用算法辑佚》，《杨辉算法导读》，武汉：湖北教育出版社，1997 年，第 461 页。

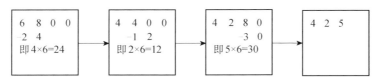

图 6-4　第四草的运算过程（现代算法）

第五草曰："斤价为实，以十六两为法，除之，是以斤价分为十六处，求一两之价。"[1] 杨辉给出的图解，如图 6-5 所示。

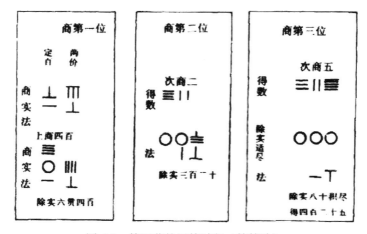

图 6-5　第五草的运算过程（筹算法）

其用现代数学式表示，则为

$$16\overline{)6800} \rightarrow 16\overline{)6800}^{400} \rightarrow 16\overline{)0400}^{420} \rightarrow 16\overline{)0080}^{425} \rightarrow 425。$$
$$\quad\quad 6400 \quad\quad -32 \quad\quad -080$$

这种除法步骤与程式，与今天的笔算程式非常相近。那么，是不是杨辉筹算吸收了印度沙盘算的成果？目前尚不得而知。

其余两种算草比较简单，故杨辉没有给出图解。

第一草曰："斤价为实，置六贯八百文；四度折半，即是四次折半，得四百二十五；合问。"[2]

其用现代数学式表示，则为

$$2\overline{)6800}^{3400} \rightarrow 2\overline{)3400}^{1700} \rightarrow 2\overline{)1700}^{0850} \rightarrow 2\overline{)850}^{425} \rightarrow 425（商）。$$

第二草曰："斤价为实，置六贯八百文；如念法，于尾位求起，百上定十，先命八百为

---

① 郭熙汉：《日用算法辑佚》，《杨辉算法导读》，武汉：湖北教育出版社，1997 年，第 461 页。
② 郭熙汉：《日用算法辑佚》，《杨辉算法导读》，武汉：湖北教育出版社，1997 年，第 460 页。

五十，后命六贯为三百七十五，共四百二十五；合问。"① 华印椿对上述算草进行了想象，如图 6-6 所示。②

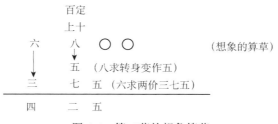

图 6-6 第二草的想象算草

草术中所言"念法"，即下面的八句口诀③："一求隔位六二五，二求退位一二五，三求一八七五记，四求改曰二十五，五求三一二五是，六求两价三七五，七求四三七五置，八求转身变作五。"对于"八"以后的"斤求两价念法"，杨辉没有给出，后来朱世杰在《算法启蒙》一书中补充了"八"至"十五"念法，体现了"斤求两价"水平逐渐由一位向两位提升，同时更加快了筹算向珠算全面转化的历史进程，所以，"斤求两价念法"对普及珠算尤其是推动元、明时期商业的发展无疑起到了积极作用。例如，明代晋商兼珠算家王文素著《算学宝鉴》，书中所载"两化为斤口诀"，不仅发展了杨辉的"斤求两价念法"及元代朱世杰的"斤下留法"口诀，因为"两化为斤口诀"系专为十六两秤珠算而编制的，而且成了后世人们所奉行的斤两法口诀④，直到 20 世纪 70 年代之后，人们普遍采用十两秤，杨辉的"两化为斤口诀"才彻底完成了它的历史使命。另外，严敦杰根据零散史料推断《日用算法》的基本内容大致包括⑤：上卷（释九九数；乘除加减下法起例括式；释斤秤数，现存；释斗斛数；释丈尺数；释田亩数）；下卷（异乘同除题问，现存 1 题；差分题问；端匹题问，尺；仓窖题问，斗；斤秤题问，现存，秤；丈量田亩题问，田；堆垛题问，现部分可知；修筑题问）。

（二）《日用算法》原本的失传

《日用算法》，一称《详解日用算法》。⑥ 元代朱世杰编撰《算学启蒙》时，参考了杨辉的《日用算法》，如《算学启蒙·总括》有"斤下留法""斛斗起率""斤称起率"及"端匹起率"等多种简便算法口诀，这些口诀多源自杨辉的《日用算法》，然亦有所变化。由于《日用算法》残本仅见于"两化为斤口诀"一首口诀，其余 12 首口诀则全部散佚，故无法与《算

① 郭熙汉：《日用算法辑佚》，《杨辉算法导读》，武汉：湖北教育出版社，1997 年，第 460 页。
② 华印椿：《简捷珠算法》，北京：中国财政经济出版社，1979 年，第 89 页。
③ 郭熙汉：《日用算法辑佚》，《杨辉算法导读》，武汉：湖北教育出版社，1997 年，第 460 页。
④ 张正明：《晋商兴衰史——称雄商界 500 年》，太原：山西古籍出版社，1995 年，第 332 页。
⑤ 严敦杰：《宋杨辉算书考》，钱宝琮等主编：《宋元数学史论文集》，北京：科学出版社，1966 年，第 156—157 页。
⑥ 中国科学院自然科学史研究所编：《钱宝琮科学史论文选集》，北京：科学出版社，1983 年，第 305 页。

学启蒙》比较，但从杨辉的"两化为斤口诀"到朱世杰的"斤下留法"，二者的前后继承关系显而易见，非常清楚。如"斤下留法"云：

> 一退六二五，二留一二五，三留一八七五，四留二五，五留三一二五，六留三七五，七留四三七五，八留单五，九留五六二五，十留六二五，十一留六八七五，十二留七五，十三留八一二五，十四留八七五，十五留九三七五。[1]

又"九归除法"曰：

> 一归如一进，见一进成十。二一添作五，逢二进成十。三一三十一，三二六十二，逢三进成十。四一二十二，四二添作五，四三七十二，逢四进成十。五归添一倍，逢五进成十。六一下加四，六二三十二，六三添作五，六四六十四，六五八十二，逢六进成十。七一下加三，七二下加六，七三四十二，七四五十五，七五七十一，七六十四，逢七进成十。八一下加二，八二下加四，八三下加六，八四添作五，八五六十二，八六七十四，八七八十六，逢八进成十。九归随身下，逢九进成十。[2]

再有，"求诸率类"云：

> 两求铢二十四乘，铢求两二十四除。斤求两身外加六，两求斤身外减六。秤求斤身外加五，斤求秤身外减五。据物卖钱而用乘，据钱买物而用除。[3]

此外，"留头乘法"曰：

> 留头乘法别规模，起首先从次位呼，言十靠身如隔位，通临头位破身铺。

"身外减法"又云：

> 减法根源必要知，即同求一一般推，呼如身下须当减，言十从身本位除。九归除法门，实少法多从法归，实多满法进前居。常存除数专心记，法实相停九十余。但遇无除还头位，然将释九数呼除。流传故泄真消息，求一穿轱总不如。[4]

杨辉的《日用算法》在明代尚有传本，故《永乐大典》录有《日用算法》诸题，除此之外，尚有《算法杂录》（后改名为《诸家算法》）抄本传世。然而，伴随着《永乐大典》和《算法杂录》的散佚，杨辉的《日用算法》的完整本今已不复见。所幸李俨在1912年购得仅存1册、1卷的《算法杂录》抄本，内有杨辉的《日用算法》陈几先跋、杨辉序及9道属于《日用算法》中的算题。这里有一个问题，我们知道，在《永乐大典》之前，即明洪武十一年（1378

① （元）朱世杰：《算学启蒙总括》，测海山房中西算学丛刻本。
② （元）朱世杰：《算学启蒙总括》，测海山房中西算学丛刻本。
③ （元）朱世杰：《算学启蒙总括》，测海山房中西算学丛刻本。
④ （元）朱世杰：《算学启蒙总括》，测海山房中西算学丛刻本。

年），古杭勤德书堂刊刻了杨辉的《算术五种》七卷，即《乘除通变算宝》3 卷，《田亩比类乘除捷法》2 卷和《续古摘奇算法》2 卷，里面没有收录《日用算法》。可是按照《算术五种》之数目，当不止《乘除通变算宝》《田亩比类乘除捷法》和《续古摘奇算法》，还有 2 种究竟是何书？《算术五种》是否包括《日用算法》？清人焦循考证如下：

> （明）《文渊书目》"捷用算法"以上皆辉撰也。《捷用算法》即序（指《续古摘奇算法序》）所云《日用算法》也。《通变算宝》即序所云《乘除通变本末》也；《抄录算法》当即所发扬刘先生之妙，所为《田亩算法》也；其《九章算法补缺》即《详解九章》者也。是为四集并摘奇而五矣。[1]

依焦循之见，明代《文渊书目》（1441 年）所见有杨辉的《日用算法》，表明当时此书尚存世。而清陆心源在《皕宋楼藏书志》卷 48 中解释说：《算术五种》即"《田亩比类乘除捷法》二卷，《算法通变本末》一卷，《乘除通变算宝》一卷，《算法取用本末》一卷，《续古摘奇算法》一卷"[2]。李俨按：《续古摘奇算法》作 1 卷是残本。[3] 这样，古杭勤德书堂刊刻本为什么没有《日用算法》，便成了一个疑难问题。因此，自明代末年以降，也有学者说"康熙时期"[4]，《日用算法》即已无传本流传，故李俨从《诸家算法》及《永乐大典》残卷中辑得若干条[5]，是为郭熙汉的《日用算法辑佚》的蓝本。

二、源自日常生产和生活中的数学问题

如果我们把严敦杰所推测《日用算法》的内容粗略地浏览一遍，就会发现，杨辉所关注的数学问题，都是人们在生产和生活实践中经常遇到的问题，其务实、尚用，算法灵活、简捷，在中国古代数学传播史上独具特色，开一代学术风气之先。

宋代的税种繁多，对此，王曾瑜在《宋代的两税》一文中有详细论述，本书不拟赘述。但有两个实例需要引录于兹：一是《绍熙云间志》上载：南宋时，嘉兴府华亭县夏税为"一十五万三千三百五十三贯一百十五文"，秋苗粳米为"一十一万二千三百一十六硕九斗一胜四合六勺一抄"。[6] 二是《淳熙三山志》卷 10 载南宋"绍兴十九年行经界法，田以名色定等，乡以旧额敷税，列邑之地各有高下肥硗，一乡之中土色亦异。于是或厘九等，或七等六先进或三等，杂地则或五等或三等。多者钱五文米一斗五升（今独闽县晋安西乡产钱五文七分三厘七毫，侯官石门乡米二斗五升七合，如它邑皆钱自四文以下，米自一斗以下有差）最少者

① 焦循：《易余籥录》卷 7，《丛书集成续编》29《哲学类》，第 316—317 页。
② 李俨：《宋杨辉算书考》，李俨：《中算史论丛》第 2 集，北京：中国科学院，1954 年，第 56 页。
③ 李俨：《宋杨辉算书考》，李俨：《中算史论丛》第 2 集，北京：中国科学院，1954 年，第 57 页。
④ 卢嘉锡总编，艾素珍等主编：《中国科学技术史·年表卷》，北京：科学出版社，2006 年，第 394 页。
⑤ 李俨：《宋杨辉算书考》，见氏著《中算史论丛》第 2 集，第 60—68 页。
⑥ 《绍熙云间志》卷上《赋税》，《续修四库全书》687《史部·地理类》，上海：上海古籍出版社，1996 年，第 10 页。

钱一分，米仅合勺"。^① 这两个实例旨在说明，南宋不仅赋税杂多，而且折算繁重。因此，南宋的赋税现实迫切要求乘除算法的简单、便捷。所以，《日用算法》载有"称则"：

> 三百斤称，谓之十钧。一百二十斤称，谓之一石。一百斤称，谓之市称。三十斤称，谓之一钧。十五斤秤，谓之一称。一斤称，谓之分两称。一两等二，一管分、厘、毫，一管铢、絫、黍。一两重十钱，一钱管十分，一分管十厘，厘下虽有数，细琐衡不载。一两重二十四铢，一钱管二十四絫，一分管二十四黍。^②

象"称则"（即称量标准）这样关乎民生的重大问题，因牵涉南宋经济生活的各个方面，故杨辉高度重视。例如，李俨辑本《日用算法》基本上由"称则"的 9 道题问组成，且不说原本中"称则"题问当会更多，仅从存留的 9 道题问看，约占全书 66 道题问的 1/7。

（一）"足称"与"省称"问题

关于"省称"（即省秤）之"省"意，汪圣铎释为代朝廷或代指三司^③，故宋人有"官司省秤"之说。例如，方回在《续古今考》一书中叙述：

> 有定秤二百文铜钱重，有二百二十钱秤。民间买卖行用，鱼肉二百钱秤，薪炭粗物二百二十钱秤。官司省秤十六两，计一百六十钱重。民间金、银、珠宝、香药细色，并用省秤。^④

可见，200 铜钱重即 20 两，此为"足秤"或云"足斤"，行用于"民间买卖"及"鱼肉"买卖。220 铜钱重即 22 两，此为"加秤"或云"加斤"，行用于民间"薪炭粗物"买卖。160 铜钱重即 16 两，此为"省秤"或云"省斤"，行用于官府及"民间金、银、珠宝、香药细色"等买卖。当然，因不同地区和不同专业部门的南宋官民所行用的秤衡及斤两制度各不相同，所以实际情形比较复杂。例如，仅江浙地区就有 4 种秤，"收谷一秤，十六斤，二百足铜钱为一斤。或十五斤，十四斤。糯米，十三斤。所至江浙不同"^⑤。所以，在这里，杨辉固然旨在普及算法知识，但客观上却有利于统一秤衡与斤两制度。《日用算法》有题云：

> 今有物一百一十二斤，足称，问为省称几何？答曰：一百四十斤。^⑥

根据题中术文"以斤数为实，身外加二五"^⑦可知，杨辉在题中所用是标准的"足秤"与"省秤"，则依题意，有 112 斤×20/16＝112 斤×1.25＝140 斤。

① 梁克家：《淳熙三山志》卷 10《版籍类一》，《宋元珍稀地方志丛刊》本甲编。
② 郭熙汉：《日用算法辑佚》，《杨辉算法导读》，武汉：湖北教育出版社，1997 年，第 456 页。
③ 汪圣铎：《两宋货币史》上，北京：社会科学文献出版社，2003 年，第 274 页。
④ 方回：《续古今考》卷 19《近代尺斗秤》，文渊阁《四库全书》本。
⑤ 方回：《续古今考》卷 18《附论班固计井田百亩岁人岁出》，文渊阁《四库全书》本。
⑥ 郭熙汉：《日用算法辑佚》，《杨辉算法导读》，武汉：湖北教育出版社，1997 年，第 456 页。
⑦ 郭熙汉：《日用算法辑佚》，《杨辉算法导读》，武汉：湖北教育出版社，1997 年，第 456 页。

又题云："今有物三百九十一斤四两，省称。问足称几何？答曰：三百一十三斤。"[1]
由上题算法可知，391 斤 4 两/16 两×16/20＝391.25×0.8＝313 斤。

（二）"零两求分定数"问题

唐宋度量衡的量值越来越精确，这是其变革的重要内容之一。例如，唐朝改隋朝以前的铢钱制为铢累钱制，规定每 1 钱等于 2 铢 4 累，而每 10 钱等于 1 两。入宋以后，原来的铢累制已经无法适应宋代商品经济尤其是微观计息和中药计量发展过程中所出现的新情况和新问题了，于是，宋代废除了唐朝的铢累量值，而代之以两、钱、分、厘、毫、丝。据载，北宋刘承珪曾创制了比较精密和灵敏的一两戥秤（亦称"厘戥"，是一种单杠杆不等臂称器）和一钱半戥秤[2]，最小可称量 1 厘，合今 0.04 克，用于金银、药物等微量物品的称重。然而，南宋的度量衡规模标准十分混乱，导致商贾及金融领域"分"与"两"的换算日趋多元化，故杨辉在《日用算法》中把"零两求分定数"作为一个独立问题进行专门阐释，目的在于尽可能将两分换算标准化。其"零两求分定数"云：

> 一两，六厘二毫半；二两，一分二厘半；三两，一分八厘七毫半；四两，二分半；五两，三分一厘二毫半；六两，三分七厘半；七两，四分三厘七毫半；八两，五分；九两，五分六厘二毫半；十两，六分二厘半；十一两，六分八厘七毫半；十二两，七分半；十三两，八分一厘二毫半；十四两，八分七厘半；十五两，九分三厘七毫半；十六两，十分；分还两，用加二五。[3]

其具体内容，如表 6-1 所示。

表 6-1 零两求分定数表

两值（十六两）	求分定数	厘、毫、丝	十进制加法	换算为厘
一两	六厘二毫半	6 厘 2 毫 5 丝		6.25
二两	一分二厘半	1 分 2 厘 5 毫	6 厘 2 毫 5 丝+6 厘 2 毫 5 丝＝1 分 2 厘 5 毫	12.5
三两	一分八厘七毫半	1 分 8 厘 7 毫 5 丝	1 分 2 厘 5 毫+6 厘 2 毫 5 丝＝1 分 8 厘 7 毫 5 丝	18.75
三两	一分八厘七毫半	1 分 8 厘 7 毫 5 丝	1 分 2 厘 5 毫+6 厘 2 毫 5 丝＝1 分 8 厘 7 毫 5 丝	18.75
四两	二分半	2 分 5 厘	1 分 8 厘 7 毫 5 丝+6 厘 2 毫 5 丝＝2 分 5 厘	25
五两	三分一厘二毫半	3 分 1 厘 2 毫 5 丝	2 分 5 厘+6 厘 2 毫 5 丝＝3 分 1 厘 2 毫 5 丝	31.25
六两	三分七厘半	3 分 7 厘 5 毫	3 分 1 厘 2 毫 5 丝+6 厘 2 毫 5 丝＝3 分 7 厘 5 毫	37.5
七两	四分三厘七毫半	4 分 3 厘 7 毫 5 丝	3 分 7 厘 5 毫+6 厘 2 毫 5 丝＝4 分 3 厘 7 毫 5 丝	43.75
八两	五分	5 分 0 厘	4 分 3 厘 7 毫 5 丝+6 厘 2 毫 5 丝＝5 分 0 厘	50

① 郭熙汉：《日用算法辑佚》，《杨辉算法导读》，武汉：湖北教育出版社，1997 年，第 456 页。
② 《宋史》卷 68《律历一》，北京：中华书局，1985 年，第 1495—1496 页。
③ 郭熙汉：《日用算法辑佚》，《杨辉算法导读》，武汉：湖北教育出版社，1997 年，第 457—458 页。

续表

两值（十六两）	求分定数	厘、毫、丝	十进制加法	换算为厘
九两	五分六厘二毫半	5 分 6 厘 2 毫 5 丝	5 分 0 厘+6 厘 2 毫 5 丝＝5 分 6 厘 2 毫 5 丝	56.25
十两	六分二厘半	6 分 2 厘 5 毫	5 分 6 厘 2 毫 5 丝+6 厘 2 毫 5 丝＝6 分 2 厘 5 毫	62.5
十一两	六分八厘七毫半	6 分 8 厘 7 毫 5 丝	6 分 2 厘 5 毫+6 厘 2 毫 5 丝＝6 分 8 厘 7 毫 5 丝	68.75
十二两	七分半	7 分 5 厘	6 分 8 厘 7 毫 5 丝+6 厘 2 毫 5 丝＝7 分 5 厘	75
十三两	八分一厘二毫半	8 分 1 厘 2 毫 5 丝	7 分 5 厘+6 厘 2 毫 5 丝＝8 分 1 厘 2 毫 5 丝	81.25
十四两	八分七厘半	8 分 7 厘 5 毫	8 分 1 厘 2 毫 5 丝+6 厘 2 毫 5 丝＝8 分 7 厘 5 毫	87.5
十五两	九分三厘七毫半	9 分 3 厘 7 毫 5 丝	8 分 7 厘 5 毫+6 厘 2 毫 5 丝＝9 分 3 厘 7 毫 5 丝	93.75
十六两	十分	10 分 0 厘	9 分 3 厘 7 毫 5 丝+6 厘 2 毫 5 丝＝10 分 0 厘	100

由表 6-1 可知，宋代的衡不用铢作单位，而是用两、分、厘、毫、丝作单位，1 两等于 10 分，以下皆十进，故 1 两等于 10 分，10 分等于 100 厘。

（三）一题多术问题

"术"主要系指解题的方法、公式和法则，一题多术是杨辉算法的重要特色之一。从《日用算法辑佚》所存算题看，一题多术的特色比较鲜明。例如，"今有物一百一十二斤，足称，问为省称几何。答曰：一百四十斤。"此题共有两术。[1]另"今有物一百二十三斤五两，足称。问省称几何。答曰：一百五十四斤二两二钱半。"此题共有三术。[2]又"今有钱六贯八百文，买物一斤，问一两值几何。答曰：四百二十五文。"此题共有五术。[3]

在中国算学发展史上，杨辉的一题多术具有以下几个方面的意义。

第一，继承和发展了自《九章算术》以来中国古代"以计算为核心"的算学特色。《九章算术》有一题一术、多题一术及一题多术等几种类型，而杨辉的重点在于研究"一题多术"的算法，从中寻找解题的快捷方法。

第二，一题多术适宜于不同思维习惯的人群，对于特定算题，其选择的多样性有利于生活在不同经济领域的人们，通过比较熟练地掌握和使用某种算法来不断提高其计算能力与解题水平，从而推动实用算学知识的普及和推广。

第三，在具体的算学教学实践中，一题多术有助于开拓学生的能动思维，有助于培养学生"算无定法"的数学理念，这是保证中国古代传统算法随着历史的发展而常变常新的基本手段。

---

[1] 郭熙汉：《日用算法辑佚》，《杨辉算法导读》，武汉：湖北教育出版社，1997 年，第 456—457 页。
[2] 郭熙汉：《日用算法辑佚》，《杨辉算法导读》，武汉：湖北教育出版社，1997 年，第 458—459 页。
[3] 郭熙汉：《日用算法辑佚》，《杨辉算法导读》，武汉：湖北教育出版社，1997 年，第 460—461 页。

第二节 数学诗括与南宋民间数学知识的普及

一、以崇尚诗化教育为背景的数学诗括

宋代打破了各种科学知识被贵族阶层所垄断的局面，开始了知识大众化的传播历史。当然，这种新的历史局面的出现，与宋代印刷术和科举制的相对发达有关。

唐代允许私人办学，出现了贵族和平民"双轨制"的蒙学教育。一方面，伴随着经济发展的科技含量越来越高，知识作为一种创造经济价值的物质载体，开始逐渐向农、工、商各层民众移位和渗透；另一方面，作为特殊受众，人们普遍要求创造出一种适宜于记诵的知识传播形式。唐代诗歌的兴盛，恰好就是广大民众这种社会需求的客观体现。唐朝元稹说："予常与水平市见村校诸童竞习歌咏。"[1] 事实上，"竞习歌咏"不但是文学内容，而且包括许多自然科学内容，例如，《新唐书》载有《太清真人炼云母诀》、《烧炼秘诀》[2]、《灵沙受气用药诀》[3]、《丹元子步天歌》[4]、《心机算术括》[5]及《狐子杂诀》[6]等，这些歌诀的大量出现，为宋代算法歌诀化奠定了基础。

宋代是一个非常讲求效率的朝代，商人的文化素质和社会地位都较唐代以前有了很大提高，因此，商业数学应运而生。尽管把算题歌谣化初见于《孙子算经》[7]，但直到唐代歌谣化，算题还不是很普遍。宋代的情势就不同了，南宋初年，荣棨在翻刻《九章算术》时，曾写了一篇序言，他在序言中说：

> 自靖康以来……或隐问答以欺众，或添歌象以衒己。乖万世益人之心，为一时射利之具。[8]

算学超越了专业化的局限，把抽象的问题直观化和形象化甚至诗括化，因而使宋代尤其是南宋民间算学的发展空前兴盛。与官方算家将算学与天文历法结合在一起的进路不同，南宋民间算学则与人们的日常经济生活密切相关。这样一来，民间算学与抽象的纯数学研究相比较，必然会表现出不同的思维特点。而筹算乘除捷算法即是南宋初期民间数学发展的一种

①　《旧唐书》卷 166《白居易传》，北京：中华书局，1975 年，第 4357 页。
②　《新唐书》卷 59《艺文三》，北京：中华书局，1987 年，第 1522 页。
③　《新唐书》卷 59《艺文三》，北京：中华书局，1987 年，第 1524 页。
④　《新唐书》卷 59《艺文三》，北京：中华书局，1987 年，第 1545 页。
⑤　《新唐书》卷 59《艺文三》，北京：中华书局，1987 年，第 1548 页。
⑥　《新唐书》卷 59《艺文三》，北京：中华书局，1987 年，第 1570 页。
⑦　《孙子算经》中有一道歌谣化的"物不知数"算题："今有物不知其数，三三数之剩二，五五数之剩三，七七数之剩二，问物几何？答曰：二十三。"
⑧　荣棨：《九章算经·序》，郭书春：《汇校〈九章算术〉》，台北：九章出版社，2004 年增补版附。

新趋势，尽管在民间算学发展的过程中，不可避免地会出现"隐问答以欺众，或添歌象以衔己"的现象，但是就其主流而言，"添歌象"确实适应了南宋民间算学或商业实用算学发展的客观需要，所以从数学课程论的视角看，算学歌诀具有"突出主题，加强记忆，便于应用"的重要功效。[①]

宋代的诗化教育非常盛行，如邵雍开"十字诗"之先河，他的《蒙学诗》中的"一去二三里，烟村四五家，亭台六七座，八九十枝花"[②]，意境优美，声调和谐，至今读起来都令人回味无穷。王应麟的《三字经》将天文地理、四时五行、五谷六畜及七情八音等自然和社会知识诗歌化，"诚蒙求之津逮，大学之滥觞也"[③]，是一部在儒学思想指导下编成的蒙学读物，熔铸天地名物、古今世事于一炉，故有"袖里《通鉴纲目》"之称。[④] 在这样的特殊历史背景下，杨辉把算题"诗括化"，无疑是将诗化理念应用于算题的一个成功范例。《日用算法》中的 13 首算题诗，今已不存，然而，检索《乘除通变算宝》，里面载有"九归新括""求一乘诗"及"求一除诗"等，可以发现杨辉算题诗的突出特点是将诗括作为推广简便算法的一种表达方式。这个特点对明清算学的发展影响颇大，像《算法统宗》和《算法大成》中都载有不少美妙的数学诗，而"'归除歌诀'的最后完善，对后来由筹算到珠算的演变起了重要的奠基作用"[⑤]。

二、南宋民间数学知识的一种有效传播形式

首先，算法诗括不仅仅在于传播一种数学知识和数学思想，更在于其能够使人在学习数学知识的过程中去真正享受或体悟一种高尚的审美情趣与空灵境界。孔子言《诗》三百篇，一言以蔽之，"思无邪"。[⑥] 诚然，对于"思无邪"的理解，历代注释家各有不同的看法，我们不去细究，但笔者认为，宋人邢昺说得对，"诗之本体，论功颂德，止僻防邪，大抵归于正，于此一句，可以当之也"[⑦]。正由于算题诗具有这样的独特功能，杨辉才会不遗余力地将传统算题诗括化，把算法与美育结合起来，从这个角度看，陈几先称杨辉"以儒饰吏"，真是恰如其分。陈几先已经认识到"诗括"的价值"岂为运牙筹，计金谷而已哉"[⑧]，也就是说，杨辉"编诗括"的用心，既在算题之内，又在算题之外，因此，陈几先又有"内可以知外，表可以知里"[⑨]一说。如果我们把研究视野扩大一点，那么科学与诗具有一种天然的

① 张永春：《数学课程论》，南宁：广西教育出版社，1996 年，第 78 页。
② 康桥编著：《插图本古诗绝唱 100 首》，上海：上海大学出版社，2005 年，第 127 页。
③ 王相：《三字经训诂》，冯国超主编：《增广贤文》，长春：吉林人民出版社，2005 年，第 93 页。
④ 胡维草：《中国传统文化荟要》2，长春：吉林人民出版社，1997 年，第 445 页。
⑤ 张永春：《数学课程论》，南宁：广西教育出版社，1996 年，第 78 页。
⑥ 何晏集解，皇侃义疏：《孔学三种·论语集解义疏》，上海：世界书局，1935 年，第 10 页。
⑦ 邢昺：《论语注疏》卷 2《为政篇》，文渊阁《四库全书》本。
⑧ 郭熙汉：《日用算法辑佚》，《杨辉算法导读》，武汉：湖北教育出版社，1997 年，第 453 页。
⑨ 郭熙汉：《日用算法辑佚》，《杨辉算法导读》，武汉：湖北教育出版社，1997 年，第 453 页。

亲和关系。恩格斯曾说傅里叶"是数学的诗"（对于一个真正懂得傅立叶分析的人，应该从离散的傅氏级数、连续的傅氏积分到绝妙的傅氏变换方法和理论，以及它们与三度动、电学、微分方程的深刻联系中，感受到无尽的诗意和美的享受!），而黑格尔是"辩证法的诗"。[①] 席勒说："想把感性的人变成理性的人，唯一的途径是先让他变成审美的人。"[②] 审美与算题的结合，使得杨辉发现了贾宪三角的科学意义。从贾宪三角到数学诗括，一以贯之的是宋学那种简约而灵动的精神意蕴。因此，将算题建立在诗化的人文层面之上，是南宋民间数学知识得以广泛传播的主要因素。

其次，把深奥的算理寓于浅近的现实生活之中，是南宋数学发展的重要特点之一。南宋算学的发达得益于算法的实际应用，因为从渊源上看，算学源于生活，是对现实生活的提炼与反映，所以算学与生活密切相连。根据算学发展的这个特点，杨辉用生活的眼光去观察、凝炼、设计和优化算题，并将抽象的算学理论还原成普通民众能够理解和体悟的生活情景，这实际上是算学回归生活的过程，也是算学问题的第二次飞跃，即从算理到应用算理于新的现实或生活实际的飞跃。杨辉在《日用算法·序》中说："夫《黄帝九章》乃法算之总经也。辉见其机深法简，尝为详注。有客谕曰：谓无启蒙日用，为初学者病之。"[③] 虽然《九章算术》中不乏生活问题，但相比较而言，其"机深法简"不易掌握的"现象"致使很多初学者不免望而却步。我们知道，如果算理不能被广大民众所认识和掌握，算学就无法发挥其"经世致用"的作用。正是站在这个角度上，杨辉才明确了编撰《日用算法》的动机即是"启蒙日用"。"启蒙日用"看似简单，然而在杨辉看来，"知非难而用为难"[④]，即通过"用"不断提升算学的经济功能和全民的智化水平。诚如皮索特和萨马斯基所言："数学是艺术又是科学，它也是一种智力游戏，然而它又是描绘现实世界的一种方式和创造现实世界的一种力量。"[⑤] 杨辉的《日用算法》就体现了这个特点。当然，通观地看，整个杨辉算书都体现了这个特点。尽管在"用"的问题上受到制度变化的强烈影响，有一定的时效性，比如，元代的衡制与南宋不同，与之相应，像以南宋衡制为基准编撰的《日用算法》，入元代后就不能再适应新的制度需要了，所以元代的《算学启蒙》取代《日用算法》而成为新的普及性读物，仅就"用"的层面讲，它是历史发展的必然，但是，有一点却是不变的和连续的，那就是算学趋向日用和贴近生活的本质。由此可见，算学传播的途径不能仅仅停留在"思想实验"的阶段，而杨辉的《日用算法》的最重要价值不在其算题本身，实际上，开出算学生活化之路才是《日用算法》永恒不衰的思想光辉。

① 恩格斯：《自然辩证法》，北京：人民出版社，1957年，第169页。
② 引自朱学志：《数学的历史、思想和方法》下，哈尔滨：哈尔滨出版社，1990年，第936页。
③ 郭熙汉：《日用算法辑佚》，《杨辉算法导读》，武汉：湖北教育出版社，1997年，第453页。
④ 杨辉：《乘除通变算宝·序》，《中国科学技术典籍通汇·数学卷（一）》，开封：河南教育出版社，1993年，第1047页。
⑤ 〔法〕皮索特、〔法〕萨马斯基：《普通数学》，转引自魏文展主编《文科高等数学基础B——数学思想和方法》，上海：华东师范大学出版社，2002年，第180页。

最后，算法歌诀反映了从筹算向珠算演变的历史发展趋势，《日用算法》则强化了珠算捷法的效率观念。南宋商业经济发达，征税、纳粮及物价和币制问题变得越来越复杂，同时也变得越来越混乱，实证材料见前。此时，如何从比例的角度运用算学手段来稳定经济秩序和社会稳定，无疑是一个非常迫切的现实问题，杨辉的《田亩比例乘除捷法》（1275 年）即是这种现实需要的客观反映。然而，《日用算法》作于 1262 年，且它的重点是解决《详解九章算法》的"机深法简"问题，故杨辉在《日用算法》一书中，一方面突出了"一题多术"的价值和作用，这样便解决了"法简"问题；另一方面，尽量将"机深"的问题生活化和图草化，也就是说，尽力在算法上切合人们的经验思维。因为《日用算法》的根本目的是将相对先进和快捷的乘除算法普及于民众，以期用算学手段来逐渐降低其经营成本，从而提高其的商业运作效率和经营利润。与之相应，计算工具也开始在民间发生变革。例如，宋末元初人刘因有诗云："不作瓮商舞，休停饼氏歌。执筹仍蔽簏，辛苦欲如何！"[1] 同时，《辍耕录》出现了"凡纳婢仆，初来时曰'播盘珠'"[2]的谚语。又元初幼儿图画读物《新编相对四言》中绘有一幅九档的算盘珠，既然算盘已经作为一种生活常识出现在元初，那么至少它在南宋已经作为一种快捷方便的计算工具普及于商界应当是客观事实。因此，《日用算法》所载"一求隔位六二五"的"斤价求两价歌诀"或称"化零歌"，在当时就具有了特别重要的意义，这是它流行最广的一个根本原因。[3] 从这个层面看，宋、元时期"被人们称颂的新技术，本质上是数学技术"[4]。

---

① （宋）刘因：《静穆先生文集》卷 11《算盘》，《四部丛刊》本。
② （明）陶宗仪：《辍耕录》卷 29《井珠》，文渊阁《四库全书》本。
③ 杨树枝等主编：《会计工作大全》下，牡丹江：黑龙江朝鲜民族出版社，1993 年，第 690 页。
④ 转引自魏文展主编：《文科高等数学基础 B——数学思想和方法》，上海：华东师范大学出版社，2002 年，第 180 页。

第七章　杨辉的治学态度和科学方法

宋代数学有两条发展路径：一是以邵雍为代表的象数学；二是以杨辉为代表的实用数学。南宋社会经济在其复杂的政治运行环境中出现了许多新的现实问题，如前举税收与田亩丈量的关系问题，计算工具改革与民间算法口诀化的发展趋势问题等，这些问题便成为南宋实用算学空前兴盛的强大动力之一。因史料阙载，杨辉的生活轨迹不得详知，但从目前传世的《详解九章算法》和《杨辉算法》等著述中，我们却能够比较深刻地感知和揣摩杨辉编撰上述实用算学著作的治学态度与科研方法，下面分两节略作阐释。

第一节　面向实际和求真务实的治学态度

一、杨辉算书中的具体问题与南宋社会的现实需要

关于这个议题，《中国数学史大系》第 5 卷《两宋》第 6 编"杨辉"之第 4 节"在杨辉数学专著所见南宋社会"部分有专门阐释。在此，笔者拟从杨辉算题与南宋社会现实需要相结合的视角，再作探讨。

（一）"经界法"与方田算题

至于南宋初年为何要推行"经界法"，《建炎以来朝野杂记》载：

> 经界法，李椿年仲永所建也。绍兴十二年（1142 年），仲永为两浙转运副使，上疏言："经界不正十害：一、侵耕失税；二、推割不行；三、衙前及坊场户虚供抵当；四、乡司走弄税名；五、诡名寄产；六、兵火后，税籍不信，争讼日起；七、倚阁不实；八、州县隐赋多，公私俱困；九、豪猾户自陈，税籍不实；十、逃田税偏重，故税不行。"十一月癸巳，疏奏。上纳其言。仲永又言："平江岁久，昔七十万斛有奇，今实入才二十万耳。询之土人，其余皆欺隐也。请考按核实，自平江始，然后推之天

下。"因上《经界画一》。其法，令民以所有田各置砧基簿，图田之形状，及其亩目四至，土地所宜，永为照应。即田不入簿者，虽有契据可执，并拘入官。诸县各有砧基簿三：一留县，一送漕，一送州。凡漕臣若守、令交承，悉以相付。诏专委仲永措置，遂置局于平江。[①]

显而易见，"经界法"是针对土地高度集中和赋税严重不均现象而采取的权宜之计。即使如此，它也"必然要引起被剥削者和剥削者对抗的日益加深"。[②] 因此，"经界法"在具体施行的过程中，遇到了很大阻力，各地情况亦互不相同。关于这个问题，我们不准备去细究，在这里，所谓"砧基簿"，是指官府收藏其辖区内的田地底簿，附有田地图形，它是"经界法"的基础，当然也是《九章算术》的基本内容之一。

《九章算术》"方田"章共有 38 道例题，其所求解的平面几何图形面积（即土地面积）主要有方田（或直田）、圭田、邪田、箕田、圆田、宛田、弧田及环田。在此基础上，杨辉的《田亩比类乘除捷法》根据南宋田亩开发的客观实际，尤其是在比较复杂的地形条件下修筑的山地，奇形怪状，出现了《九章算术》所不曾有的田亩平面几何图形，如梯田、箫田、墙田、圭垛、梯垛、腰鼓田、鼓田、三广田、曲尺田、方箭、圆箭、圭梯垛、箭筈田和箭翎田等。对于这些平面几何图形面积的图样与算法，如见前述。仅就这些奇形怪状的田亩平面几何图形而言，它确实反映了一种田不择地的土地开发和利用状况。从土地开发的历史演变看，两宋的土地利用率最高，有些地区如闽浙、两川等甚至出现了"无尺寸旷土"[③]的现象。应当承认，在人地严重失衡的状态下，上述地区确实出现了以杀婴和溺婴等极端方式来缓解土地压力的恶劣习俗，然而，人们更多的是想方设法发展高效农业，增加田亩单位面积的产量。所以，宋人周纲有"讯之老农，以谓湖（即明州广德湖）未废时，七乡民田，每亩收谷六七石，今所收不及前日之半，以失湖水灌溉之利故也"[④]的议论。尽管这种高产田的出现还不是普遍现象，但在南宋人口压力较大的特定历史背景下，为了生存，不排除个别田亩由于土质、灌溉、中耕、施肥、田间管理等环节均达到了一个历史时期的最佳水平，其高产效果的实现是完全有可能的。

以粟为例，杨辉给出了两道有关粟的亩产量算题，第一题："每亩收粟二石七斗，今共收粟六百四十二石六斗，问原田若干？答曰：二百三十八亩。"[⑤] 第二题："二百三十八亩，每亩收粟二石七斗，问共几何？答曰：六百四十二石六斗。"[⑥]

① （宋）李心传：《建炎以来朝野杂记》甲集卷 5《经界法》，北京：中华书局，2000 年，第 123 页。
② 恩格斯：《反杜林论》，北京：生活·读书·新知三联书店，1950 年，第 229 页。
③ （宋）张方平：《乐全集》卷 36《傅公神道碑铭》，文渊阁《四库全书》本。
④ （清）徐松等辑：《宋会要辑稿》食货 7 之 45，北京：中华书局影印本，1957 年。
⑤ （宋）杨辉：《乘除通变算宝》卷中，《中国科学技术典籍通汇·数学卷（一）》，开封：河南教育出版社，1993 年，第 1059 页。
⑥ （宋）杨辉：《乘除通变算宝》卷中，《中国科学技术典籍通汇·数学卷（一）》，开封：河南教育出版社，1993 年，第 1058 页。

此处所言"每亩收粟二石七斗"是否客观和具有普遍性，需要具体分析。李翱的《平赋书》云：唐代"一亩之田，以强并弱，水旱之不时，虽不能尽地利者，岁不下粟一石"[①]。至于宋代粟的亩产量，按照北宋、南宋农业生产发展的实际，可分为两个阶段来考察：先看北宋的实例，沈括在《万春圩图记》中说："岁出租二十而三，为粟三万六千斛。"[②] 依此计算，则 $36\,000斛\times\dfrac{20}{3}=240\,000斛$，因万春圩田亩的总面积为"千二百七十顷"[③]，所以此圩粟的亩产量为 $240\,000斛\div127\,000亩\approx1.889斛\approx1.9斛$。另外，据方健推断，以太湖流域为主地区的亩产量平均为 2.39 石。[④] 马兴东亦认为，"一般说来北宋的粮食亩产量比唐代增加 25%以上，比汉代增加近一倍。南宋时，江南盛行定额租制的一些地区的粮食亩产已高达二至三石，其增长幅度之迅猛甚为后代所不及"[⑤]。如众所知，万春圩在安徽省芜湖境内，而杨辉算题的资料来源主要是江浙地区，故杨辉的例题并不是虚构，而是反映了南宋时期该地区粟产量的历史实际。事实上，这也是中国古代实用算学的重要特色之一。

粟谷出米率，是指成品粟米数量与耗用粟谷数量的比率。在封建时代，因等级制的缘故，粮食加工的粗精程度是不同的。例如，《睡虎地秦墓竹简·仓律》规定："粟一石六斗大半斗，舂之为粝米一石；粝米一石为糳米九斗；（糳米）九（斗）为毁（毇）米八斗。"[⑥]《算数书·程禾》亦载："禾黍一石为粟十六斗泰半斗，舂之为粝米一石，粝米一石为糳米九斗，糳米九斗为毇米八斗。"[⑦] 这两则史料证明，中国古代算书所采用的数据内容，是有客观依据的，它们是比较严肃的科学著作而不是主观臆造的神话小说。此外，我们从《睡虎地秦墓竹简·仓律》中可知，秦汉粟加工有严格的等级规定，精粗差异较大。在此，"禾黍一石为粟十六斗泰半斗"表明，在秦汉时期一石体积的粟等于"十六斗泰半斗"粟的重量。于是，《算数书·舂粟》题云："禀粟谷一石，舂之为耗米八斗八升，今有耗米二斗廿五分升廿二，当益耗粟几何？曰：二斗三升十一分升八。"[⑧] 对"禀粟谷一石"的理解，学界有两种认识：一种认为它是一个体积单位，即 1 石等于 10 斗；另一种则主张它是一个重量单位，即 1 石重的粟体积标准为"一石六斗大半斗"（ $16\dfrac{2}{3}$ ）。[⑨] 实际上，如上所引，体积"一石"与重量"一石六斗大半斗"只是两种不同的度量衡单位，在内容上并无本质差别。所以，我们不难得出秦汉

　　① （唐）李翱：《李文公集》卷 3《平赋书》，文渊阁《四库全书》本。
　　② （宋）沈括：《长兴集》卷 9《万春圩图记》，文渊阁《四库全书》本。
　　③ （宋）沈括：《长兴集》卷 9《万春圩图记》，文渊阁《四库全书》本。
　　④ 方健：《南宋农业史》，北京：人民出版社，2010 年，第 326 页。
　　⑤ 马兴东：《宋代"不立田制"问题试析》，《史学月刊》1990 年第 6 期，第 27 页。
　　⑥ 蔡万进：《秦国粮食经济研究》附录二《睡虎地秦墓竹简〈仓律〉释文》，郑州：大象出版社，2009 年，第 186 页。
　　⑦ 郭书春：《〈算数书〉与〈算经十书〉的比较研究》，李兆华主编：《汉字文化圈数学传统与数学教育——第五届汉字文化圈及近邻地区数学史与数学教育国际学术研讨会论文集》，北京：科学出版社，2004 年，第 15 页。
　　⑧ 郭书春：《〈算数书〉校勘》，《中国科技史料》2001 年第 3 期，第 207 页。
　　⑨ 邹大海：《关于〈算数书〉、秦律和上古粮米计量单位的几个问题》，《内蒙古师范大学学报（自然科学版）》2009 年第 5 期，第 508 页。

粟谷与其糯米之间的比例关系约为5：3。① 依此，如果把"禀粟谷一石，舂之为耗米八斗八升"中的"一石"理解为重量单位，那么，"禀粟谷"与"耗米"之间的比例关系约为2.1：1.1。因此，邹大海认为，"一石重的粟体积标准为$16\frac{2}{3}$斗，由此舂出8斗8升糯米，这实际上是一个比由粟舂出糯米的标准率（3/5）还要低的比率"②。当然，导致这种比较低的粟出米率，其原因主要有二：一是舂出来的米等级较高；二是采用杵臼这种原始的粟米加工工具，由于杵臼对粟谷的脱壳过程是一种间歇性的上下运动，不仅费时，而且出米率也很低，所以，为了改进粮食的加工方法，以提高出米率，我国古代发明了利用畜力和水力带动的石碾。科学实践证明，当利用畜力和水力带动的石碾出现之后，由于它变间歇性的上下运动为连续性的圆周运动，故而极大地提高了粟谷的出米率。目前，关于石碾的起源，尚没有定论，不过，从已发现的唐宋石碾实物看，唐宋石碾比较普及。与舂米相比，碾米的效率明显要高。所以，杨辉在《法算取用本末》里举了一道有关谷出米率的算题："谷一石取米九斗，今米二百七石。问：原谷多少？答曰：二百三十石。"③ 90%的谷出米率是否太高了？高与不高取决于两个因素：一是精粗或脱壳完全还是不完全的要求；二是谷本身的质量。我们知道，宋代是一个非常重视养生的时代，同时又是一个人多粮少的时期，经科学研究，粟谷的营养成分主要集中在皮层和谷胚内，因此，加工越精细，其营养价值就越低。④ 这样，上述90%的出米率既较好地满足了人们多出口粮的要求，又最大限度地保存了谷物本身的营养，一举两得。所以，"谷一石取米九斗"真实地反映了宋代粟谷出米率的实际，而这种出米率至少是南宋碾米技术与人们养生观念相结合的一个特殊产物。

（二）土地买卖与田亩比类算题

宋代农业经济快速发展的重要标志之一，就是"不立田制"，即国家不再运用权力对土地进行再分配，而是在尊重主佃双方意志的前提下，允许土地自由买卖。因此，杨辉算书从算学的角度讨论了"田亩买卖"的问题，实属难能可贵。

下面是杨辉给出的两道田亩买卖算题。

第一道："钱二千七百四十六贯，买田每亩二十贯。问共买几亩？答曰：一百三十七亩七十二步。"⑤

第二道："陆地一百七亩，每亩一十贯六百文，问值几何？答曰：一千一百三十四贯二

① 朱桂昌：《赵广汉的"鉤距法"和汉代的物价》，《中国社会经济史研究》1982年第3期，第85页。
② 邹大海：《关于〈算数书〉、秦律和上古粮米计量单位的几个问题》，《内蒙古师范大学学报（自然科学版）》2009年第5期，第508页。
③ （宋）杨辉：《算法取用本末》卷下，《中国科学技术典籍通汇·数学卷（一）》，开封：河南教育出版社，1993年，第1067页。
④ 顾奎琴主编：《粮油干果营养保健与食疗》，北京：农村读物出版社，2002年，第14页。
⑤ （宋）杨辉：《乘除通变算宝》卷上，《中国科学技术典籍通汇·数学卷（一）》，开封：河南教育出版社，1993年，第1052页。

百文。"①

　　这两道算题所讲的土地价格与南宋江浙一带的实际田亩价格是否一致？对于这个问题，人们或许心存疑虑。故此，我们不妨再枚举几个参照实例如下：①袁说友的《东塘集》载，宋孝宗淳熙十三年（1186 年），湖州上田的每亩价格为 10 贯②；②王楙的《野客丛书》载，宋宁宗庆元元年（1195 年）每亩上田的价格为 10 贯③；③谈钥的《嘉泰吴兴志》云，宋宁宗嘉泰年间，吴兴的上田每亩价格 10 金④，即 10 贯；④《江苏金石志》记，宋宁宗嘉泰四年（1204 年），长洲的上田每亩价格为 13 贯 900 文⑤；⑤《江苏金石志》又记，宋宁宗开禧二年（1206 年），吴县的上田每亩价格为 11 贯 100 文⑥；⑥赵与时的《宾退录》载，宋理宗绍定年间，江浙地区的上田每亩价格为 20—30 贯⑦，等等。所以，漆侠先生说：南宋各地地价的差别是很大的，"有一二贯的，有三四贯的，也有十几贯、二三十贯的，绍定年间行在临安附近的菜圃竟达 80 缗"⑧。另外，据南宋人赵与时的《宾退录》记载，嘉定年间江浙地区的农田价格"不减二三千缗"⑨。可见，杨辉算题给出的上田每亩价格是以南宋江浙某地某年的实际田亩价格为基础的，是真实可靠的，它并不是杨辉随意设定的土地价格数值。

　　诚如前述，《九章算术》中的"方田"章共有 38 道例题，其所求解的平面几何图形面积（即土地面积）主要有方田（或直田）、圭田、邪田、箕田、圆田、宛田、弧田及环田。在此基础之上，杨辉的《田亩比类乘除捷法》根据南宋田亩开发的客观实际，尤其是在复杂地形条件下修筑的山地，奇形怪状，所以出现了《九章算术》所不曾有的田亩平面几何图形，如梯田、萧田、墙田、圭垛、梯垛、腰鼓田、鼓田等。在这里，我们权且抛开上述山田的计算方法不说，仅就这些奇形怪状的田亩平面几何图形而言，它确实反映了一种田不择地的土地开发和利用状况。因而杨辉在《田亩比类乘除捷法》里特别注重对那些不规整地块的几何运算，并提出了许多新的几何解法，遂成为杨辉算书区别于南北朝及隋唐算书的一个重要特点。以丘田为例，之前杨辉的《五曹算经》载有此类田块的算题，可惜没有给出"精确"解法，杨辉则根据"取象比类"的思维方法，提出了下面的解题方法和思路："丘田比附畹田，用周径相乘，四而一之法，田围凸外者可用。或围步凹里者未免围多积少，不合法理，常分段求之可也。"⑩从杨辉草绘的示意图来看，"畹田"（《九章算术》作"宛田"）与"丘田"可以

　　① （宋）杨辉：《乘除通变算宝》卷中，《中国科学技术典籍通汇·数学卷（一）》，开封：河南教育出版社，1993 年，第 1055—1056 页。
　　② （宋）袁说友：《东塘集》卷 18《陈氏舍田道场山记》，文渊阁《四库全书》本。
　　③ （宋）王楙：《野客丛书》卷 10《汉田亩价》，文渊阁《四库全书》本。
　　④ （宋）谈钥：《嘉泰吴兴志》卷 20《物产》，宋元方志丛刊本。
　　⑤ 《江苏金石志》卷 14《吴学续置田记》，《宋代石刻全编》第 2 册。
　　⑥ 《江苏金石志》卷 14《吴学续置田记》，《宋代石刻全编》第 2 册。
　　⑦ （宋）赵与时：《宾退录》卷 3，文渊阁《四库全书》本。
　　⑧ 漆侠：《宋代经济史》上，《漆侠全集》第 3 卷，保定：河北大学出版社，2008 年，第 375 页。
　　⑨ （宋）赵与时：《宾退录》卷 3，《中华野史》编委会编：《中华野史》卷 5《宋朝卷》下，西安：三秦出版社，2000 年，第 3947 页。
　　⑩ （宋）杨辉：《田亩比类乘除捷法》卷上，《中国科学技术典籍通汇·数学卷（一）》，开封：河南教育出版社，1993 年，第 1078 页。

"比附"，但由于两者在几何形状及其具体算法方面差异较大，所以可以"比附"却不能等同，如图 7-1 所示。[①]

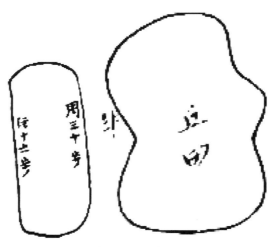

图 7-1　畹田与丘田

由于《九章算术》没有给出"宛田"的图形，故学界提出了"宛田"即球冠形、优扇形、凸月形、馒头形及抛物线旋转面等多种观点，争议颇大。实际上，刘徽在《九章算术》"宛田"注中，曾观察到宛田与圆锥面之间的类似性，指出："今宛田上径圆穹，而与圆锥同术，则幂失之于少矣。然其术难用，故略举大较，施之大广田也。求圆锥之幂，犹求圆田之幂也。今用两全相乘，故以四为法，除之，亦如圆田矣。"[②] 从刘徽的注文里，我们能深刻感受到中国古代科学追求"正确"而非精确的思维特征，尽管人们从中国古代天文学、机械制造等领域举出很多"精确"的实例，但从整体上看，正像有学者分析的那样，"中国古代科学有两个倾向，整体论是主流，得到了充分发展，还原论是非主流，未得到充分发展"，而"整体论体系考察对象的整体可把握特征，并用整体综合方法加以处置，其结果是宏观准确、微观不精确；还原论体系考察对象的局部可把握特征，并用局部分析方法对待之，其结果微观精确、宏观不准确"[③]。刘徽在处理"方"与"圆"、"直"与"曲"的相互关系时，提出了包含着极限思想的"割圆术"，可惜他在注解"宛田"算题时，并没有给出"精确"的计算公式，杨辉亦复如此。在前面的"丘田"图中，《九章算术》和《五曹算经》所给出的答案均不能令杨辉满意，这是因为用"圆田术"来求解"丘田"时，只能得到近似的结果。所以，他提出了"常分段求之"的思想，至于怎样"分段"，杨辉没有说明。然而，从认识到这个

　　① 转引自（宋）杨辉：《田亩比类乘除捷法》卷上，《中国科学技术典籍通汇·数学卷（一）》，开封：河南教育出版社，1993 年，第 1078 页。
　　② （晋）刘徽注，李淳风注释：《九章算术》卷 1《方田》，上海：上海古籍出版社，1990 年，第 10 页。
　　③ 马晓彤：《中国古代有科学吗？——兼论广义和狭义两种科学观》，《科学学研究》2006 年第 6 期，第 818 页。

问题到解决这个问题，中间还需要漫长的探索过程。我们知道，唯有解析几何和微积分诞生之后，才为"丘田"问题找到了"正确"且"精确"的计算方法，而微积分则是建立在极限和连续"分段"的基础之上的。

（三）月息与南宋江浙地区的借贷关系

从法律的角度讲，北宋公私钱债取息，一般以 6 分为限，如《宋刑统》云："诸公私以财物出举者……每月取利不得过六分，积日虽多，不得过一倍。"[①] 而南宋利息率大多集中于月息 2—4 分，总体而言，利息率呈现出缓慢下降的趋势。[②] 例如，绍兴五年（1135 年）诏令"诸路依旧质当金银匹帛等，每贯收息三分"[③]，即月利为 3%。袁采亦说："今若以中制论之，质库月息自二分至四分，贷钱月息自三分至五分。"[④] 又《庆元条法事类》载："诸以财务出举者，每月取利不得过四厘；积日虽多，不得过一倍。即元借米谷者，止还本色，每岁取利不得过五分，谓每斗不得过五升之类，仍不得准折价钱。"[⑤] 在这里，"厘"与"分"义同[⑥]，即月利为 4%。按照历史演变的进程，月利从 6 分降至 3 分或 2 分，确实反映了宋代利息率有逐渐走低的发展趋势。故《杨辉算法》有两道涉及月息的算题：其一，"解钱九贯文，月利一分八厘，在库十一个月零十七日，问息钱若干？答曰：一贯八百七十三文八分。"[⑦] 由题设知，月利"一分八厘"，即 1 贯钱的月息为 1.8%。其二，"每贯收息三十，今本利共二万七千八百一十贯。问元本钱？答曰：二万七千贯文。"[⑧] 其中"每贯收息三十"误，应为"每贯收息三分"。与之相类似，《数书九章》也有一道涉及月息的算题：

> 问典库今年二月二十九日，有人取解一号主家，听当事共计算本息一百六十贯八百三十二文，称系前岁腊月半解去，月息利二分二厘，欲知原本几何？答曰：本一百二十贯文。[⑨] 此处"月息利二分二厘"，即月息利 2.2%。

无论是月利"一分八厘"，还是"月息利二分二厘"，虽多低于南宋的律法规定，但这并不能表明就没有月利超过宋代法律规定上限的现象发生。例如，《数书九章》有一道"累收库本"算题，云："有库本钱五十万贯，月息六厘半，令今掌事每月带本纳息，共还一十万。

① （宋）窦仪等：《宋刑统》卷 26《公私债负》，萧榕主编：《世界著名法典选篇·中国古代法卷》，北京：中国民主法制出版社，1998 年，第 546 页。
② 王文书：《宋代借贷业研究》，河北大学博士学位论文，2011 年。
③ （宋）李心传：《建炎以来系年要录》卷 86 "绍兴五年闰二月壬申"，北京：中华书局，1988 年，第 1432 页。
④ （宋）袁采：《袁氏世范》卷下，文渊阁《四库全书》。
⑤ （宋）谢梁甫等：《庆元条法事类》卷 80《杂门·关市令》，燕京大学图书馆藏本。
⑥ 刘秋根：《试论两宋高利贷资本利息问题》，《中国经济史研究》1987 年第 3 期，第 27 页。
⑦ （宋）杨辉：《算法通变本末》卷上，《中国科学技术典籍通汇·数学卷（一）》，开封：河南教育出版社，1993 年，第 1050 页。
⑧ （宋）杨辉：《乘除通变算宝》卷下，《中国科学技术典籍通汇·数学卷（一）》，开封：河南教育出版社，1993 年，第 1069 页。
⑨ （宋）秦九韶：《数书九章》卷 18《推求典本》，北京：中华书局，1985 年，第 459 页。

欲知几何月而纳足，并末后畸钱多少？答曰：本息纳足，共七个月。"[1] 根据题意，算得月利为 6 分 5 厘。[2] 显然，这已经属于比较典型的高利贷了。

综上所述，我们可以初步得出这样的结论：在多数情况下，南宋各地的月利基本上波动于《庆元条法事类》和《宋刑统》所规定的月利上限之间，因此，难以形成一个统一的利息率，这个事实表明，公私钱债取息本身具有复杂性和多变性的特点。当然，除了个别情形之外，南宋的一般性高利贷，即所谓的"豪民放债，乘民之急，或取息数倍"[3]中的"取息数倍"，大概是指高于《庆元条法事类》所规定之月利上限的息利。

（四）物价与南宋经济的发展

关于南宋的物价问题，中国学者王仲荦、漆侠、汪圣铎、程民生及日本学者宫泽知之等都曾有专文论之，尤其是程民生的《宋代物价研究》，无论在史料的收集方面，还是在论题的完整、系统与深入方面，迄今为止都代表着该研究领域的最高学术水平。然而，或许是摄于某种顾虑之故，人们担心杨辉算题本身多有主观性，所以很少有人[4]将杨辉算题中所出现的物价问题放在整个南宋物价发展的历史大背景中加以分析和研究。其实，《杨辉算法》不是一般的数学著作，而是宋代实用算术的杰作。我们前面讲过，"实用算术"的显著特点就是它的真实性，为了证明这一点，我们不妨略举几例如下。

（1）"菽每石七百八十五文，麦每石一贯一百六十文。今用钱二百九十七贯，籴到菽、麦共三百石，问本各几何？答曰：菽一百三十六石，麦一百六十四石。"[5]

（2）"香三千二百四十六两，每三两价钱四贯一百文。问钱几何。答曰：四千四百三十六贯二百文。"[6]

（3）"六百七十五贯七百买绢，疋价二贯三百三十。问合买几匹？答曰：二百九十。"[7]

（4）"开渠积六千八百三十七尺，共用一百五十九工。问一工取土多少？答曰：四十三尺。"[8]

（5）"绢七匹一十二尺，每匹价钱九贯二百文。问：几何？答曰：六十六贯七百文。"[9]

（6）"麦一百七十一石，每石二贯七百三十。问钱若干？答曰：四百六十六贯八百三十

① （宋）秦九韶：《数书九章》卷 12《累收库本》，北京：中华书局，1985 年，第 321 页。
② 刘秋根：《试论两宋高利贷资本利息问题》，《中国经济史研究》1987 年第 3 期，第 28 页。
③ 卫泾：《后乐集》卷 19《潭州劝农文》，文渊阁《四库全书》本。
④ 尽管王仲荦在《南宋绢价》中把《杨辉算法》算题里出现的绢价作为研究南宋物价变化的重要史料之一，但响应者寥寥。
⑤ （宋）杨辉：《日用算法》，郭熙汉：《杨辉算法导读》，武汉：湖北教育出版社，1997 年，第 455 页。
⑥ （宋）杨辉：《详解算法（辑佚）》，郭熙汉：《杨辉算法导读》，武汉：湖北教育出版社，1997 年，第 448 页。
⑦ （宋）杨辉：《乘除通变本末》卷下，《中国科学技术典籍通汇·数学卷（一）》，开封：河南教育出版社，1993 年，第 1071 页。
⑧ （宋）杨辉：《乘除通变本末》卷下，《中国科学技术典籍通汇·数学卷（一）》，开封：河南教育出版社，1993 年，第 1070 页。
⑨ （宋）杨辉：《田亩比类乘除捷法》卷上，《中国科学技术典籍通汇·数学卷（一）》，开封：河南教育出版社，1993 年，第 1075 页。

文。"①

（7）"绫一百四十八匹，匹价一十四贯二百。问钱几何？答曰：二千一百一贯六百文。"②

（8）"锦五十七匹，每匹五文一尺。问积几尺？答曰：二千九百七尺。"③

（9）"葛布二百三十七匹，每匹三贯七百五十文。问钱几何？答曰：八百八十八贯七百五十。"④

（10）"银九斤六两六铢，每两三贯四百文。问：共几何？答曰：五百一十贯八百五十文。"⑤

上述算题不能准确体现物价的具体时间，所以它的真实性须结合其他宋人的史料记载进行综合考察。例如，杨辉算题所出现的绢价在"定价二贯三百三十"至"每匹价钱九贯二百文"之间波动，而《宋会要辑稿》对南宋绢价的记载亦复如此，它反映了绢价在市场经济的作用下价格变动的现实运动形态。例如，《宋会要辑稿》载，绍兴三年（1133 年）宋高宗在诏令中说：北宋初"绢值不满千钱，以一贯三百计定……其后尝因论例，遂增至二贯足目。今绢价不下四五贯，岂可尚守旧制耶？可每疋更增一贯，通作三贯足矣"⑥。此绢"3 贯"价的上限，事实上不断被突破，如绍兴三年（1133 年）四月诏"令户部于椿管高丽绢内支一万五千匹，每匹作六贯"⑦。又淳熙四年（1177 年）十一月十七日，有臣僚说："临安府，钱塘、仁和两县岁敷和买折帛，下户常受其弊。盖本色所直不过四五千，折价所输其费七贯五百。"⑧《建炎以来朝野杂记》更云：建炎三年（1129 年）"西川每匹至为钱十一千，东川每匹十千。绍兴二十五年每匹减一千，其后犹输七千或七千有半，绍熙末，又权减一千"⑨。故《宋会要辑稿》称：绍兴十七年（1147 年）有些"州县折纳税绢，每匹有至十千者"⑩。由此可见，上述杨辉算题云绢"每匹价钱九贯二百文"，绝非是不符合实际的虚设。另外，南宋宁宗庆元四年（1198 年）江东建康府因"绵帛颇多"，故"绢一匹只直二贯二百文足"，亦与杨辉算题所给出的绢价"二贯三百三十"⑪ 比较接近。可见，杨辉算题所给出的绢价反映了南宋绢价变化的实际，它对于研究南宋绢价的前后变化具有一定的参考价值。

南宋对香的消费，数量很大，以化妆香料为例，南宋佚名氏的《枫窗小椟》卷上载：临

① （宋）杨辉：《田亩比类乘除捷法》卷上，《中国科学技术典籍通汇·数学卷（一）》，开封：河南教育出版社，1993 年，第 1065 页。
② （宋）杨辉：《田亩比类乘除捷法》卷上，《中国科学技术典籍通汇·数学卷（一）》，开封：河南教育出版社，1993 年，第 1065 页。
③ （宋）杨辉：《田亩比类乘除捷法》卷上，《中国科学技术典籍通汇·数学卷（一）》，开封：河南教育出版社，1993 年，第 1063 页。
④ （宋）杨辉：《乘除通变算宝》卷中，《中国科学技术典籍通汇·数学卷（一）》，开封：河南教育出版社，1993 年，第 1060 页。
⑤ （宋）杨辉：《田亩比类乘除捷法》卷上，《中国科学技术典籍通汇·数学卷（一）》，开封：河南教育出版社，1993 年，第 1076 页。
⑥ （宋）徐松等辑：《宋会要辑稿》刑法 3 之 5、6，北京：中华书局影印本，1957 年。
⑦ （宋）徐松等辑：《宋会要辑稿》食货 40 之 17，北京：中华书局影印本，1957 年。
⑧ （宋）徐松等辑：《宋会要辑稿》食货 70 之 69，北京：中华书局影印本，1957 年。
⑨ 见王仲荦遗著，郑宜秀整理：《金泥玉屑丛考》卷 10《宋物价考》，北京：中华书局，1998 年，第 299 页。
⑩ （宋）徐松等辑：《宋会要辑稿》食货 9 之 4。
⑪ （宋）徐松等辑：《宋会要辑稿》食货 70 之 87。

安闺饰"如瘦金莲方，莹面丸，遍体香，皆自北传南者"[①]。又《宋史·张运传》载，绍兴年间，"户部所储三佛齐国所贡乳香九万一千五百斤，直可百二十余万缗"[②]。从当时香的贸易情况看，其香药不少于 100 种[③]，主要品种有胡椒、乳香、龙涎香、苏合油、沉香、檀香、安息香、龙脑等。由于香药为奢侈性消费品，有一"焚"千金之说，其价格通常比一般生活消费品都高。[④] 当然，因香药的等级不同，价格差别极大，如"诸香中龙涎最贵重，广州市每两不下百千（即 10 万缗，引者注），次等五、六十千"[⑤]。在诸香之中，乳香既可入药，也可用作香料，特别是普遍用于道场科醮，"乳香一色，客算尤广"[⑥]，故其价格相对比较低廉。在此，因杨辉所举香"每 3 两价 4 贯 100 文"，不明具体品种，故笔者只能从南宋香价的实际情况分析，估计应为士民消费的如黑塌香、乳香等一类普通香药。即使这样，与《中书备对》所记载的北宋部分香价相比，价格也增加了 20 至 40 倍。例如，北宋时黑塌香每斤 1.6 贯，宋代 1 斤等于 16 两，则每两 0.1 贯；四色瓶香平均每斤价格 3.5 贯，每两约 0.2 贯；乳香每斤平均价格 1.8 贯，每两约为 0.11 贯。[⑦] 而北宋末年龙涎香价格则高得惊人，据《张氏可书》记载，二钱真龙涎香（由真甲鲸肠中分泌物干燥而成的一种香料）在北宋末已卖到 30 万缗，即 300 贯的价格。[⑧]

至于银价，到南宋隆兴以后，其每两价格多维持在 3 贯 300 文左右。例如，《宋会要辑稿》载，乾道五年（1169 年），杭州官价每两银价值三千二百（即 3 贯 200 文）至三千三百（即 3 贯 300 文）[⑨]；乾道八年（1172 年），每两银价值三千六百。[⑩] 端平元年（1236 年），泉州每两银价值三千四百六十文[⑪]，等等，与上述杨辉算题所言银"每两三贯四百文"较为接近。从这个角度看，杨辉算题确实是以南宋中后期社会现实生活的真实状况为其算题的基本素材的。

以麦的价格变化为例，杨辉算题揭示了南宋粮价变化出现巨差的经济现象，如前举第（1）例"麦每石一贯一百六十文"，而第（6）例则变为"麦一百七十一石，每石二贯七百三十"，它说明南宋的粮食价格在不同的时间段里波动和起伏较大。不过，由于宋金及宋蒙（元）交战及政治腐败等原因，南宋各地虽然在不同时间段里麦的价格有高有低，走势

① 佚名氏：《枫窗小椟》卷上，金沛霖主编：《四库全书子部精要》下，天津：天津古籍出版社；北京：中国世界语出版社，1998 年，第 754 页。
② 《宋史》卷 404《张运传》，北京：中华书局，1985 年，第 12220 页。
③ 漆侠：《中国经济通史·宋》下，北京：经济日报出版社，2007 年，第 797 页。
④ 关履权：《宋代广州香药贸易史述》，关履权：《两宋史论》，郑州：中州书画社，1983 年，第 238 页。
⑤ （宋）张世南撰；张茂鹏点校：《游宦纪闻》卷 7，北京：中华书局，1981 年，第 61 页。
⑥ （清）徐松：《宋会要辑稿》职官 44 之 17。
⑦ 杨万秀、钟卓安主编：《广州简史》，广州：广东人民出版社，1996 年，第 133 页。
⑧ （宋）张知甫：《张氏可书》，金沛霖主编：《四库全书子部精要》下，天津：天津古籍出版社；北京：中国世界语出版社，1998 年，第 801 页。
⑨ （清）徐松等辑：《宋会要辑稿》食货 96 之 11，北京：中华书局影印书，1957 年。
⑩ （清）徐松等辑：《宋会要辑稿》食货 51 之 48，北京：中华书局影印书，1957 年。
⑪ 秦子卿、任兆风等主编：《江苏历代货币史》续表引，南京：南京大学出版社，1992 年，第 670 页。

很不稳定，但从总的发展趋势和目前所见宋人的相关记载看，终南宋一代，麦价逐渐走高却是事实。比如，《鸡肋篇》卷上载，绍兴初年，江浙湖闽等地因北方人口的大量迁入，导致麦价飞涨，每石麦价值 12 000 文[①]；绍兴四年（1134 年），杭州御前军器所士卒工匠月麦"四斗八升，斗折钱二百"[②]，即每石麦价值 2000 文；乾道六年（1170 年），江浙地区的麦价为每石 3000 文[③]；嘉定元年（1208 年），浙西镇江的小麦价格为每石 4000 文[④]；淳祐八年（1248 年），江东建康府的小麦价格为每石 25 000 文[⑤]，等等。从上述引证材料看，南宋麦价呈不断上涨的趋势，这与杨辉算题的麦价变动大体一致，引证材料见前。总之，杨辉算题所给出的物价数值不是虚拟的数字，而是某个时段和某个特定经济区域曾经出现过的实际数字。因此，杨辉算题与南宋社会经济发展状况的联系比较密切，其所列举的数学题材亦具有一定的客观性和真实性。

（五）山间坡地与田亩计量

在南宋经济比较发达的地区，人口增长与土地不足的矛盾不断升级，结果导致了土地兼并恶性膨胀和苛捐杂税超过北宋的严重后果。在这种生活背景之下，大量农民被迫逃亡山区，垦山造田，以求活命。例如，南宋陈造在《垦山叟》一诗中称："家家垦田日嫌窄，荒林翳荟惜虚掷。劚荒作熟不挂籍，输官之余给衣食。"[⑥] 其非常真实和形象地描述了南宋广大农民一方面为了规避繁重的赋役而开垦山地的情形，另一方面又担心官府随时将新垦山地列入田籍的复杂心理。实际上，农民的担心不是没有道理，因为即使能规避一时，然而也总有被吏胥查根的那一天。况且由于大块的山地俱已开垦，随着山区开发的逐渐深入，留下可以围山垦田的区域越来越少，于是人们便有了"家家垦田日嫌窄"的感叹。从几何学的角度看，窄田即小块田的形式多种多样，除了传统的"直田""圆田""圭田""邪（斜）田""箕田""宛田""弧田"及"环田"之外，《田亩比类乘除捷法》中还出现了"牛角田""梭田""墙田""圭垛""梯垛""腰鼓田""鼓田""三广田""曲尺田""方箭""圆箭""箭翎田"等新的地块形状，而这些不规整的山间地块，为几何土地丈量提出了新的课题。因此，杨辉算书的显著特点之一，就是为丈量上述几何田亩提供了既简便快捷又准确可靠的算法。

例一："《台州量田图》有曲尺田，内曲十二步，外曲二十六步，两头各广七步，问田几何？答曰：一百三十三步。"解法："内曲即梯田上阔，外曲即梯田下阔，头广即梯田之长，

① （宋）庄绰：《鸡肋篇》卷上，北京：中华书局，1997 年，第 36 页。
② （元）脱脱等：《宋史》卷 194《兵志八》，北京：中华书局，1985 年，第 4846 页。
③ （清）徐松等辑：《宋会要辑稿》食货 63 之 217，北京：中华书局影印书，1957 年。
④ （宋）史弥坚等：《嘉定镇江志》卷 5《宽赋》，宋元方志丛刊本，北京：中华书局，1990 年。
⑤ （宋）周应合：《景定建康志》卷 28《立义庄》，台北：大化书局，1981 年影印本。
⑥ 潘同生编著：《中国经济诗今释》，北京：中国财政经济出版社，2000 年，第 105 页。

步术用并内外曲，得三十八步，以一头广七步乘之，折半，合问。"①

实际上，这是一道梯田面积应用题，所得积为"一百三十三步"。如众所知，宋代 1 亩等于 240 步，又 1 步等于 5 尺。按宋代官尺 31.68 厘米计算，宋代 1 亩约为 0.9 市亩。据此算得上面的曲尺田约合 0.55 宋亩，经换算后约等于 0.5 市亩。

例二："《台州量田图》有箭筈田（图 7-2），两畔各长八步，中长四步，阔十二步。问田几何？答曰：七十二步。"解法："倍中长，并两长，折半，以半阔乘之。"②

图 7-2　箭筈田示意图

箭筈田实为两个"半梯田"，此田面积计 72 步，合 0.3 宋亩，相当于 0.27 市亩。

例三："今有梭田，中阔八步，正长十二步，问田几何？答曰：四十八步。"杨辉释："《台州黄岩县围量田图》有梭田棣即二圭田相并。"③

此题有三种解法："半长乘阔"；"半阔乘长"；"长阔相乘折半"。面积"四十八步"合0.2 宋亩，相当于 0.18 市亩。

检索有关宋代台州的史志书，如《嘉定赤诚志》、清人黄瑞所辑《台州金石录》、《黄岩县志》等，虽然它们都载有台州各县的田租或亩产量，但却缺乏对山区农田开发的记载，尤其缺乏对山坡地形状和田块大小的描述，而杨辉算书则弥补了这一缺憾。另外，从上述例题中不难看出，宋代台州各地的土地利用率比较高，甚至可与宋代福建地区"虽硗确之地，耕耨殆尽"④的情形相提并论。限于史料，以往宋代经济史的研究多注重对东南山地农业生产进行质的分析和阐述，相比较而言，对其山地小块农田的管理研究显得较为薄弱。如果我们不抱偏见，那么杨辉算书将为我们进一步研究宋代东南地区山地农业的开发和山田管理提供

① （宋）杨辉：《田亩比类乘除捷法》卷上，《中国科学技术典籍通汇·数学卷（一）》，开封：河南教育出版社，1993 年，第 1082 页。
② （宋）杨辉：《田亩比类乘除捷法》卷上，《中国科学技术典籍通汇·数学卷（一）》，开封：河南教育出版社，1993 年，第 1083 页。
③ （宋）杨辉：《田亩比类乘除捷法》卷上，《中国科学技术典籍通汇·数学卷（一）》，开封：河南教育出版社，1993 年，第 1080 页。
④ 《宋史》卷 89《地理五》，北京：中华书局，1985 年，第 2210 页。

非常有价值的史料。

二、杨辉的科学创新精神

杨辉在宋元数学发展史上的崇高地位，很大一部分因素与他忠实记录和保存前人或同时代算学家的杰出成果有关。例如，杨辉在《详解九章算法纂类·序》中说：

> 昔圣宋绍兴戊辰算士荣棨谓："靖康以来，罕有旧本，间有存者，狃于末习。"向获善本，得其全经，复起于学。以魏景元四年（263 年）刘徽等，唐朝议大夫行太史令上轻车都尉李淳风等注释，圣宋右班直贾宪撰草。辉尝闻学者谓《九章》题问颇隐，法理难明，不得其门而入，于是以答参问，用草考法，因法推类，然后知斯文非古之全经也。将后贤补赘之文，修前代已废之法，删立题术。[①]

这段话把杨辉《详解九章算法》的内容和结构讲得清清楚楚，所谓"详解"实际上是在杨辉之前历代算学家对《九章算术》注释的基础上，"以答参问，用草考法"。其中，"以答参问，用草考法"既是《详解九章算法》的特点，同时又是其关键内容。就前人的研究成果而言，可以分作两个部分：刘徽和李淳风的注释；北宋算学家贾宪的术草。如众所知，《详解九章算法》以贾宪《黄帝九章算经细草》为底本。正是因为这个缘故，学界对《详解九章算法》的许多内容究竟是贾宪所为还是杨辉所作，尚存分歧。例如，有人认为，杨辉的《详解九章算法》与贾宪的《黄帝九章算经细草》相较，前者仅仅"撰解题、比类，并在前后分别补充图、乘除、纂类三卷而成"。[②] 然而，郭书春考证，"杨辉对包括《九章》本文、刘徽注、李淳风等注释以及贾宪细草的《黄帝九章算经细草》首先全部照录，然后择 80 题以为'矜式'，进行详解"，而"80 题"里"法（术）、草中大部分注释，用小字"，其中"有一些注释肯定是杨辉的"，但"许多法、草中的注释是贾宪自注"，当然"要完全区分哪些是杨辉的，哪些是贾宪的，尚需做进一步的工作"。[③]

《田亩比类乘除捷法》卷上引用前人成果更多，在圆周率方面，《周髀算经》云："数之法，出于圆方。圆出于方，方出于矩。"故"圆径一而周三，方径一而匝四"。[④] 这是中国古代最早的圆周率，两汉之际刘歆在制造"律嘉量斛"时，求得一种与"古率"不同的新的圆周率，史称"刘歆圆率"。据《隋书》载，刘歆所造量斛上有铭文曰："方尺而圆其外，庣旁九厘五毫，幂百六十二寸，深尺，积千六百二十寸，容十斗。"[⑤] 依此，算得圆周率 $\pi \approx 3.1547$。

① （宋）杨辉：《详解九章算法纂类》，《中国科学技术典籍通汇·数学卷（一）》，开封：河南教育出版社，1993 年，第 1004 页。
② 夏征农等主编：《辞海》4，上海：上海辞书出版社，2009 年，第 2502 页。
③ 郭书春：《贾宪〈黄帝九章算经细草〉初探——〈详解九章算法〉结构试析》，《自然科学史研究》1988 年第 4 期，第 332 页。
④ 赵爽注，李淳风注释：《周髀算经》卷上《勾股圆方圆》，上海：上海古籍出版社，1990 年，第 4 页。
⑤ 《隋书》卷 16《律历志上》，北京：中华书局，1987 年，第 409 页。

用今天的眼光看,"刘歆所得圆周率的数值虽不够精确,但他'制器审容'不沿用古率,这为后人寻求新率起了先导作用"[①]。以后,张衡、王蕃等虽都求得新圆率,但限于数值之粗疏,他们在历史上产生的影响都不大。期间刘徽在《九章算术注》中提出了求解圆周率的新方法,即"割圆术"。他通过求圆内接正96边形及192边形的面积,得到了下面的圆周率值:

$$3.141\,024 < \pi > 3.142\,704$$

故人们把 $\pi = 3.14$ 或 157/50,称为"徽率"。

在刘徽算法的基础上,祖冲之进一步求解,从而得到了当时世界上最好的圆周率值,即约率 $\pi = 22/7 = 3.142\,857\,1$;密率 $\pi = 355/113 = 3.141\,592\,9$;圆径率为 $3.141\,592\,6 < \pi > 3.141\,592\,7$

可惜的是,祖冲之的推算方法因《缀术》在北宋天圣年间失传而被湮没。于是,祖冲之究竟是如何求得密率的,也就成了中国古代历史上的一个不解之谜。尽管杨辉对圆周率没有新的贡献,但是他将历史上三个有代表性的圆周率,即古率、徽率和密率,用来求解圆面积算题,体现了他对前人研究成果的尊重和认可,这是一种客观的历史主义态度,值得肯定。例如,在"圆田八法"中,前六法用"三径一",其他两法分别是"密率"和"徽术"。[②]

《五曹算经》或称《五曹算法》,北周甄鸾撰,为唐宋《算经十书》之一,流传至今。与《九章算术》"方田"章相比,田亩的几何形状增加了腰鼓田、鼓田、蛇田、墙田、箫田、丘田、四不等田、覆月田和牛角田等10种新类型,加上《九章算术》原有的方田、直田、圭田、邪田、箕田、圆田、宛田、弧田和环田等9个类型,那么,宋代田亩几何类型已达19个,与之相适应,算学家必然通过寻找新的几何捷法来不断满足人们对丈量田亩的实际需要。杨辉根据南宋丈量田亩的实际经验,并结合《台州量田图》,一方面吸收了《五曹算经》中的新成果,如求解"丘田""牛角田""鼓田""腰鼓田"等方法,另一方面则在《五曹算经》的基础上,又创造了"梭田""三广田""梯梭田""圭垛田""曲尺田""方箭田""圆箭田""箭筈田""箭翎田"等新的几何田亩算法,从而将宋代田亩乘除捷法推进到了一个新的历史水平。

第二节 杨辉的科学研究方法

一、杨辉算书与中算传统

从算理与算术的历史地位来看,中国古代的数学传统与西方古希腊的数学传统有一个重

① 王宗儒编著:《古算今谈》,武汉:华中工学院出版社,1986年,第60页。
② (宋)杨辉:《田亩比类乘除算法》,《中国科学技术典籍通汇·数学卷(一)》,开封:河南教育出版社,1993年,第1077页。

要区别，那就是前者侧重于算术，而后者更侧重于算理，两者的发展进路略有不同。

至于中国古代为什么会形成重视算术（即计算方法）的传统，那无疑与中国古代的农业社会性质相关，是"以农为本"价值理念的生动体现。例如，《周髀算经》包括两项重大科学成就：一是勾股定理；二是重差术。实质上，这两项成就都是以解决农业社会的"日用"问题为目的的。《九章算术》更立"方田""粟米""商功""均输""勾股"等应用算法，注重算法与民众生活的联系，关心算法是否能够满足社会经济发展的客观需要。所以，我国先民很早就采用了先进的十进位制计数法，同时创造了操作较为方便的筹算工具，从而使十进位制计数的应用有了可靠保证。这样，中国古代数学不仅在计算技术方面领先于世界，而且"寓理于算"，形成了以构造性、程序化和机械化为特色的算法体系。[①]

（一）杨辉"乘除捷法"的个性特征

从《宋史·艺文志六》所记载的算术书目看，探讨"捷法"的著作有《五曹乘除见一捷例算法》《增成玄一算经》《求一算术化零歌》《求一算法》等，显示了宋代算法发展不同于前代的历史特点，即商业经济的兴盛与算法的简捷快速相结合，促使乘除算法走向"口诀化"和"效率化"，这是杨辉捷法产生的基本社会条件。然而，为什么宋代有那么多的"捷法"著作，仅仅《杨辉算法》流传了下来，其他均已散佚？笔者认为，除了《杨辉算法》适应了宋元以降中国古代商业经济日益发展的实际需要之外，《杨辉算法》本身所形成的以图式和口诀为算题表现形式的计算特色，也是一个不可忽视的因素。

中国古代先民以形象思维为主，这与象形文字为汉语言主要载体的思维方式有关。因此，中国古代先民更习惯于形象思维，或用李泽厚的话说，就是"实用理性思维"[②]，而不是抽象思维。如果不理解中国古代先民的这种思维特征，那么我们就很难理解为什么有的数学著作流传了下来，而有许多数学著作甚至有些杰出的数学著作则逐渐淡出人们的视野，并最终导致了被湮没于世的后果，如《缀术》传至北宋而散佚，恐怕就与该著过于注重抽象和说理的写作体例有关。所以，深谙宋代民众思维特质的杨辉则先从突破记忆障碍入手，紧紧抓住算题图式化这个将算法普及于民间的关键，大量应用和绘制各种几何图形，同时辅助以歌诀，通俗易懂，易记忆，方便计算，利于传播。例如，《田亩比类乘除捷法》上、下两卷共绘有93个图形，包括几何图形和演段，如图7-3所示。[③]

另外，将算题图形化确实有助于活跃大脑思维，提高学习效果，至今算学教学都沿承着这一传统。从这个角度讲，杨辉将"算题图形化"视为实现"乘除捷法"的重要途径，是很

---

① 陈竹茹：《破译科学的密码——中国古代数学》，北京：人民日报出版社，1995 年，第 183 页。
② 李泽厚：《中国思维是实用理性思维》，《人民日报》1986 年 3 月 14 日。
③ （宋）杨辉：《杨辉算法·田亩比类乘除捷法》，《中国科学技术典籍通汇·数学卷（一）》，开封：河南教育出版社，1993 年，第 1080 页。

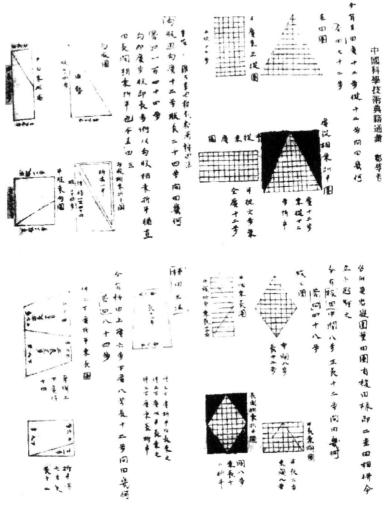

图 7-3 几何图形和演段示意图

有远见的。当然，面向社会实际，符合当时广大民众的社会认知程度，无疑是杨辉获得成功的重要条件之一。

作为一项算法传播工程，光靠算题图形化似乎还不够，因为在现实生活中存在着大量没有条件接受各种形式算学教育的劳动者，他们不通文、不识字，但是对算法的需求却十分迫切，因为他们在日常的生产和生活中时时处处离不开算学。因此，利用广大民众喜闻乐见的歌谣，将算题方法变成一首首歌诀，就成为宋代算学家必须面对的实际问题。杨辉不愧为民间数学传播之大师，他在推广乘除捷法的实践过程中，充分吸取民间歌诀的艺术营养，将宋代比较先进的乘除算法改造为一首又一首朗朗上口的歌诀，这实质上就成了杨辉算法的又一个性特征。例如，《乘除通变算宝》中的"九归口诀"是中国古代算书中的最早记录，同时，杨辉以八十三归和六十九归为例，把九归法"推广到多位数除法，形成一种特殊的撞十数除法"①。《法算取用本末》中的"加因代乘三百题"和"归减代除三百题"虽然都是程序性的知识，甚至对某些习算者来说有多此一举之嫌，但就文化水平相对不高的广大工、农、商界的民众而言，加强程序性知识的训练，很有必要。事实上，杨辉练习"三百题"的用意和目的就在于："若猝然承题，为见取法之隙，用乘、除为便，或日用定数，当立折变为捷，是皆得其宜也。"②

总而言之，在杨辉看来，对习算者进行"加因代乘三百题"和"归减代除三百题"的反复训练，是实现乘除捷法的一个重要步骤。

（二）杨辉的算法"构造"及其思想

贾宪三角是杨辉《详解九章算法》中最有价值的算法成就。从算法构造的角度来看，"增乘法"是贾宪三角的基础。由于学界对贾宪三角的构造及其应用已有诸多研究成果③，在此不赘述。

纵横图，又名幻方，其源可追溯到汉代的《大戴礼记》。其文云：明堂者古有之也，记用九室，"二九四，七五三，六一八"④。然而，古代明堂究竟是如何体现"九宫"数学思想的本质的，汉代的算学家尚不明了。至北周甄鸾注《数术记遗》中的"九宫算"时，才对"九宫图"的构造方法作了阐释。他说："九宫者，即二、四为肩，六、八为足，左三、右七，戴九、履一，五居中央。"⑤ 具体如图7-4所示。⑥

经过研究，杨辉发现了"九宫图"实为一个三阶幻方的构造规律或称填法，即"九子斜排，上下对易，左右相更，思维挺出"⑦。一般地，凡具有等差连续的9个数都可以构造三阶幻方。当然，分别用不同的9个数来构造三阶幻方，其幻和是不一样的。⑧以此为基础，杨辉又给出了四阶、五阶、六阶、七阶、八阶、九阶及十阶幻方，共19例。如构造五阶幻方，按照杨辉的方法：先将1—25个自然数依次斜排，如图7-5所示，然后，将以11，3，15和23为顶点所限定的正方形外上、下、左、右4块（各包含3个元素）分别平行移动，

① 汪亚森、郁祖权编著：《珠算撞十数新编》，合肥：安徽教育出版社，1988年，第93页。
② （宋）杨辉：《杨辉算法·算法取用本末》，《中国科学技术典籍通汇·数学卷（一）》，开封：河南教育出版社，1993年，第1062页。
③ 傅海伦：《传统文化与数学机械化》，北京：科学出版社，2003年，第109页；张肇祥《将贾宪三角关系推广到三维空间图形》，《中等数学》1985年第1期，第11—12页；袁小明等编著：《中华数学之光》，长沙：湖南教育出版社，1999年，第180—183页；吴立宝等：《"杨辉三角"的几种变体》，《唐山师范学院学报》2008年第2期，第41—43页；李坤生《杨辉三角的推广和应用》，《数学教学》1988年第1期，第35—39页。
④ （汉）戴德撰，（北周）卢辩注：《大戴礼记》卷8，文渊阁《四库全书》本。
⑤ （汉）甄鸾注：《数术记遗》，郭书春、刘钝点校：《算经十书》，沈阳：辽宁教育出版社，1998年，第5页。
⑥ （宋）杨辉：《续古摘奇算法》卷上《纵横图》，《中国科学技术典籍通汇·数学卷（一）》，开封：河南教育出版社，1993年，第1096页。
⑦ （宋）杨辉：《续古摘奇算法》卷上《纵横图》，《中国科学技术典籍通汇·数学卷（一）》，开封：河南教育出版社，1993年，第1096页。
⑧ 任道勤：《三阶幻方如何构造》，《数理天地（初中版）》2009年第1期，第17页。

最后，再经"上下对易，左右相更"的变换，则结果如图 7-6 所示。[①]

图 7-4　九宫图

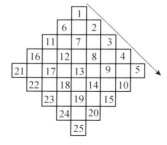

图 7-5　自然数 1—25 按序排列图

11	24	7	20	3
4	12	25	8	16
17	5	13	21	9
10	18	1	14	22
23	6	19	2	15

图 7-6　奇数阶自然方阵图

　　今天，我们知道，构造幻方的主要方法有连续摆数法、幻方模式、奇偶数分开的菱形法、拉伊尔法（基方、根方合成法）、对称法、对角线法、阶梯法（楼梯法）、比例放大法、斯特雷奇法、LUX 法、镶边法和相乘法等，可是，在杨辉那个时代，构造高阶幻方是有很大难度的。正是从这个角度出发，法国数学家贝尔热称中国古代具有深厚的组合数学思想。[②] 而新加坡的蓝丽蓉在英文版《杨辉算法》（1977 年，新加坡大学出版社）中对杨辉诸多未给出构造法的幻方，如攒九图、聚五图、聚六图、聚八图、八阵图等，都提出了自己的独到见解，发前人之未发。其中，经蓝丽蓉仔细推敲，发现现存刻本所记"聚六图"的元素备舛误了。[③]

① 沈康身：《历史数学名题赏析》，上海：上海教育出版社，2002 年，第 875 页。
② 参见刘建军：《组合学思想的东方起源》，《西北大学学报（自然学科版）》2001 年第 5 期，第 457—460 页。
③ 吴文俊主编，沈康身主编：《中国数学史大系》第 5 卷《两宋》，北京：北京师范大学出版社，2000 年，第 708 页。

至于 n 阶幻方的总数目究竟有多少，这是一个令人非常纠结的问题。因为即使使用计算机来做这项工作，目前也只能完成 $n \leqslant 5$ 阶幻方，当 $n > 5$ 时，幻方的具体个数就搞不清楚了。例如，当 $n=3$ 时，基本幻方仅有 1 个，然其同构幻方却有 8 个；当 $n=4$ 时，基本幻方有 880 个，其同构幻方则有 7040 个；当 $n=5$ 时，基本幻方即有 275 305 224 个，可以想象，它的同构幻方简直就是一个天文数字了。[①]

二、杨辉的"求理"与"变通"方法

以幻方为例，刘辑熙在《奇妙的幻方》一书中谈到了构造幻方的经验，最终仅归结为一句话，那就是"必须独立思考"[②]。龚春燕则撰写了《从幻方构造谈创新学习思维》（西藏人民出版社，2005 年）一书，把"幻方构造"与创新思维联系起来，足见杨辉幻方深远的科学意义和在激发科学创新方面的特殊价值。

（一）在"求理"中独立思考

所谓"求理"，实际上就是探讨和寻找事物存在和发展的客观规律，虽然宋人"求理"的具体内含尚待进一步分辨与明晰，但"理"内指自然规律这一意向却十分肯定和明确。[③] 我们知道，杨辉谈"理"的话语并不多，然而他从算法的角度认识和解读"理"，给人的启发最为显著。例如，他在《乘除变通算宝》卷中"算无定法详说"里，提出了一个非常重要的数学思想，即"算无定法，惟理是用"[④]，他又说"既论小法，当尽其理"。[⑤] 在这里，"理"系指事物存在和发展的本质，而"算法"则是表现事物本质的外在形式，寓法于理。形式反映和体现本质的途径比较多，所以很难用一种算法去全面地体现"算理"。像上面讲到的杨辉幻方，仅五阶幻方的基本幻方就有 275 305 224 个，因此，五阶幻方的求解途径非常多。可惜的是，杨辉未能给出五阶幻方的一般形式，或称包含基本幻方于一体的"算理"。不过，我们只要从不同的角度来看待这个问题，就会发现杨辉的真心用意之可贵了。杨辉算法的用心在于算法的传播和培养学者的自我创新能力，所以他正是以算法的多样性为突破口，试图对传统算学中的保守思想进行大胆的改造和修正，从而推动中国古代算法迅速地由筹算阶段向珠算阶段转化。

当然，如前所述，尽管能够体现杨辉独立思考精神的方面比较多，但是如果择其最显著的表现，那么，在笔者看来，就是他敢于对前人的错误观点进行批判和驳正。

---

① 吴鹤龄：《"纵横图"纵横谈》，《中国幻方》第 1 期，香港：天马图书有限公司，2006 年，第 16 页。
② 刘辑熙：《奇妙的幻方》，重庆：重庆大学出版社，1996 年，第 139 页。
③ 蒙培元：《理学范畴系统》，北京：人民出版社，1998 年，第 11—17 页。
④ （宋）杨辉：《乘除通变算宝》卷中，《中国科学技术典籍通汇·数学卷（一）》，开封：河南教育出版社，1993 年，第 1060 页。
⑤ （宋）杨辉：《法算取用本末》卷下，《中国科学技术典籍通汇·数学卷（一）》，开封：河南教育出版社，1993 年，第 1071 页。

（1）杨辉对李淳风、刘益等不明"重差"奥旨学风的批判。"重差术"本是《九章算术·勾股章》中最后几道算题，它们都是关于计算城池、山高与井深之类的测量问题，故刘徽将其称为"重差术"，并作为一卷，附于《九章算术》之后。唐初刊刻《算经十书》时，将"重差术"从《九章算术》中独立出来，改名为《海岛算经》。那么，作为《算经十书》之一的《海岛算经》，是否对刘徽"重差术"的原旨已经认识得比较清楚了呢？杨辉认为，唐代算学家对"重差术"的认识远远没有达到阐幽发微的程度。所以，他说：

> 《海岛》去表为之篇首，因以名之，实《九章·勾股》之遗法也。迄今暨余载间，唐李淳风而续算草，未问解白作法之旨者。辉尝置海岛小图于座右，乃见先贤作法之万一。若欲尽传，岂不轻易秘旨。或不传流，亦无以伸前贤之美。本经题目广远，难于引证，学者非之，今将孙子度影量竿题问，引用详解，以验小图。姑以一问，其余好学君子自能触类而考，何必经传。①

《算法通变本末》卷上又说：

> 海岛题法，隐奥莫得其秘。李淳风虽注只云下法，亦不曾说其源。《议古根源》元无细草，但依术演算，亦不知其旨。②

杨辉认为，李淳风和刘益之所以不能阐明"重差术"之奥旨，主要是因为他们没有抓住重点，不懂得举一反三的算术要领。从这个层面讲，杨辉算法思想的核心还在于方法的创新。追求算法的多样性自古以来就是中算家所努力奋斗的目标，从《九章算术》中的"开方术"到《黄帝九章算经细草》中的"增乘开方法"，再到《数书九章》中的"正负术"，我们看到了中国古代解方程术的不断进步和不断更新。如果再回到上面"重差术"的话题，那么"由天上回到地面的重差术，真正突显了它是一套优美的几何方法，而向下影响了天元术的发展，成为中国古典数学中一条不容忽视的脉络"③。

（2）杨辉对古本《黄帝九章》分类法的质疑和重编。杨辉在《详解九章算法纂类·九章互见目录》里给出了"古本二百四十六问"的章目和内容结构：

> 方田三十八问，并乘除问：粟米四十六问，乘除六问，互换三十一，分率九问；衰分二十问，互换十一，衰分九问；少广二十四问，合率十一，勾股十三；商功二十八问，叠积二十七，勾股一问；均输二十八问，互换十一，合率八问，均输九问；盈不足二十四问，互换三问，分率四问，合率一问，盈朒十一，方程一问；方程一十八问，并本章

① （宋）杨辉：《续古摘奇算法》，《中国科学技术典籍通汇·数学卷（一）》，开封：河南教育出版社，1993年，第1113—1114页。
② （宋）杨辉：《算法通变本末》，《中国科学技术典籍通汇·数学卷（一）》，开封：河南教育出版社，1993年，第1049页。
③ 李国伟：《从单表到双表——重差术的方法论研究》，《中国科技史论文集》，台北：联经出版公司，1995年，第90页。

问；勾股二十四问，并本章问。[①]

杨辉通过以上分解，认为古本《九章算术》"亦不得其真"，且"作者题问不归章次"，所以他按"类题"即"以物理分章"[②]对《九章算术》进行了重新编排。其章目和内容结构如下：

> 乘除四十一问，方田三十八，粟米三问；除率九问，粟米五问，盈不足四；合率二十问，少广章十一，均输章八问，盈不足一问；互换六十三问，粟米三十八，衰分十一，均输十一，盈朒三问；衰分一十八问，本章九问，均输九问；叠积二十七问，并商功章；盈不足十一问，并本章；方程一十九问，盈朒一问，本章一十八问；勾股三十八问，少广十三，商功一问，本章二十四。[③]

杨辉此举绝不是盲目和冲动之所为，而是经过深思熟虑，并结合南宋算法发展的历史实际，对传统算法诸术的一次整合，当然，这对传统算法理论而言也是一次升华。所以，杨辉重新分类后的《黄帝九章》，体系更合理，结构亦更趋于严谨。[④]

（3）杨辉应用逻辑法则对《五曹算经》谬误的驳正。《田亩比类乘除捷法》开篇即"《五曹》刊误三题"，而杨辉在刊误的思维过程中，巧妙地应用了逻辑法则中的"矛盾律"和"排中律"。

第一题："方田正中有桑，斜至隅一百四十七步。问：田几何？合计一百八十亩一十八步。"杨辉评论说："《五曹》法误答一百八十三亩一百八十步。《五曹》术以二乘桑至隅，步乃取田之余斜也。以五乘七除即方五七斜之义，所以误合前数，不可用方五斜七之法。方五斜七仅可施于尺寸之间，其可用于百亩之外！"[⑤] 在这里，杨辉的批评是正确的。因为"方五斜七"仅仅是一个近似值，它与真值相矛盾。因此，杨辉正误："本法，当二乘隅为方田之法，步自乘，折半，开平方，除之，取田方一面之数，以方自乘，即得所答。"[⑥] 用现代数学式表达，则为 $S = (\sqrt{(147 \times 2)^2 \div 2})^2 \div 240 = 147^2 \times 2 \div 240 = 180$ 亩18方步。而按照《五曹算经》的算法，则 $S = [(147 \times 2) \times 5 \div 7]^2 \div 240 = 183$ 亩75方步。显然，若依"方五斜七之说"，那么，单位正方形的斜边平方就等于 $(7/5)^2 = 1.96$，此与单位正方形的斜边平方等于 $(\sqrt{2})^2 = 2$ 的

---

① （宋）杨辉：《详解九章算法纂类·九章互见目录》，《中国科学技术典籍通汇·数学卷（一）》，开封：河南教育出版社，1993年，第1004—1005页。

② （宋）杨辉：《详解九章算法纂类·九章互见目录》，《中国科学技术典籍通汇·数学卷（一）》，开封：河南教育出版社，1993年，第1004—1005页。

③ （宋）杨辉：《详解九章算法纂类》，《中国科学技术典籍通汇·数学卷（一）》，开封：河南教育出版社，1993年，第1005页。

④ 严敦杰有不同的意见，他说："杨辉的分类法拿今天的要求看是有缺点。表现在分类上还欠合理，如以开方术放在勾股章内即是。"（钱宝琮等：《宋元数学史论文集》，北京：科学出版社，1966年，第156页）

⑤ （宋）杨辉：《田亩比类乘除捷法》卷下，《中国科学技术典籍通汇·数学卷（一）》，开封：河南教育出版社，1993年，第1084页。

⑥ （宋）杨辉：《田亩比类乘除捷法》卷下，《中国科学技术典籍通汇·数学卷（一）》，开封：河南教育出版社，1993年，第1084页。

正确值相矛盾。

第二题："墙方田围一十步，问田几何？答曰：二百六十亩一百步。"①如杨辉在《田亩比类乘除捷法》卷上所说，墙田即半梯田。②据此，杨辉认为，"田形既方，不当曰'墙田'。只当直云'方田'"③。由于理解的错误，导致《五曹算经》的算法不当，所得结果自然不合题意。在杨辉看来，通过已给周长这个条件，无法得出长方形面积；因为已给周长若是一个正方形，则题设时必须明确这个先决条件。在这里，正方形与长方形二者必居其一，没有第三种形状出现的可能。

第三题："四不等田东三十五步，西四十五步，南二十五步，北一十五步。问：田几何？答曰：三百八十步。"④对于这个计算结果，杨辉予以否定。他认为，"田围四面不等者，必有斜步，然斜步岂可作正步相并"⑤。因为"四不等田"的情形比较复杂，杨辉仅仅给出了四边分割图形分别为一梯形与一直角三角形的面积。既然"四不等田"不是"四等田"，那么《五曹算经》用求"四等田"面积的方法来求解"四不等田"的面积，肯定不能得出正确结果。因此，"杨辉在原答后所写的'非'字体现他的排中律思想。就逻辑手段说是正确的"。⑥而且，"杨辉对《五曹算经》予以批评，这种在数学著述中对以前著作进行批评，是杨辉前历来算书中所少见的，这也开后来明代王文素、程大位对前辈算家批判之风"⑦。

（二）在"变通"中超越前贤

中国古代算法的发展历史证明，任何算法都是相对的、可变的，所以杨辉提出了"算法无定，惟理是用"（引文出处见前）的思想。具体来讲，杨辉的"变通"思想主要体现为以下几个方面。

（1）增加新题例以体现社会历史的时空变迁。杨辉在《详解九章算法》中，将原本属于《九章算术》的内容进行分类扩充，主要包括原题、新题、解题、图、草、比类、总说及注释诸项，其中"新题"为原题所没有的内容，而通过增补"新题"，使《九章算术》具有了更强的时代性和实用性。例如，"今有勾六步，股十二步。问：容方几何？答曰：四步。解

---

① （宋）杨辉：《田亩比类乘除捷法》卷下，《中国科学技术典籍通汇·数学卷（一）》，开封：河南教育出版社，1993年，第1084页。
② （宋）杨辉：《田亩比类乘除捷法》卷上，《中国科学技术典籍通汇·数学卷（一）》，开封：河南教育出版社，1993年，第1081页。
③ （宋）杨辉：《田亩比类乘除捷法》卷下，《中国科学技术典籍通汇·数学卷（一）》，开封：河南教育出版社，1993年，第1084页。
④ （宋）杨辉：《田亩比类乘除捷法》卷下，《中国科学技术典籍通汇·数学卷（一）》，开封：河南教育出版社，1993年，第1084页。
⑤ （宋）杨辉：《田亩比类乘除捷法》卷下，《中国科学技术典籍通汇·数学卷（一）》，开封：河南教育出版社，1993年，第1084页。
⑥ 吴文俊主编，沈康身主编：《中国数学史大系》第5卷《两宋》，北京：北京师范大学出版社，2000年，第650页。
⑦ 严敦杰：《宋杨辉算书考》，钱宝琮等：《宋元数学史论文集》，北京：科学出版社，1966年，第160页。

题：勾中容方，右题勾五股十二，答：容方三步十七分步之九，有分子，难验其图。"[①] 但杨辉根据勾中容方图，十分直观地道出了此题的求积原理："容方白积十六，与容直黑积十六等。"[②] 这是对"出入相补原理"一种新的阐释。

《算法通变本末》卷中有"九归新旧题括"，显示了杨辉以新更旧的数学"变通"思想，特色突出。如众所知，古代筹算除法从商除发展到归除，其中增成法、九归旧括及九归新括是三个非常重要的环节。作为一种新的算法，杨辉在"九归详说"中述：

> 一位为法为除，则用九归代之，若两三位商除，自合伸引归法取用。今人以第一位用归，以第二位、第三位仍用商除，是一题涉二法也。原九归古括，初未尝拘二至九而已。辉尝原作术本意而为歌括，凡二位除者，亦可用混然归法，不必归而又商除。[③]

宋代归除法已经由一位归法发展到二、三位归法，当时人们习惯于将归法用来计算一位数除法，而对于多位数除法则是归法与除法并用。在归除法没有出现的时候，人们用"求一法"来计算首位数不是"1"的多位数除法，运算过程比较繁复。当归除法出现后，虽然多位数除法的运算过程被简化了，但是口诀仅仅四句，即"归数求成十，归除自上加，半而为五计，定位退无差"[④]，操作起来有一定的难度。于是，以推进乘除捷法为己任的杨辉，根据南宋算学积累的经验，把九归旧括进一步细化，并编成九归新括三十二句。

第一，变旧括"归数求成十"一句为新括八句："九归：遇九成十；八归：遇八成十；七归：遇七成十；六归：遇六成十；五归：遇五成十；四归：遇四成十；三归：遇三成十；二归：遇二成十。"

第二，变旧括"归除自上加"一句为新括十六句："九归：见一下一，见二下二，见三下三，见四下四；八归：见一下二，见二下四，见三下六；七归：见一下三，见二下六，见三下十二，即九；六归：见一下四，见二下十八，即八；五归：见一作二，见二作四；四归：见一下十二，即六；三归：见一下二十一，即七。"

第三，变旧括"半而为五计"一句为新括八句："九归：见四五作五；八归：见四作五；七归：见三五作五；六归：见三作五；五归：见二五作五；四归：见二作五；三归：见一五作五；二归：见一作五。"

第四，变旧括"定位退无差"一句为新括四句："商除于斗上定石者，今石上定斗；商除人上得文者，今人上定十。"[⑤]

从记诵的角度看，九归新括尚待进一步简化，而且对那些"归不得"的除法也没有提出

① （宋）杨辉：《详解九章算法》，《中国科学技术典籍通汇·数学卷（一）》，开封：河南教育出版社，1993 年，第 981 页。
② （宋）杨辉：《详解九章算法》，《中国科学技术典籍通汇·数学卷（一）》，开封：河南教育出版社，1993 年，第 981 页。
③ （宋）杨辉：《算法变通本末》卷中，《中国科学技术典籍通汇·数学卷（一）》，开封：河南教育出版社，1993 年，第 1059 页。
④ （宋）杨辉：《算法变通本末》卷中，《中国科学技术典籍通汇·数学卷（一）》，开封：河南教育出版社，1993 年，第 1059 页。
⑤ （宋）杨辉：《算法变通本末》卷中，《中国科学技术典籍通汇·数学卷（一）》，开封：河南教育出版社，1993 年，第 1059 页。

具体的解决办法。这些现象表明，杨辉的九归新括还不够完备，但是"用九归新括计算除法，可以用口诀定商，改变了商除用心算定商的算法"[1]，同时还给出了 83 归和 69 归两个题例，因而成为现代珠算归除口诀的先声。杨辉在总结自己创造九归新括的经验体会时说：

> 夫算之数，起于九九；制算之法，出自乘除。法首从一者，则为加为减；题式无一者，则乃折乃倍；以上加名九归，以下损名下乘。并副乘除羽翼、算家之妙。学者唯知有加减归损之术，而不知伸引变之用。[2]

一言以蔽之，"伸引变之用"即是杨辉编撰《乘除通变算宝》的原动力。

（2）从片面到全面，创立了"垛积术"这一新的数学分支。北宋沈括在《梦溪笔谈》中讲到了"隙积术"："隙积者，谓积之有隙者，如累棋、层坛，及酒家积罂之类，虽（以）[似]覆斗，缘有刻缺及虚隙之处，用'刍童法'求之，常失于数少。余思而得之，用'刍童法'为上行、下行别列：下广以上广减之，余者以高乘之，六而一，并入上行。"[3]用现代数学式表示，则为

$$V=n/6\left[(2b+d)a+(2d+b)c\right]+n/6(c-a)$$

式中，a 是上宽，c 是下宽，b 是上宽的长，n 是高。

可以肯定，沈括的思想无疑成为此后人们研究垛积术问题的开端。然而，沈括的隙积术仅仅建立在比较隙积与刍童异同的前提之下，没有将其推广到各类多面体的体积公式之中。杨辉则不同，他发现各种多面体体积公式都与垛积术之间存在着客观的内在联系。于是，杨辉除了在《详解九章算法》之方亭、方锥、堑堵、刍童及鳖臑等题例后分别给出相应的垛积问题和公式外，还在《杨辉算法》里探讨了圆箭、方箭、圭垛、梯垛、三角垛及四隅垛等高阶等差数列的求和问题，所以"在杨辉这里，垛积术得到比较全面的研究，已经形成一个数学分支的雏形"[4]。在此之后，元代朱世杰在《四元玉鉴》中更是把级数求和问题推进到了中国古代历史的最高峰。

（3）通过扩大算题的应用范围，使中国传统的"比类"思想在新的历史条件下获得进一步发展。中国的类比思想源远流长，如果从比较系统化的理论形态审视，至少在《墨子·小取篇》中就形成了"以类取，以类予"的类比逻辑思想。其中，"以类予"又具体分为辟、侔、援、推 4 种类比推理的论式，《墨子·小取篇》云：

> 辟也者，举他物而以明之也。侔也者，比辟而俱行也。援也者，曰："子然，我奚

① 华印椿编著：《中国珠算史稿》，北京：中国财政经济出版社，1987 年，第 250 页。
② （宋）杨辉：《乘除通变算宝·序》，《中国科学技术典籍通汇·数学卷（一）》，开封：河南教育出版社，1993 年，第 1047 页。
③ （宋）沈括著，侯真平校点：《梦溪笔谈》卷 18《技艺》，长沙：岳麓书社，1998 年，第 143—144 页。
④ 郭金彬、孔国平：《中国传统数学思想史》，北京：科学出版社，2007 年，第 225 页。

独不可以然也？”推也者，以其“所不取之”，同于“其所取者”，予之也。[①]

　　关于《墨子》中的逻辑类比思想，学界已有比较丰硕的研究成果[②]，在此不详述。在此，需要强调的是，《九章算术》刘徽注继承和发展了墨家逻辑的“类比”推理理论，以“类以合类”为其方法论基础，并将其广泛应用于“九类”（即方田、粟米、衰分、少广、商功、均输、盈不足、方程及勾股）应用算题的注释与论证之中，“至此，中国传统数学在《九章算术》所构筑框架的基础上建立起了理论体系”[③]。我们知道，“类比”法是一种有助于发现新成果和新定理的数学学习方法，更是一种积极的创造性思维方法。《九章算术》有一个十分突出的逻辑特色，即它按解决问题的不同数学方法进行归纳，并从这些方法中提炼出数学模型，具体地讲，就是各章都先从相应的社会实践中选择具有典型意义的现实原型，并把它们表述成范式，由此把数学抽象的层次推进到一个新阶段。杨辉在《详解九章算法纂类·序》中说：“辉常闻学者谓《九章》题问，颇隐法理难明不得其门而入。于是以答参问，用草考法，因法推类。”[④] 在这里，杨辉的“因法推类”尤其注重推类证明方法的程序性和机械性。例如，贾宪的“开方作法本源”方法不仅具有很强的递推性和机械性，而且具有很强的演绎性和程序性。[⑤] 除了深度，杨辉的“因法推类”还有广度，例如，他在《田亩比类乘除捷法》中以“直田法”为轴心，由田亩求法进而扩展到铜砣、纱定、匠工等社会经济领域，把同一算题以“模”的形式应用于不同的实际生活方面，遂成为杨辉算法思想的一个重要特色。

　　① 《墨子·小取篇》。
　　② 主要成果有：梁启超：《墨子学案》，上海：商务印书馆，1921 年；胡国珏：《〈墨子·小取篇〉解》，《哲学》1930 年第 7 期，第 67—91 页；栾调甫：《墨子科学》，《国学汇编》1932 年第 1 期，见氏著《墨子研究论文集》，北京：人民出版社，1957 年，第 69 页；汪奠基：《略论中国古代“推类”及“连珠式”》，《中国逻辑思想论文选》，1980 年，第 87—92 页；詹剑锋：《墨子及墨家研究》，武汉：华中师范大学出版社，2007 年；邹大海：《墨家和名家的不可分量思想与运动观》，《汉学研究》2001 年第 6 期，第 47—74 页。
　　③ 傅海伦、郭书春：《“为数学而数学”——刘徽科学价值观探析》，《自然辩证法通讯》2003 年第 1 期，第 73—74 页。
　　④ 孔凡哲、张怡等：《教科书研究方法质量保障研究》，长春：东北师范大学出版社，2007 年，第 134 页。
　　⑤ （宋）杨辉：《详解九章算法纂类》，《中国科学技术典籍通汇·数学卷（一）》，开封：河南教育出版社，1993 年，第 1004 页。

第八章 杨辉算书与南宋社会

算学发展不能脱离社会生活实际，这是中国传统数学的基本特征，当然也是杨辉算学的生命元素。无论《详解九章算法》还是《杨辉算法》，每道算题都是对某个社会生活问题的提炼和抽象，因此，杨辉算书十分贴近民众的日用生活，这应是杨辉诸种算书得以世代流传的根本原因。

第一节 杨辉算书与南宋社会的物质文化

一、南宋的区域文化地理与杨辉算书

与北宋相比，南宋的国土面积更加狭小。《宋史·地理志·序》云："高宗苍黄渡江，驻跸吴会，中原、侠右尽入金，东划长、淮，西割商、秦之半，以散关为界，其所存者两浙、两淮、江东西、湖南北、西蜀、福建、广东、广西十五路而已。"[①] 由于北宋、南宋区域经济发展程度的差异，经过唐中叶以后，江南地区遂成为新的经济生长区域，其经济地位越来越重要，至南宋时则已变成国之命脉，故时人有"苏湖熟，天下足"[②]或"苏常熟，天下足"[③]的谚语。同时，随着北方士人的大量南迁，江浙亦成为人才密集区，如江苏区，则"平江、常、润、湖、杭、明、越号为士大夫渊薮，天下俊贤多避地于此"[④]；浙江区更是"四方之民云集两浙，百倍常时"[⑤]，一方面，这里"昔之曰江、曰湖、曰草荡者，今皆田也"[⑥]，台州、明州等甚至出现了"无寸土不耕"[⑦]的现象，伴随着人口的大量增加，土地的开发和利用进

---

① 《宋史》卷 85《地理志》，北京：中华书局，1985 年，第 2096 页。
② （宋）叶绍翁：《四朝闻见录》卷 2《函韩首》，文渊阁《四库全书》本；吴泳：《鹤林集》卷 39《隆兴府劝农文》，文渊阁《四库全书》本。
③ （宋）陆游：《渭南文集》卷 20《常州奔牛闸记》，《四部丛刊》本。
④ （宋）李心传：《建炎以来系年要录》卷 20"建炎三年二月庚午"，北京：中华书局，1988 年，第 405 页。
⑤ （宋）李心传：《建炎以来系年要录》卷 158"绍兴十八年十二月己巳"，台北：文海出版社，1969 年影印本，第 5037 页。
⑥ （宋）卫泾：《后乐集》卷 13《论围田割子》，文渊阁《四库全书》本。
⑦ （宋）黄震：《黄氏日抄》卷 78《咸淳八年春劝农文》，文渊阁《四库全书》本。

入了一个新的历史大发展阶段；另一方面，"中原正气，群具一隅"，此"一隅"系指两浙，故"孔端友负孔子圣像而居衢县，号称南宋；颜复家石门，子孙自为家落，号陋巷村；孟载扈跸临安，而家诸暨，吕明中人卜居婺州，得中原文献之传，生子东莱，既为浙东理学之宗，更开浙江史渐"①。这样，江浙就形成了南宋十分独特的区域地理文化环境，而杨辉算法正是在上述区域地理文化环境中逐渐形成和发展起来的。

（一）数学文献的收集、整理与刊刻

宋代刻版印刷业非常发达，随着经济和文化重心的南移，在杭州、福建、四川形成三大刻书中心，但三者的地位略有不同，其中，"天下印书以杭州为上，蜀本次之，福建最下"。②宋代浙江雕版刻书分官刻书、书坊刻和私家刻书，而临安陈起父子的书坊刻书，技艺最精，故叶德辉说："南宋临安业书者，以陈姓为著。诸家藏书志、目、记、跋载：睦亲坊棚北大街陈解元或陈道人，或陈宅书籍铺刊行。"③靖康之后，尽管算学被废置不理，但民间习算者并没有因此而中断对中国古代算学的继承。比如，前揭荣棨在临安镂版贾宪撰写的《黄帝九章算经细草》，钱宝琮称此举为"浙省刻行算书之嚆矢"④。

杨辉数学成就的取得，固然原因很多，但是他充分利用了浙地区比较丰富的数学文献资源，应是主要的原因之一。除杨辉以贾宪《黄帝九章算经细草》为底本，编撰了《详解九章算法》之外，《杨辉算法》用到的宋代刊刻的数学著述主要有《议古根源》《五曹算经》《台州黄岩县围量田图》《台州量田图》《夏侯阳算经》《张丘建算经》《辨古通源》《孙子算经》《指南算法》《钤经》《谢经算术》《海岛算经》等。关于当时数学文献的刊刻，《畴人传》述云：

> 杨辉著《续古摘奇算法》，古言今算书。元丰七年，刊入秘书省，又刻于汀州学校者十书，曰《黄帝九章》、《周髀算经》、《五经算法》、《海岛算经》、《孙子算经》、《张邱建算经》、《五曹算法》、《缉古算法》、《夏侯算法》、《算术记遗》。元丰、绍兴、淳熙以来刊刻者，有《议古根源》、《益古算法》、《明古算法》、《辩古算法》、《明源算法》、《金科算法》、《指南算法》、《应用算法》、《曹康算法》、《贾宪九章》、《通征集》、《通机集》、《盘珠集》、《走盘集》、《三元化零歌》、《钤经》、《钤释》十八种。⑤

可惜的是，"辉所称算书十书而外，今无一存者。"⑥

---

① 张乃燹：《两浙人英传》，杭州：正中书局，1942年，第19页。
② （宋）叶梦得：《石林燕语》卷8，北京：中华书局，1997年，第116页。
③ （清）叶德辉：《书林清话》，上海：上海古籍出版社，2008年，第35页。
④ 钱宝琮：《浙江畴人著述记》，《钱宝琮科学史论文选集》，北京：科学出版社，1983年，第304—305页。
⑤ （清）阮元撰：《畴人传》第8卷《宋四·杨辉》，北京：中华书局，1991年，第279—280页。
⑥ （清）阮元撰：《畴人传》第8卷《宋四·杨辉》，北京：中华书局，1991年，第280页。

考：杨辉是钱塘人，而《算法取用本末》与杨辉的合作者史仲荣亦为钱塘人。根据《算法通变本末》卷上《习算纲目》可知，杨辉编撰珠算书的目的主要是用于教学。那么，在官办算学已衰废的情况下，只有依靠民间力量来复兴它，可谓一花独秀。如众所知，宋代书院本图书在中国古代文化传承中占有十分重要的地位，例如，宋龙山书院刻本《纂图互注春秋经传集解》30 卷；魏克愚紫阳书院刻本《大易集义》64 卷及《九经要义》263 卷，婺州丽泽书院于绍定三年（1230）刻版《切韵指掌图》2 卷；信州贵溪象山书院于绍兴四年（1231年）刊刻《絜斋家塾书钞》12 卷。淳祐九年（1249），周梅叟创建潮州元公（指周敦颐）书院，曾"刊元公文全帙以广其传"[①]；马光祖在建康明道书院"属山长修程子书，刻梓以授诸生"[②]。因此，清代学者顾炎武说：

> 宋、元刻书皆在书院。山长主之，通儒订之。学者则互相易而传布之。故书院之刻有三善焉；山长无事则勤与校雠，一也；不惜费而工精，二也；不贮官而易印行，三也。[③]

或许顾炎武所说的有点夸大，但南宋书院刻书之普遍应系事实。所以，劳汉生认为，"南宋杨辉在 13 世纪中叶至后半叶于苏杭一代开书院，专授实用数学"[④]。确实，杨辉算学诸书的传世与宋、元比较发达的书院教育密切相关，如杨辉在《续古摘奇算法·序》中说："一日忽有刘碧涧、丘虚谷携《诸家算法》奇题及旧刊遗忘之文，求成为集，愿助公板刊行。"[⑤]此例证明，杨辉确实不但从事算学的教学工作，同时还兼任算书的刊行之责。而从前面的叙述可以看出，刻书是其书院教学的一个十分重要的环节。

（二）数学教育与杨辉算书

南宋的民间数学教育除了像秦九韶和杨辉那样专门教授数学的私学之外，多数私学教授数学主要通过以下三条途径：一是"易数学"的传授；二是五经算书的传授；三是在传授历法知识的过程中兼及数学。

1. "易数学"的传授

宋代易学研究非常火热，不独经学家特别是象数学者研读它，民间卜者更是离不开它。严格来说，杨辉《续古摘奇算法》卷上《纵横图》的内容即属于宋代象数学的范畴。陈平海说："《易经》的象数学与幻方组合数学、组合论都有很大关系。"[⑥]学界公认的是，陈抟是宋代象数学的开山祖，他所发现的"河图"和"洛书"是由圆点组成的两幅图案，而"如果

---

① （明）解缙等：《永乐大典》卷 5343，北京：中华书局影印残本，第 3 本，1986 年，第 2467 页。
② 《景定建康志》卷 29《书院》，台北：大化书局，1981 年影印本。
③ （明）顾炎武著，周苏平、陈国庆点注：《日知录》卷 18《监本二十一史》，兰州：甘肃民族出版社，1997 年，第 789 页。
④ 劳汉生：《珠算与实用算术》，石家庄：河北科学技术出版社，200 年，第 213 页。
⑤ （宋）杨辉：《续古摘奇算法》序，《中国科学技术典籍通汇·数学卷（一）》，开封：河南教育出版社，1993 年，第 1095 页。
⑥ 陈海萍：《梦幻天堂：中国气功现象面面观及其思考》，武汉：长江文艺出版社，1993 年，第 68 页。

我们把其中的圆点对换成数字，列在方格之中，就会得到一个正方形数阵和一个十字数阵。以这两个图以及太极图、先天八卦图、后天八卦图等为先导"，这样便"形成了一个庞大的图书学派，从而开创了宋代象数学的新体系"①。那么，与象数学的这种兴盛局面相联系，江浙一带荟萃了四方象数之士，诸如许坚，江左人，多居三茅山（今江苏金坛县西大茅山大茅峰），有异术，精图书之学，"隐迹江淮间"②；刘牧，浙江衢州人，是宋代图书学派的重要代表人物，目前学界根据《东都事略》、朱震汉的《上易传》、《宋史》等文献记载，初步厘清了刘牧图书学派的渊源与传授：陈抟→种放→李溉→许坚→范谔昌→刘牧③；薛季宣，温州永嘉县人，他否定了"河图""洛书"为神龟所献的神秘说法，主张两者的功能是"辨物象而旋地政"④，等等。从以上阐释不难发现，"易数学"在宋代经历了一个由去神秘化至实用化的过程，这一点对正确理解"河图"和"洛书"的科学价值非常重要。事实上，上述这些观念的转变和实用象数学之学术氛围的营造，都为杨辉"纵横图"的产生和发展创造了条件。

2. 五经算学的传授

关于经学与算学的关系，可以从以下两个方面来分析。

一是消极作用。对此，张功耀的《经学独尊对中国古代科学的恶劣影响》⑤一文已经作了较为深刻的阐释，笔者不拟多言。不过，为了论证的需要，我们还是想把张功耀对经学与数学之间关系的那段悲观论述，转引于兹。张功耀说：

> 刘徽云：周公制礼而有九数。九数的说法至今无解，但把数学与礼联系起来则是显而易见的。甄鸾在《数术记遗》中讨论了 14 种不同记数方法，其中有太一算、两仪算、三才算、五行算、八卦算、公宫算明显是受了《周易》的影响。秦九韶在把一次同余式问题的解法上升为一种化的数学理论时，将这解法命名为大衍求一术，把数学的起源归结为爰自河图、洛书启发秘奥则是更直接地把科学附会于经学的例子。中国古代数学，师承一种经验算法演绎体系，实际上也谈不上真正意义上的数学理论。方法上的先进性，是以难度大为特色的。它意味着中国古代数学不善于把复杂的问题简单化，而是把简单的问题复杂化；不善于把经验问题抽象化，而是把抽象问题经验化。因此，对于同类型的经验往往存在多种经验性算法，而这些经验性的算法又没有一致性的逻辑通道。从简单性、抽象性、逻辑一致性和符号化角度看，中国古代数学实际上远不如建立在希腊数

① 俞晓群：《数术探秘：数在中国古代的神秘意义》，北京：生活·读书·新知三联书店，1994 年，第 260 页。
② （宋）阮阅：《诗话总龟》卷 44《隐逸门·许坚》，文渊阁《四库全书》本。
③ 徐芹庭：《易图源流》，北京：中国书店，2007 年，第 224 页。
④ （宋）薛季宣：《浪语集》卷 27《河图洛书辩》，文渊阁《四库全书》本。
⑤ 张功耀：《经学独尊对中国古代科学的恶劣影响》，《自然辩证法通讯》1997 年第 2 期，第 48—53 页。

学演绎传统基础之上的欧洲数学。[1]

二是积极作用。经学固然在一定程度上阻碍了算学的独立发展，因而给中国古代算学发展烙上了许多被意识形态化和奴性化的印迹。然而，中国古代数学之所以能够取得国际公认的巨大成就，甚至在一段很长的历史时期内其发展水平始终领先于世界各国，除了社会经济发展本身的原因外，经学的影响应是一个不可忽视的因素。隋立算学馆，《五经算术》成为其主要教材之一，唐代更将《五经算术》确定为十部算术中的一部，自此，《五经算术》的地位在宋、元、明时期自始至终都没有被撼动。以杨辉为例，经学对数学发展的积极作用，可以概括为下述两个方面。

第一，经学思维与杨辉算法。什么是经学思维？所谓经学思维，实际上就是"以解经注经的方式来阐发思想的思维方式，这种思维方式习惯于凡事都要到以往的经典中去寻找一个根据、一个说法，思想家们总是借助以往的经典来阐述自己的思想"[2]。由此，我们不难发现，杨辉具有鲜明的经学思维特色，他的《详解九章算法》是在贾宪《黄帝九章算经细草》的基础上增补而成；《杨辉算法》主要是对《九章算术》《海岛算经》《五曹算经》《孙子算经》等数学经典算题的阐释、补充和进一步完善，其中他的《续古摘奇算法》是在《诸家算法》的基础上"添撷诸家奇题与夫缮本及可以续古法"[3]者而成。在此，"可以续古法"道出了杨辉从事算学研究的目的。"续古"有两个方面的含义：继承和发展古代先贤的卓越数学思想；保存古代先贤的数学典籍。杨辉很好地把这两者结合了起来，因而他不仅是一位杰出的实用数学家，还是宋代一位最有价值的数学文献家。

第二，在中国古代，自然科学只有披上经学的外衣，才能获得自己相对独立的发展空间。前揭《经学独尊对中国古代科学的恶劣影响》站在经学与科学相互对立的一面看问题，说理虽不错，但有片面之嫌。因为经学与科学的关系，既有对立的一面，同时还有统一的一面，否则我们就无法理解为什么在"经学独尊"的历史条件下，中国古代科学却创造了如此令世人瞩目的巨大成就。故杨辉无不自豪地说："夫六艺之设，数学居其一焉。"[4] 于是，他推崇"《九章》为算经之首"，就像"儒者之《六经》，医家之《难》、《素》"[5]一样。如此论说，杨辉除了提醒人们格外关注算学的发展外，似乎还有另一层用意，那就是既然《九章算术》被推为算经之首，那么，它自身的真实性就显得十分重要了。在汉代，《九章算术》的原貌究是什么样子？我们可以去思考这个问题，这是宋学"疑经"思想产生的基本原因之一。带着这样的疑问，每个人当然都可以打着"去伪存真"的旗帜去阐发自己的主张。所以，朱熹说：

① 张功耀：《经学独尊对中国古代科学的恶劣影响》，《自然辩证法通讯》1997年第2期，第50页。
② 王雅：《经学思维及对中国思维方式的影响》，《社会科学辑刊》2002年第4期，第15页。
③ （宋）杨辉：《续古摘奇算法》序，《中国科学技术典籍通汇·数学卷（一）》，开封：河南教育出版社，1993年，第1095页。
④ （宋）杨辉：《续古摘奇算法》序，《中国科学技术典籍通汇·数学卷（一）》，开封：河南教育出版社，1993年，第1095页。
⑤ （宋）杨辉：《详解九章算法纂类》序，《中国科学技术典籍通汇·数学卷（一）》，开封：河南教育出版社，1993年，第1004页。

唐初诸儒，为作疏义，因讹踵陋，百千万言，而不能有以出乎二氏之区域。至于本朝刘侍读、欧阳公、王丞相、苏黄门、河南程氏、横渠张氏始出己意，有所发明。虽其浅深得失有不能同，然自是之后，三百五篇之微词奥义乃可得而寻绎，盖不待讲于齐、鲁、韩氏之传，而学者已知《诗》之不专见于毛、郑矣。①

关于宋学的特点，今人通常用 5 个字来概括，那就是"用己意解经"，就是"用己意解经"。正是在这样的前提下，杨辉提出了"将后贤补赘之文，修前代已废之法"②的思想观点，杨辉的《详解九章算法纂类》便是"用己意解经"的典型范例。我们承认，宋代学者都有一种独傲特立的学术个性，然而，这里有一个前提不能忘记，即这种学术个性是被经学涂了色的，所以经学实际上变成了宋人展示其独傲特立学术个性的一种保护色。

3. 在传授历法知识的过程中兼及数学

《周髀算经》是一部盖天说的著作，因此之故，赵君卿的《周髀算经》云："浑天有《灵宪》之文，盖天有《周髀》之法。"③ 后来，唐代又将《周髀算经》列入《算经十书》，于是，《周髀算经》就成了融天文与算学于一体的算历著作。这个实例表明，算学不仅附属于经学，而且是天文历法的一种运算工具。也许是由于这个原因，北宋大观三年（1109 年）十一月七日，太常寺说："黄帝获宝鼎，迎日推策，举风后、力牧、常仪、大鸿以治民，顺天地之纪，幽明之占，生死之说。又使大桡造甲子，隶首作算数，容成综之，所以考定气象，建五行，察发敛，起消息，正闰余。其精粗显微，无不该极。今算学所习，天文、历算、三式、法算四科，其术皆本于黄帝。"④ 宋代朝臣对"算学"的这种功能定位，影响很大。实际上，在宋代统治者特别尊崇历算学的思想意识里，实用算学根本没有地位，但是，我们并不能由此得出结论说，在宋代实用算术与天文历算就是两个完全对立的事物了。比如，杨辉在《续古摘奇算法》里选取了 5 道有关天象历法的算题：一道是"六十甲子纳音起例"；一道是"岁旦日甲积数图"；一道是"求出积数取年内日甲图"；一道是"逢角宿"；一道是"遇昂宿"⑤。关于这 5 道题的价值和意义，严敦杰曾批评杨辉"六十甲子纳音起例"说：他"把六十甲子纳音的计算也当做数学而放进去，有些不伦不类，这对当时编书的不当是应当加以批评"⑥。严敦杰的指责不能说没有道理，但南宋数学还没有从经学体系中独立出来，同时它附属于天文历法的地位也始终没有改变，因此，一方面，习历法者不能放弃对算法的探究与学习；另

---

① （宋）朱熹：《吕氏家塾读诗记》序，吕祖谦：《吕氏家塾读诗记》，文渊阁《四库全书》本。
② （宋）杨辉：《详解九章算法纂类》序，《中国科学技术典籍通汇·数学卷（一）》，开封：河南教育出版社，1993 年，第1004 页。
③ （汉）赵君卿：《周髀算经》序，郭书春、刘钝校点：《算经十书》（一），沈阳：辽宁教育出版社，1998 年，第 1 页。
④ 苗书梅等点校，王云海审定：《宋会要辑稿·崇儒》，开封：河南大学出版社，2001 年，第 152 页。
⑤ （宋）杨辉：《续古摘奇算法》卷上，《中国科学技术典籍通汇·数学卷（一）》，开封：河南教育出版社，1993 年，第 1101—1102 页。
⑥ 严敦杰：《宋杨辉算书考》，钱宝琮等：《宋元数学史论文集》，北京：科学出版社，1966 年，第 161 页。

一方面，习算法者又需要借助天文历法之力来发展自身。在这种特定的文化氛围里，杨辉有意识地择取几道天文历法算题，其主要目的是想彰显算学的"通天"价值，而不在于它自身究竟有没有科学意义，哪怕它仅仅是一种数字游戏。

二、南宋的社会物质文化与杨辉算书

（一）食物结构日趋多元化

随着北方人口的大量南迁，江浙地区的粮食种植结构由唐代以前比较单一的稻麦种植结构逐渐趋于稻、麦、粟、菽等种植结构的多元化。例如，淳化四年（993年）二月，"诏江南、两浙、荆湖、岭南、福建诸州长吏，劝民益种诸谷。民乏粟、麦、黍、豆种者，于淮北州郡给之"①。从膳食营养学的角度讲，食物结构的多元化有益于人体营养元素的均衡吸收，它是提高居民生活质量的基本物质条件。另外，食物结构的多元化发展反过来又能增加人们对日用杂粮的需求，从而迫使人们不断通过提高复种指数以增加诸谷的亩产量。而宋代粮食作物种植结构的这种巨大变化，必然会在杨辉算书中的各种算题中反映出来。

1. 稻、麦、菽（大豆）的种植

杨辉不称"稻"，而称"粟"。段玉裁《说文解字》注云："稻亦可称粟，猷凡谷皆可称米也。"②又宋《嘉泰会稽志》载：迟熟水稻"丹康粟"五月种，秋熟，一年两熟。而"蚤黄粟"（一种早籼稻）则与荞麦、大麦间作，一年三熟。③下面是杨辉算书中有关江浙地区粮食结构方面的算题。

（1）稻粟算题

题云："粟两千七百四十六石，给一千一百一十一人。问：各几何？答曰：二石四斗七升一合四勺。"④又"粟一百五十六石八斗七升，每人支六斗三升。问：给几人？答曰：二百四十九人。"⑤题中支粟的生活意义，不甚明了。然而，在另外一道题中出现了"米"的计算："米一百五十四石三斗八升，每人支米六斗二升。问：给几人？答曰：二百四十九人。"⑥此处的"米"和"粟"，前者系指粟脱糠后的米粒，而后者则系指未脱壳的粒实。至于粟的亩产量，杨辉算题载："每亩收粟二石七斗，今共收粟六百二十石六斗。问：元田若干？答曰：二百三十八亩。"⑦当然，关于江浙地区稻谷的亩产量问题，各种文献的记载各不相同。因此，杨辉的说法究竟有无价值，须结合其他文献来进行综合评判。

① 《宋史》卷173《食货上》，北京：中华书局，1985年，第4159页。
② （汉）许慎撰；（清）段玉裁注：《说文解字段注》上册，成都：成都古籍书店1981年影印，第348页。
③ （宋）施宿等：《嘉泰会稽志》卷17卷《草部》，文渊阁《四库全书》本。
④ （宋）杨辉：《算法通变本末》卷上，《中国科学技术典籍通汇·数学卷（一）》，开封：河南教育出版社，1993年，第1152页。
⑤ （宋）杨辉：《乘除变通算宝》卷中，《中国科学技术典籍通汇·数学卷（一）》，开封：河南教育出版社，1993年，第1058页。
⑥ （宋）杨辉：《乘除变通算宝》卷中，《中国科学技术典籍通汇·数学卷（一）》，开封：河南教育出版社，1993年，第1058页。
⑦ （宋）杨辉：《乘除变通算宝》卷中，《中国科学技术典籍通汇·数学卷（一）》，开封：河南教育出版社，1993年，第1059页。

（2）菽、麦算题

题云："菽每石七百八十文，麦每石一贯一百六十文。今用钱三百九十七贯，籴到菽、麦共三百石，问：本各几何？答曰：菽一百三十石，麦一百六十四石。"[①] 又题云："麦一百七十一石，每石二贯七百三十。问：钱若干？答曰：四百六十六贯八百三十文。"[②] 仅从题设的小麦价格看，江浙地区的小麦价格由南宋初年的每石"万二千钱（120 贯）"[③]，降到南宋晚期的每石"一贯一百六十文"或"二贯七百三千"，其中影响因素很多，但小麦种植面积的大量增加，应系一个关键因素。例如，《嘉泰会稽志》载："会稽山间陆种如豆、麦、胡麻、莱服、果蔬、竹萌之类。"[④] 又《象山先生全集》亦载：襄鄂之间"陆田者只种麦、豆、麻、粟，或时蔬栽桑"[⑤]。而陆游更有描述钱塘江流域"有山皆种麦，有水皆种杭"[⑥]的诗句，也许此言带有夸张的成分，但是上述记载的作物种植结构与杨辉在算题中所讲到的主要粮食品种交易情况比较一致。

2. 有关副食方面的算题

（1）水果的买卖。杨辉在《续古摘奇算法》卷上有一道算题云："买桃每个九文，林檎每个五文，李子每个二文，今支钱三贯文，欲买一停桃，二停檎，三停李。问：各得几何？答曰：桃一百三十颗，计一贯八十文；林檎二百四十颗，计一贯二百文；李子三百六十颗，计七百二十文。"[⑦] 从毕新华的《略谈浙江的水果》[⑧]一文中可知，浙江嘉兴桐乡的橢李、宁波奉化的水蜜桃，都很有名。林檎又俗称"花红"，产于余杭、衢县、常山、诸暨、嵊县等地。

又有一道算题云："出钱一百，买温柑、绿橘、匾橘共一百只。云温柑一枚七文，绿橘一枚三文，匾橘三枚一文。问：各买几何？答曰：温柑六枚，计四十二文；绿橘十枚，计三十文；匾橘八十四枚，计三十八文。"[⑨] 南宋温州的柑（桔）非常出名，淳熙年间（1174—1189 年）韩彦直作《桔录》序云："桔出温郡最多种，柑乃其别种。柑自别为八种，桔又自别为十四种，橙子之属类桔者，又自别为五种，合二十七种。"[⑩] 绿橘为 14 种温桔之一，《桔录》说："绿橘比他柑微小，色绀碧可爱，不待霜，食之味已珍，留之枝间，色不尽变，隆冬采之，生意如新。"[⑪] 至于匾橘，福建人亦称为"塌橘"，则有"青胜于黄"之说，《竹屿山房

① 李俨：《宋杨辉算书考》引《永乐大典》卷 16343，《中算史论丛》2，第 112 页。
② （宋）杨辉：《法算取用本末》卷下，《中国科学技术典籍通汇·数学卷（一）》，开封：河南教育出版社，1993 年，第 1065 页。
③ （宋）庄绰：《鸡肋篇》卷上，北京：中华书局，1983 年，第 36 页。
④ （宋）施宿等：《嘉泰会稽志》卷 17《草部》，文渊阁《四库全书》本。
⑤ （宋）陆九渊：《象山先生文集》卷 16《与张茂德三书》，《四部丛刊》本。
⑥ （宋）陆游：《剑南诗稿》卷 32《农家叹》，文渊阁《四库全书》本。
⑦ （宋）杨辉：《续古摘奇算法》卷上，《中国科学技术典籍通汇·数学卷（一）》，开封：河南教育出版社，1993 年，第 1105—1106 页。
⑧ 毕新华：《略谈浙江的水果》，《浙江月刊》1991 年第 7 期，第 31—32 页。
⑨ （宋）杨辉：《续古摘奇算法》卷下，《中国科学技术典籍通汇·数学卷（一）》，开封：河南教育出版社，1993 年，第 1107 页。
⑩ （宋）韩彦直：《桔录》序，文渊阁《四库全书》本。
⑪ （宋）韩彦直：《桔录》卷中《绿橘》，文渊阁《四库全书》本。

杂部》载："匾橘，实形大，皮细，青时遂可啖耳。"[①]而"吴江村落间多种之"[②]，故《西湖老人繁胜录》将其列为南宋临安的15种"时果"之一。

（2）淳酒买卖。杨辉《续古摘奇算法》有题云："醇酒，每斗七贯，行酒每斗三贯，醨酒三斗直一贯。今支一十贯，买酒十斗，问：各几何？答曰：醇酒六升，价四贯二百文；行酒一斗，价三贯文；醨酒八斗四升，价二贯八百文。"[③] 醇酒系由米、麦等和曲酿成的一种饮料，乙醇度较高，所以绍熙三年（1192年）彭龟年有"酒性大热"[④]的说法，而朱震亨更直白："醇酒之性，大热大毒，清香美味，既适于口，行气和血，亦宜于体，由是饮者不自觉其过于多也。"相对于醇酒[⑤]，行酒的乙醇度较低，醨酒则质量最差，味薄口淡。

（二）各种纺织品买卖

1. 丝织品买卖

南宋江浙地区的丝织品非常发达，有学者统计[⑥]，仅两浙路丝织品的上供数就占全国上供数的48.2%，几近1/2。因此，杨辉算题中便出现了大量有关丝绸织品买卖的内容。

（1）绫。题云："绫一百四十八匹，价一十四贯二百。问：钱几何？答曰：二千一百一贯六百文。"[⑦] 其中，"价一十四贯二百"为每匹绫的价格。又题云："支钱二千七百四十六贯，买绫每一丈价直一贯六百六十六文。问：合买若干？答曰：一千六百四十七丈六尺。"[⑧] 因1匹等于10丈，故此题中绫的价格为每匹16.66贯，可谓物贵价昂。由于绫的品种有小绫与大绫之分，而南宋嘉定后，嵊县每年输纳小绫，每匹约值6贯余。[⑨] 依此推测，杨辉算题中的绫价应当是一种大绫的价格。而有学者认为，"宋代的绫产量很大，全国每年绫的上供数达四万四千九百多匹"[⑩]。一方面，宋代采用绫作为官服的面料，加上向辽、金、西夏馈赠，用量很大；另一方面，从福建福州南宋黄昇墓、江苏金坛南宋周瑀墓及武进村前南宋墓等出土的各种花式宋绫看，这些绫织物有相当一部分用于贵族阶级的陪葬品了。

（2）绢。题云："绢九匹九尺六寸……每匹三贯三百六十文。问：钱几何？答曰：三十贯九百一十二文。"[⑪] 又"绢七匹一十二尺，每匹价钱九贯二百文。问：几何？答曰：六十

① （明）宋诩：《竹屿山房杂部》卷9《树畜部一·树类·橘》，文渊阁《四库全书》本。
② （明）王鏊：《姑苏志》卷14《土产·生殖》，文渊阁《四库全书》本。
③ （宋）杨辉：《续古摘奇算法》卷下，《中国科学技术典籍通汇·数学卷（一）》，开封：河南教育出版社，1993年，第1107页。
④ （宋）彭龟年：《止堂集》卷2《论爱身寡欲务学三师疏》，文渊阁《四库全书》本。
⑤ （元）朱震亨撰，施仁潮整理：《格致余论·醇酒宜冷饮论》，北京：人民卫生出版社，2005年，第30页。
⑥ 张学舒：《两宋民间丝织业的发展》，《中国史研究》1983年第1期，第110—125页。
⑦ （宋）杨辉：《算法取用本末》卷下，《中国科学技术典籍通汇·数学卷（一）》，开封：河南教育出版社，1993年，第1065页。
⑧ （宋）杨辉：《算法通变本末》卷上，《中国科学技术典籍通汇·数学卷（一）》，开封：河南教育出版社，1993年，第1052页。
⑨ 程民生：《宋代物价研究》，北京：人民出版社，2008年，第248页。
⑩ 王朝闻主编：《中国美术史：宋代卷》（下册），济南：齐鲁书社，明天出版社，2000年，第251页。
⑪ （宋）杨辉：《田亩比类乘除捷法》卷上，《中国科学技术典籍通汇·数学卷（一）》，开封：河南教育出版社，1993年，第1076页。

十六贯七百文。"① 考：《建炎以来系年要录》载，绍兴四年（1134 年）四月，临安民间买绢 1 匹，至钱 8 贯，多至 10 贯。② 与北宋徽宗之前的绢价约 1 贯相比，南宋的绢价则涨了八九倍。

（3）绅、锦、罗等。题云："绅六十二匹，每匹四丈九尺。问：共几尺？答曰：三千三十八尺。"③ 又"锦五十七匹，每匹五丈一尺。问：积几尺？答曰：二千九百七尺。"④ 再有有"罗三百四十五丈，每匹五丈。问：计几匹？答曰：六十九匹。"⑤ 另外，据《宋会要辑稿》记载，婺州"义乌县山谷之民，织罗为生"⑥。在宋代，像绅、锦、罗等丝织物都是比较高级的消费品，杨辉算题中有每尺罗价值 162 文的例题，较每尺绫价 126 文，高出 36 文钱。⑦ 即使如此，宋代人对罗的需求热也丝毫不减，不仅官家服饰以此为料，而且民间不少庶民也是绫、绅、锦、罗任意服用，因而宋人服饰日趋奢侈。尽管宋代多次颁布奢侈禁止令，如宋真宗大中祥符四年（1101 年）六月，禁止皇亲士庶用罗服⑧，但是仅福建福州南宋黄昇墓就出土了 200 多件不同品种的罗织物。此例说明宋代人在"侈奢则长人精神"⑨观念的指导下，士庶对绫、罗、绸、锦的消费有禁不止，其罗的消费量尤为惊人。例如，南宋初，"禁卫班殿直等服着绯、绿罗红盘雕背子"⑩；而"罗裳"在宋词中更是屡见不鲜，像柳永的"脱罗裳、恣情无限"⑪，秦观的"夜寒微透薄罗裳"⑫，欧阳修的"佳人初著薄罗裳"⑬，邓肃的"水沈已染罗裳"⑭ 及张九成的"闺女曳罗裳"⑮ 等，从这些描写"罗裳"的词句中，我们不难窥见当时各色女子对丝罗衣料的巨大需求。

2. 布织品买卖

（1）葛布。从历史上看，吴越是葛布的重要产地之一。《诗经·周南·葛覃》云："葛之覃兮，施于中谷，维叶莫莫。是刈是濩，为绤为绤，服之无斁。"⑯ 又《越绝书·外传记越地传》载："葛山者，勾践罢吴，种葛，使越女织治葛布，献於吴王夫差。"⑰ 由南朝乐府"登

---

① （宋）杨辉：《田亩比类乘除捷法》卷上，《中国科学技术典籍通汇·数学卷（一）》，开封：河南教育出版社，1993 年，第 1075 页。
② 李心传：《建炎以来系年要录》卷 77 "绍兴四年六月甲辰"，北京：中华书局，1988 年，第 1270 页。
③ （宋）杨辉：《算法取用本末》卷下，《中国科学技术典籍通汇·数学卷（一）》，开封：河南教育出版社，1993 年，第 1063 页。
④ （宋）杨辉：《算法取用本末》卷下，《中国科学技术典籍通汇·数学卷（一）》，开封：河南教育出版社，1993 年，第 1063 页。
⑤ （宋）杨辉：《算法取用本末》卷下，《中国科学技术典籍通汇·数学卷（一）》，开封：河南教育出版社，1993 年，第 1067 页。
⑥ （清）徐松等辑：《宋会要辑稿》食货 18 之 4。
⑦ （宋）杨辉：《续古摘奇算法》卷下，《中国科学技术典籍通汇·数学卷（一）》，开封：河南教育出版社，1993 年，第 1106 页。
⑧ （宋）王栐撰，诚刚点校：《燕翼诒谋录》卷 2《禁奢靡》，北京：中华书局，1997 年，第 18 页。
⑨ （宋）孟元老撰，邓之诚注：《东京梦华录》序，北京：中华书局，2004 年，第 4 页。
⑩ （清）徐松：《宋会要辑稿》职官 32 之 27，北京：中华书局影印本，1957 年。
⑪ （宋）柳永：《柳永集·菊花新》，长春：时代文艺出版社，2000 年，第 177 页。
⑫ （宋）秦观著，徐培均校注：《淮海居士长短句》，上海：上海古籍出版社，1985 年，第 172 页。
⑬ （宋）欧阳修：《文忠集》卷 133《浣溪沙》第 5 首，文渊阁《四库全书》本。
⑭ （宋）邓肃：《临江山》第六首，唐圭璋主编：《全宋词》上，开封：中州古籍出版社，1996 年，第 768 页。
⑮ （宋）张九成：《横浦集》卷 2《拟古》，文渊阁《四库全书》本。
⑯ 高亨注：《诗经今注》，上海：上海古籍出版社，1984 年，第 3 页。
⑰ （汉）袁康：《越绝书》，《野史精品》第 1 辑，长沙：岳麓书社，1996 年，第 125 页。

店买三葛，郎来买丈余"①可知，当时江南地区的织布仍以葛藤为原料。唐宋以后，特别是宋代平民的布料以麻布为主，虽然南宋李嵩的《货郎图卷》绘有葛布粗服，杨辉也将葛布入题，但从整体上看，南宋的葛布生产已趋于衰落，这是导致葛布价高的一个主要原因。据考察，宋代布价的基本涨势为：真宗时期每匹 150—300 文，仁宗时期每匹约 300 文，神宗时期每匹 400—500 文，南宋时期每匹约 500 文，甚至高达 2—3 贯。②

（2）吉布。棉花古称"吉贝布"。例如，周去非的《岭外代答》说：海南岛妇女"衣裙皆吉贝，五色灿然"③。南宋广州、福建等地开始种植棉花，所以方勺的《泊宅篇》云："闽广多种木棉……纺织为布，名曰吉贝。"④这说明宋代福建、广东已有棉花种植，且织布业比较发达。另外，徐蔚南的《上海棉布调查报告》称："宋代移植木棉于污泥泾，沪上始亦有吉贝布之出产焉。"⑤至于杨辉算题中所出现的"吉布"究竟是浙地生产还是由外地输入，目前尚难定论。杨辉算题说："吉布四千九百六十八尺，每匹五十四尺。问：计几匹？答曰：九十二匹。"⑥又"吉布二十五疋，税一。今有二千七百四十六疋，匹法四十八尺。问：税几匹？答曰：一百九疋四十尺三寸二分。"⑦因此，算题出现于南宋晚期，即 1274 年。如果结合南宋诗人艾可叔的《木棉诗》⑧及《王祯农书》中南宋后期棉花"种艺，制作之法，骎骎北来，江淮、川蜀既获其利"⑨的记载来综合分析，我们就可初步推断，当时江南地区已经比较普遍地纺织棉布。

（三）燃料算题

宋代的燃料问题，可分为两个层面：生活燃料和冶炼燃料，本书重点考察生活燃料。杨辉有一道算题云："木炭七千五十六斤，各支百四十七斤。问：人数。答曰：四十八人。"⑩从算题的内容看，南宋城乡日用燃料普遍采用木炭，这与南宋辖域内缺乏煤炭有关。⑪例如，《夷坚志》记载：两宋之际，"南剑州顺昌县石溪村民李甲，年四十不娶，但食宿于弟妇家。常伐木烧炭，鬻于市。得钱，则日耀二升米以自给；有余，则贮留以为雨雪不可出之用，此外未尝妄费"⑫可见，"伐木烧炭"在南宋已经成为一种行业。对此，葛金芳有一段论说，不妨转引于兹

---

① 参见王茹弼：《乐府散论》，西安：陕西人民出版社，1984 年，第 138 页。
② 贾大泉：《宋代赋税结构初探》，《社会科学研究》1981 年第 3 期，第 51 页。
③ （宋）周去非著，屠友祥校注：《岭外代答》卷 2《海外黎蛮》，上海：上海远东出版社，1996 年，第 36 页。
④ （宋）方勺著，许沛藻等点校：《泊宅篇》卷中，北京：中华书局，1983 年，第 81 页。
⑤ 徐蔚南：《上海棉布调查报告》，张渊、王孝俭主编：《黄道婆研究》，上海：上海社会科学出版社，1994 年，第 139 页。
⑥ （宋）杨辉：《算法取用本末》卷下，《中国科学技术典籍通汇·数学卷（一）》，开封：河南教育出版社，1993 年，第 1068 页。
⑦ （宋）杨辉：《算法通变本末》卷上，《中国科学技术典籍通汇·数学卷（一）》，开封：河南教育出版社，1993 年，第 1051 页。
⑧ 艾可叔：《木棉诗》，黎兴汤：《黄道婆研究》，北京：改革出版社，1991 年，第 281—282 页。
⑨ （元）王祯：《王氏农书》卷 21《木棉序》，文渊阁《四库全书》本。
⑩ （宋）杨辉：《算法取用本末》卷下，《中国科学技术典籍通汇·数学卷（一）》，开封：河南教育出版社，1993 年，第 1069 页。
⑪ 葛金芳：《南宋手工业史》，上海：上海古籍出版社，2008 年，第 95 页。
⑫ （宋）洪迈撰，何卓点校：《夷坚支戊》卷 1《石溪李仙》，北京：中华书局，2006 年，第 1052 页。

北宋首都汴京百万人口的生活燃料已是"尽仰石炭",不可一日或缺。更重要的是煤炭产地附近往往就有相当规模的陶瓷业、冶铁业或铸钱监与之并存,使用煤作生产燃料。可见北宋煤炭采掘业是何等风光! 而南宋时期只见零星的石炭记载,这些记载并不反映煤炭的开采和行销情况。这或许是直至明代我国燃料结构仍然是"江南烧薪,取火于木;江北烧煤,取火于土"的格局所致。前引许惠民文认为,一则南方煤田分散、规模不大,加之大山阻隔,运输不便;二则南宋冶金业衰退,需求不足;三则东南煮盐用芦苇,四川冶铁用竹炭,可以代替煤炭;四则南方开发较晚,林木资源较多。这些因素导致了南宋经济对煤炭采掘业的依赖程度不高,所以南宋的燃料结构仍以木材为主。就煤炭采掘业而言,宋代确实是南不如北。这种格局,直到今天仍然如此。[1]

第二节 杨辉算书与南宋人口

一、杨辉算书与南宋人口问题

(一)从杨辉算书看宋人相貌

北宋、南宋人的相貌如何? 人们普遍认为,宋人以瘦为美,因而出现了宋徽宗的瘦金体、瘦西湖等以劲瘦、孤高为特点的文化现象。从苏轼的"冰肌自是生来瘦"[2]到周邦彦的"玉骨为多感,瘦来无一把"[3],以及李清照的"卷帘西风,人比黄花瘦"[4]等诗句,比较深刻地反映了宋人的尚瘦意识和审美心态。在绘画方面,《清明上河图》《耕获图》《七夕夜市图》《岁朝图》《西园雅集图》及《听琴图》等画中的女性都有点削肩,显得既瘦小又娇气。与女性的瘦略微不同,男性的艺术形象却多肥头大耳,显示着力量与威风,如《布袋和尚图》《五百罗汉图》《初平牧羊图》《秋江渔隐图》及《燃灯佛授记释迦》等画面上的男士相貌,即以雄强型为主,如图8-1所示。

与之相近,杨辉的《详解九章算法》勾股部分有两幅插图[5],图中绘有两个宋代男子形象,如图8-2所示。

图8-2中的男子,一位是道士,着道士服,簪冠,另一位则是士大夫,着官服,戴幞头。两者的身份虽然不同,但衣着都是大袖广身,且头部也比较肥大。可见,《详解九章算法》

① 葛金芳:《南宋手工业史》,上海:上海古籍出版社,2008年,第95页。
② (宋)苏轼著,吕观仁注:《东坡词注》,长沙:岳麓书社,2004年,第135页。
③ 周邦彦:《周邦彦词选》,广州:广东人民出版社,1984年,第71页。
④ (宋)李清照:《漱玉词·醉花阴》,文渊阁《四库全书》本。
⑤ (宋)杨辉:《详解九章算法》,《中国科学技术典籍通汇·数学卷(一)》,开封:河南教育出版社,1993年,第978、986页。

的插图人物是符合宋代人物原型的。

图 8-1 （宋）佚名·初平牧羊图①　　　　　　图 8-2 《详解九章算法》中的人物插图

（二）宋代的人口问题与梯田开发

1. 算题与宋人的粮食供应

南宋人口问题，历来备受史学界关注。马端临说：宋代人口"南渡后莫盛于宁宗嘉定之时"②。当然，今人胡道静、漆侠、葛剑雄、王育民、吴松弟和邓端等对南宋人口问题都已作了比较深入的探析，笔者不想重复。具体到杨辉算题中有关南宋人口的问题，尽管学界多不采信，但它毕竟客观地反映了当时人口与粮食之间的各种供应关系，对于南宋经济史的研究似不无参考价值，故此有必要在这里说一说。

算题一："粟两千七百四十六石，给一千一百一十一人。问：各几何？答曰：二石四斗七升一合四勺。"③

算题二："米一百五十四石三斗八升，每人支米六斗二升。问：给几人？答曰：二百四十九人"④

算题三："米四百八十六石二斗，各支一石四斗三升。问：给几人？答曰：三百四十人。"⑤

算题四："米二百二十石四斗，各支七斗六升。问：给几人？答曰：二百九十人。"⑥

算题五："粟四百四十七石九斗三升，各支一石八斗九升。问：给几人？答曰：二百三十七人"⑦

① 陈履生、张蔚星主编：《中国人物画·宋代卷》，南宁：广西美术出版社，2000 年，第 513 页。
② （宋）马端临：《文献通考》卷 11《户口一》，北京：中华书局，1999 年，117 页。
③ （宋）杨辉：《算法通变本末》卷上，《中国科学技术典籍通汇·数学卷（一）》，开封：河南教育出版社，1993 年，第 1052 页。
④ （宋）杨辉：《算法取用本末》卷中，《中国科学技术典籍通汇·数学卷（一）》，开封：河南教育出版社，1993 年，第 1058 页。
⑤ （宋）杨辉：《算法取用本末》卷上，《中国科学技术典籍通汇·数学卷（一）》，开封：河南教育出版社，1993 年，第 1067 页。
⑥ （宋）杨辉：《算法取用本末》卷上，《中国科学技术典籍通汇·数学卷（一）》，开封：河南教育出版社，1993 年，第 1068 页。
⑦ （宋）杨辉：《算法取用本末》卷上，《中国科学技术典籍通汇·数学卷（一）》，开封：河南教育出版社，1993 年，第 1070 页。

算题六："米六百二石一斗,各支二石二斗三升。问:给几人?答曰:二百七十人。"[1]

如果我们把题中的"人"与"米"看作是社会救济或佣工系统中的两个抽象元素,那么它们的社会内容尽管被忽略掉了,但由题中动辄成百上千人的出现,或者说去瓜分数量并不大的稻米,仍然能够使人们深切地体会到:这种情况往往反映了人多米少及地区性的人口聚集的社会现实。南宋婺州人王柏说:"某虽无用于世,七十六年,吃了二百七八十石米,可谓古今之幸民。"[2] 方回亦说:江浙地区的佃户"五口之家,人日食一升,一年食十八石"[3]。这种"日食米一升"的生活状态,属于穷苦民众的食量标准。当然,亦有日食二升者,如方逢辰有诗云:"一口日啖米二升,茗䕫酰酱菜与薪。"[4] 又南宋《庆元条法事类》规定:"流囚居作者,决讫日给每人米二升。"[5] 假若以工代赈,即通过组织灾民去兴建各种社会公共事业性工程,则政府可一举两得,从而大大调高了社会资源的利用效率。所以,南宋陈恺曾为宋孝宗算过一笔账,他说:"一夫日与米五升,钱百五十。人食二升,用钱五十,其余劣可饱二三口,彼何患而不乐从。一家二人从役,则六七口免涂殍矣。某亲见熟乡之募人焊田,食之而日与百钱,民奔趋之。"[6] 上述算题中的实际生活信息不得而知,但它们所折射出来的"人口聚集"(如"粟二千七百四十六石,给一千一百一十一人")现象值得关注。

2. 山区开发与南宋人口的转移

前揭杨辉的《田亩比类乘除捷法》中共给出了各种几何形状的田亩 20 多种类型,这个实例表明,在人多地少的困境中,南宋闽浙等地对山区的开发已经到了"虽硗确之地,耕褥殆尽"[7]的程度了,这是造成南宋田亩类型复杂的一个重要原因。

当然,南宋山民在开发山区的过程中,确实创造了不少新的耕地形式。例如,梯田便是宋代南方民众利用山地的一种有效方式。范成大在《骖鸾录》中说:"出庙三十里,至仰山。缘山腹乔松之磴,甚危。岭阪之上,皆禾田。层层而上至顶,名梯田。"[8] 而王祯的《王祯农书》描述得更加细致:"梯田,谓梯山为田也。夫山多地少之处,除磊石及峭壁,例同不毛。其余所在土山,下自横麓,上及危巅,一体之间,裁作重磴,即可种艺。如土石相半,则必叠石相次,包土成田。又有山势峻极,不可展足,播殖之际,人则伛偻蚁沿而上,耨土而种,蹑坎而耘,此山田不等,自下登陟,俱若梯磴,故总曰梯田。"[9] 王祯所述之梯田,

---

① (宋)杨辉:《算法取用本末》卷上,《中国科学技术典籍通汇·数学卷(一)》,开封:河南教育出版社,1993 年,第 1071 页。
② (宋)王柏:《鲁斋集》卷 17《回陈樵翁》,文渊阁《四库全书》本。
③ (元)方回:《续古今考》卷 18《附论班固计井田百亩岁入岁出》,文渊阁《四库全书》本。
④ (宋)方逢辰:《蛟峰文集》卷 6《田父吟》,文渊阁《四库全书》本。
⑤ (宋)谢深甫等:《庆元条法事类》卷 75《刑狱门·给赐格》,《续修四库全书》861《史部·政书类》,上海:上海古籍出版社,2002 年,第 589 页。
⑥ (宋)陈适:《江湖长翁记》卷 24《与奉使袁大著论救荒书》,文渊阁《四库全书》本。
⑦ (宋)《宋史》卷 89《地理志》,北京:中华书局,1985 年,第 2210 页。
⑧ (宋)范成大:《骖鸾录》,《范成大笔记六种》,北京:中华书局,2002 年,第 52 页。
⑨ (元)王祯:《王氏农书》卷 11《梯田》,文渊阁《四库全书》本。

比较真实地反映了南宋至元朝南方开发山区的状况。从人口流动的角度看，诸多梯田的出现表明，南宋人口开始由平原向山区大规模转移，已经成为一种不可阻挡的历史潮流。关于梯田在南宋农业经济中的地位和作用，目前学界的研究成果较多①，笔者毋庸赘言。至于在南方的广大山区究竟解决了多少人的生存问题，恐怕没有一个人能够说清楚。由图 8-3 可知，当时的"梯田"因势就坡。坡大坡缓开大田，坡小坡陡开小田，从坡脚到坡顶按其地形、形态等可修成大小不同的梯田，大到十几亩，小到如桌面大小，形状有直田、方田、圭田、丘田、畹田等，可谓是一座活的几何算术宝库。为了提高梯田的亩产量，与之相配套的"坡塘堰坝"，"盖水利亦系乎地利"。②

图 8-3 《王氏农书》所绘梯田

在这里，"梯田"所带来的文化效应值得重视。杭宏秋曾经探讨了古代"垦山种植之背景"，他认为，山区的土著世代相传，子孙繁衍，渐成众多的村落，垦山种植，尉为大观。③ 一方面，随着梯田的大量出现，"梯田制对山地无林化进程造成了深刻影响"④；另一方面，我们也应看到，梯田农业不仅基本上满足了那些大批贫民逃亡山区后的生存所需，起到了缓解

　　① 杨国宜：《关于"梯田"》，《历史教学问题》1958 年第 5 期；杭宏秋：《皖赣毗邻山区古梯田考略》，《农业考古》1992年第 3 期，第 173—175 页；贾恒义：《中国梯田的探讨》，《农业考古》2003 年第 1 期，第 157—162 页；方健编著：《南宋农业史》，北京：人民出版社，2010 年。
　　② （明）谢缙等：《永乐大典》卷 2574 引《临川志·坡塘》，马蓉等点校：《永乐大典方志辑佚》第 3 册，北京：中华书局，2004 年，第 1917 页。
　　③ 杭宏秋：《皖赣毗邻山区古梯田考略》，《农业考古》1992 年第 3 期，第 173—174 页。
　　④ 李周等：《中国天然林保护的理论与政策探讨》，北京：中国社会科学出版社，2004 年，第 78 页。

人口增长压力的作用，而且梯田逐渐成了跨地区环境保护和可持续发展的重要手段，其价值和意义远远超过了农业本身。更重要的是，在长期的历史发展过程中，他们通过世代相传所组成的村落，形成了独特的原生态农耕文化模式。诚如李旭所说："体量庞大的梯田背后往往是弱小民族漫长艰辛的发展史和几十代人的持续劳动，作为一种独特的农耕形式，梯田还是农业文化的重要遗产。"[①]

二、南宋人口与杨辉算书的流传

（一）南宋民间算学发展概况

由《南宋》《直斋书录解题》及《杨辉算法》等文献的记载可知，宋代的算法著作（不包括象数学著作）已逾 40 部，其中大多为宋代民间算家所著。应当承认，宋代数学发展之所以能够形成空前兴盛的局面，主要是因为当时民间研习算术者比较多，因而明算的群众基础较为深厚。例如，赵鼎所撰《家训笔录》中就有一项专门规定，即"择一二人尚干事、能书算者，令主管宅库租课等事"[②]；朱熹在《答蔡季通》书中称"州县攒司尽有能算者"[③]；真德修亦说："今五行家者流其工于推算者众矣"[④]；等等。尽管"能算者"的构成有鱼龙混杂之嫌，但是掌握一定的算法知识却是他们的基本功之一。与之形成鲜明对照的是，因受到宋代科举制度的影响，士大夫习算者渐少，故南宋赵与时才有"士大夫算术者少"[⑤]的感叹。对此，李俨有这样一段评述："南渡以后，此学（指算学）亦废。惟民间尚有能言者。故绍兴戊辰（公元 1148 年）临安府汴阳学算荣榮尚命宫镂板善本《九章》。孝宗时（约公元 1186年）蒋继周言试用民间有知星历者，遴选提领官，以重其事。理宗时（约公元 1248 年）尹涣亦言天文历数一切付之太史局，荒疏乘米欧，安心为欺。朝士大夫，莫有能诘之者。请召四方之通历算者至，使历官学焉。是时民间天文之学，盖有精于太史者。算数之学，既为民众所重，元学遂于长期称盛。"[⑥]

可以肯定，无论是秦九昭还是杨辉，他们的数学成就都与当时民间数学的蓬勃发展实际相一致。如果没有民间广大算学爱好者的热心支持和帮助，秦九昭和杨辉就很难出类拔萃，更谈不上超迈前贤。例如，秦九昭自述："早岁侍亲中都，因得访习于太史，又尝从隐君子受数学。"[⑦] 此处的"中都"，即南宋的都城临安，在这里，秦九昭受到了南宋都城重视算学这种良好风气（包括官方和民间）的熏陶。据此，我们可以初步推断，当时江浙地区是南宋

① 李旭：《梯田，不仅仅是风景——哀牢山红河哈尼梯田改变正在发生着》，《中国国家地理》2011 年第 6 期，第 48 页。
② （宋）赵鼎：《忠正德文集》卷 10《家训笔录》，文渊阁《四库全书》本。
③ （宋）朱熹：《晦庵集》卷 44《答蔡季通》，文渊阁《四库全书》本。
④ （宋）真德秀：《西山文集》卷 28《送张元显序》，文渊阁《四库全书》本。
⑤ （宋）赵与时：《宾退录》卷 4，文渊阁《四库全书》本。
⑥ 李俨：《中国数学大纲》上，上海：商务印书馆，1931 年，第 106—107 页。
⑦ （宋）秦九昭：《数本九章》序，丛书集成本初编本，北京：中华书局，1985 年。

时期最重要的算学中心之一。后来，杨辉亦深受这种风气的影响，虽然我们尚不清楚杨辉从事算学教育的动因，但是从他的多篇序言中，我们总能感受到当时民众对算学的渴求和热情。例如，杨辉在《续古摘奇算法·序》中说，他编撰《日用算法》的初衷就是因为有些习算者认为当时社会上没有"启蒙之术"，于是杨辉"以乘除加减为法，秤斗尺为问"，编成《日用算法》一书，使"学者粗知加减归倍之法"[1]。又有刘碧涧、丘虚谷者，携《诸家算法奇题》求其刻版[2]，等等。这些实例表明，南宋江浙地区确实有引领数学风气之先的群众基础。

关于"纵横图"，杨辉是集大成者。他的"纵横图"成就至少具备了两个条件：一是历史渊源比较长，今《隋书》卷34《经籍志三》所载，研究"九宫图"的专业专著述即有《九宫推法》《三元九宫立成》《九宫要集》《九宫经解》《九宫图》《九宫变图》等；二是显示的社会需求比较强烈，如南宋研究"九宫图"者形成了一个庞大的群体，其要者有林之齐、朱熹、袁枢、王十朋、陈藻、薛季宣、黄榦、陈淳、阳枋等，若从地域划分，则以闽浙人为主，如朱熹、袁枢、陈藻等为闽人，王十朋和薛季宣为浙人。然而，从目前已知的史料看，南宋晚期研究"纵横图"的学术中心不在福建，而在湖南常德和浙江的临安。如众所知，仅以"纵横图"为业者，除了杨辉，尚有武陵（今湖南常德市）的丁易东。[3]

至于杨辉在自己的算术研究过程中，引用了近20种算术著作，其中究竟有多少属于民间算学者的著述，目前难以确定。不过，与《南宋·艺文六》所载算术文献相比照，《诸家算法》《应用算法》《明古算法》《明源算法》《三元化零歌》《铃经》《议古根源》《指南算法》等均不见载，可见，上述算术著作都是在民间流传。在当时的历史条件下，杨辉能够得到这些著作，实得益于习算者相互之间的交流与合作，例如，杨辉的《续古摘奇算法》一书的编撰，即是他与刘碧涧、丘虚谷等民间算家相互交流与合作的产物。

（二）杨辉算术流传的社会条件

由上可知，南宋刊刻的算术著作不独秦九韶和杨辉的著作，但为什么只有他们两人的著作流传了下来，而其他人的著作一本无传？这个问题回答起来其实并不难，因为社会需要是保证每一部有较大实用价值的算术得以流传的基本条件。说来也巧，秦九韶和杨辉都与两浙的算学发展有不解之缘，在此，我们只讲杨辉。

目前，对于杨辉的生活轨迹，我们可以肯定他居住过的地方有三处：一是杭州，杨辉自述："辉伏睹京城（指杭州）见用官斗，号杭州百合，浙郡一体行用"[4]，此则史料表明杨辉曾在杭州生活过一段时间。二是苏州，《续古摘奇算法》卷下载："辉因到姑苏（今苏州），

① （宋）杨辉：《续古摘奇算法》序，《中国科学技术典籍通汇·数学卷（一）》，开封：河南教育出版社，1993年，第1095页。
② （宋）杨辉：《续古摘奇算法》序，《中国科学技术典籍通汇·数学卷（一）》，开封：河南教育出版社，1993年，第1095页。
③ 李迪：《中国数学通史·宋元卷》，南京：江苏教育出版社，1999年，第174—183页。
④ （宋）杨辉：《续古摘奇算法》上卷，《中国科学技术典籍通汇·数学卷（一）》，开封：河南教育出版社，1993年，第1103页。

有人求'三七差术'，继答之，尤不可不传，以补衰分之万一。"①从杨辉的口气推测，苏州应是他经常与同仁进行算学交流之地。三是台州（今浙江临海），杨辉在《田亩比类乘除捷法》中多次引用了《台州量田图》的内容，如箭翎田、牛角田、梭田、曲尺田和箭筈田等。通常像《台州量田图》一类的官方档案，如果不是实际从事经界工作的官吏，就很难看到这些材料，既然杨辉能够比较容易拿到这些材料，说明杨辉很可能在台州当过地方官，甚至有学者认为，《田亩比类乘除捷法》是杨辉在台州任上写成②，除此三地之外，杨辉究竟还到过南宋的其他什么地方，因目前尚未找到相关史料证据，所以不得而知。

不过，仅由上述史料足证，当时江浙一带地区算家的学术交流活动比较频繁，否则，就不会出现杨辉到苏州向算学爱好者讲解"三七差术"，而刘碧涧和丘虚谷也不会携《诸家算法》找到杨辉来为之刻版。当然，正是在这种相互交流的过程中，杨辉不仅获得了大量新的算学信息，而且还提高了自己在同仁中的学术地位。因此，杨辉算学著作之所以能够在江浙民间广为传播，上述原因是非常重要的。

杨辉算书的流传与元代印刷术的发达关系密切。据资料统计，元代的刻印场所有一百数十家，印刷书籍3000余种。③虽然学界对元代印刷术的发展状况各持己见，臧否不一，但是从总体上看，越来越多的学者相信，元代印刷术在南宋印刷术兴盛的基础上，继续保持向前发展的势头，不仅在印刷技术上实现了新突破，而且印刷技术更加普及，使用的地域更加广阔。④特别是浙江和福建依然是元代的两大刻书中心，"那里的107家刻印铺，至少印了220种书籍，大部分是经、史、名家诗文集、字典、类书和医药书"⑤。由《算法统宗》的记载可知，南宋景定、咸淳和德祐年间，曾刊印杨辉所撰著的4种书籍，即《详解黄帝九章》《详解日用算法》《乘除通变本末》《续古摘奇算法》。由于此时南宋濒临灭亡，且德祐二年（1276年）元军既已占领临安，故杨辉著作的刊刻工作实际上是在元代进行的，这是杨辉著作能在元代被保留下来的主要原因。经李俨等考证，杨辉算书在明代的流传情况，主要见于"古杭勤德书堂刊书"、朝鲜覆明洪武戊午刊本和《永乐大典》本，而参引的书籍主要有顾应祥的《勾股算术》、程大位的《算法统宗》等⑥，可惜均已非完本。自此，残本杨辉算术开始在朝鲜、日本等国家流传。

---

① （宋）杨辉：《续古摘奇算法》下卷，《中国科学技术典籍通汇·数学卷（一）》，开封：河南教育出版社，1993年，第1110页。
② 周瀚光、孔国平著，南京大学中国思想家研究中心编：《刘徽评传·附杨辉评传》，南京：南京大学出版社，1994年，第242页。
③ 魏明孔主编，胡小鹏著：《中国手工业经济史·宋元卷》，福州：福建人民出版社，2004年，第742页。
④ 罗树宝编著：《中国古代印刷史》，北京：印刷工业出版社，1993年，第253页。
⑤ 〔英〕李约瑟著，〔美〕钱存训著：《中国科学技术史》第5卷《化学及相关技术》第1分册《纸和印刷》，北京：科学出版社，1990年，第153页。
⑥ 李俨：《宋杨辉算术考》，《李俨钱宝琮科学史全集》第6卷，沈阳：辽宁教育出版社，1998年，第442页。

第九章　杨辉算书与南宋社会意识

前述南宋数学与经学的关系是一种附属关系，经学居于其社会意识形态的主导地位。既然如此，那么，南宋社会意识形态的诸形式（即哲学、艺术、宗教及政治法律等）必然会对其产生这样或那样的影响，下面我们分两个层面略作阐释。

第一节　杨辉算书与宋代儒、道的关系

一、杨辉与对周易

关于这个问题，前已述及。然而，本节重点从社会意识的层面进行探讨，拟对杨辉"纵横图"的思想根源作更深入的剖析。

（一）"纵横图"的数学意义

如图 9-1 所示[①]，"河图"依照箭头指示方向，有下列数学关系：1+3+7+9=2+4+6+8=20。

尽管发现上述数学现象的人不一定是杨辉，但将这种数学现象科学化，从而剔除了隐藏在此现象里面的神秘成分，并对其进行系统研究的人，首推杨辉。杨辉十分注重纵横图之结构方法研究，在他看来，"绳墨既定，则不患数之不及也"[②]。也就是说，数没有什么神秘的，只要找到了数字之间相互转换和相互对易的法则，我们就一定能对纵横图运用自如。以"花十六阴图"为例，杨辉用"求等法"来分析、推求该图的解，具体方法如下（图 9-2）。

第一步，先将 16 个数字分成两行，使两个数字的和等于 17。

第二步，再将两行变成四行，并使每横列的 4 个数字的和等于 30。

① 姬小龙、刘夫孔编著：《中外数学拾零》，兰州：甘肃教育出版社，2004 年，第 44 页。
② （宋）杨辉：《续古摘奇算法》卷上，《中国科学典籍通汇·数学卷（一）》，开封：河南教育出版社，1993 年，第 1097 页。

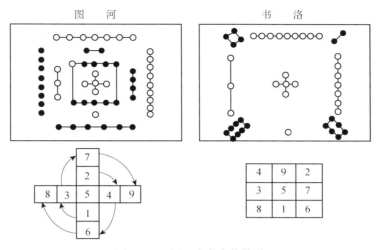

图 9-1　河图、洛书中的数学

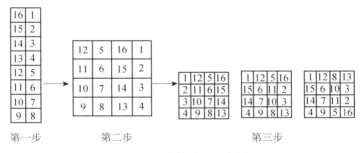

图 9-2　"求等法"示意图

第三步，接着，用上面的数字去编排竖行，从而使每行和每列及对角线的 4 个数字之和都等于 34。其构造过程是：从左向右，图 9-2 第一步的排列规律是将 16 个数字排成方阵，其最上与最下两行各自对应数字的差均为 3，因而各行数字和的差为 12；中间两行各对应的数字差则均为 1，各行数字和的差为 4。图 9-2 第二步是把第一步中的 13、16、1、4 对换，上、下两行数字的和都是 34；而中间两行 10、11、6、7 对换后，每行的数字之和都是 34。同理，第三步是把第二步中 16、4、13、1 对换，左右两列的和都是 34。

（二）"纵横图"与南宋士人的图学思维

"纵横"这个概念，与"河图、洛书"相关联，南宋士人在他们的文集中经常用到，如林之奇称"'河图'之数，纵横十五"[1]，陈藻亦如是说[2]。当然，南宋士人在解读"河图"和"洛书"的思想意义时，所持的角度与杨辉有本质的不同。例如，陈藻认为，洛书"阳皆

---

① （宋）林之奇：《拙斋文集》卷 14《河图洛书》，文渊阁《四库全书》本。
② （宋）陈藻：《乐轩集》卷 6《河图洛书》，文渊阁《四库全书》本。

居正，而阴处于隅，不惟君臣、夫妇之分，昭然可见，而君子小人之道亦较然于此矣"[1]。前已述及，古人约定 1、3、5、7、9 等奇数为"阳数"，2、4、6、8 等偶数为"阴数"。在"洛书"中，阳数与阴数的偏正结构，使南宋士人相信"洛书"之位置结构是固定不移的，它喻示着人类社会的生活秩序固定不移。我们知道，南宋人对孰为"河图"、孰为"洛书"，有两派意见，详论见前。例如，薛季宣云："河图之数四十有五，乾元用九之数也。洛书之数五十有五，大衍五十之数也。"[2]杨辉与薛季宣一派的观点一致，而勤德书堂新刊本将杨辉的《续古摘奇算法》中的"河图"和"洛书"作了对调，变"河图"为"洛书"，变"洛书"为"河图"，如图 9-3 所示。古杭勤德书堂新刊本的这种改动主要是为了迎合朱熹一派的观点，而我们今天已将朱熹一派的观点凝固化为一种不易之论。实际上，薛季宣对"河图"的认识，旨在还原其科学的本真，而不是继续将它神秘化。所以，薛季宣说："河之原远中国不得而包之，可得而问者，其形之曲直，原委之趋向。洛原在九州之内，经从之地，与其所列名物人得而详之。史缺其所不知古道然也，是故以书言洛书，则第写于图，理当然耳。"[3] 将"河图"和"洛书"看作是一种地图，有其合理之处。如果从思维转换的视角看，那么薛季宣的"图书"思维无疑是由神秘的经学思维向清晰明确的科学思想转变的一次积极努力，而杨辉正是在这样的思维前提下来研究具体组合数学意义的"纵横图"的（图 9-3）。

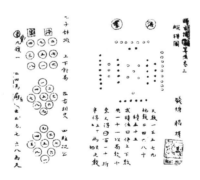

图 9-3 "纵横图"与组合数学

南宋士人对"河图、洛书"源流的论证，其实没有原则之分歧。对此，魏了翁说得好："河图洛书之数，古无明文。汉儒以后始谓义卦本之图，禹畴本之书。本朝诸儒始有九为图，十为书；九为书，十为图之说。二者并行，莫之能正。至朱文公始以九图十书，为刘长民讬之，陈图南辞而辟之，而引邵子为证。然邵子不过曰：'圆者，河洛之数；方者，图书之文。'第言圆方，不言九十。"[4] 无论"九书十图"还是"九书十图"，其核心思想仅仅在于"太一

---

① 陈藻：《乐轩集》卷 6《河图洛书》，文渊阁《四库全书》本。
② （宋）薛季宣：《浪语集》卷 27《河图洛书辩》，文渊阁《四库全书》本。
③ （宋）薛季宣：《浪语集》卷 27《河图洛书辩》，文渊阁《四库全书》本。
④ （宋）魏了翁：《鹤山集》卷 33《答蒋得之》，文渊阁《四库全书》本。

乃君，移居中州，则又似《九宫图》矣"①。也就是说，当南宋一部分士人在谈论"河图、洛书"的时候，他们的用意主要在于"恢复中原"。与之相反，还有一部分士人把"河图、洛书"看作是一种和谐文化的象征，例如，陈淳对"河图"的解读是："河图之位，必以一与六同宗而居乎北，二与七为朋而居乎南，三与八同道而居乎东，四与九为友而居乎西，五与十相守而居乎中，积之为五十有五也。"② 因此，"横斜曲直，无所不通，则图之为书，书之为图，又岂复有彼此之间哉！大抵天地之间理一而已，时虽有先后之不同，而理则不容于有二也"③。就其政治思想背景而言，此言旨在表明，南北地域之划分，符合"河图之位"的意义指向，关键是人们究竟如何去把握"理一"之理。实际上，这是朱熹"理一分殊"的另一种说法。在这里，陈淳的言外之意是说，无论是南宋还是金与西夏，虽然各自所居的地理区域不同，但都符合"理一"的存在原则，因而具有一定的合理性。这种思想的价值就在于，人们可以抛开事物存在的具体形式，而不断深入到客观事物的内部去寻找其存在和发展的客观必然性。从这个层面讲，杨辉的纵横图其实通过一个个图形的变换而试图寻找存在于每个数字元素之间的量的规定性，或者说试图探究隐藏在"河图、洛书"深层的那些数字结构规律，如杨辉发现"洛书"或"河图"的"九宫算术"，其基本的数字元素构成规律可以概括为八个字，即"斜排、对易、相更、挺出"。

二、"知易用难"与杨辉的经世思想

南宋陈知几评价杨辉时说："钱塘杨辉以廉饬己，以儒饰吏，吐胸中之灵机，续前贤之奥旨。"④ 作为一位"儒吏"，杨辉当然深谙宋代儒学的经世之道。以知与用或知与行的关系论，《左传·昭公十年》载："非知之实难，将在行之。"这是关于"知易行难"或称"知易用难"思想的最早表述。在宋代，二程为了纠正人们在"知"与"用"问题上的片面性认识，提出了"知难行亦难"的思想。程颐说："故人力行，先须要知。非特行难，知亦难也。"⑤ 朱熹一方面强调"知与行工夫，须着并到。知之愈明，则行之愈笃；行之愈笃，则知之愈明。二者皆不可偏废"⑥。另一方面，又说："虽要致知，然不可恃。《书》曰：'知之非艰，行之惟艰。'工夫全在行上。"⑦ 可见，朱熹在"知"与"用"的关系问题上，更强调"知易用难"。这种思想为杨辉所继承，还对其作了进一步的阐释。杨辉在《乘除通变算宝·序言》中说："赋曰：'知非难而用为难。'言不诬矣。"⑧

---

① （宋）魏了翁：《鹤山集》卷 33《答蒋得之》，文渊阁《四库全书》本。
② （宋）陈淳：《北溪大全集》卷 11《河图洛书说》，文渊阁《四库全书》本。
③ （宋）陈淳：《北溪大全集》卷 11《河图洛书说》，文渊阁《四库全书》本。
④ 陈知几：《日用算法·跋》，《杨辉算法导读》，武汉：湖北教育出版社，1997 年，第 454 页。
⑤ 《河南程氏遗书》卷 18《伊川先生语四》，《二程集》，北京：中华书局，2004 年，第 187 页。
⑥ （宋）朱熹：《朱子语类》卷 14《大学一·经上》，北京：中华书局，2004 年，第 281 页。
⑦ （宋）朱熹：《朱子语类》卷 13《学七·力行》，北京：中华书局，2004 年，第 223 页。
⑧ （宋）杨辉：《乘除通变算宝》序，《中国科学技术典籍通汇·数学卷（一）》，开封：河南教育出版社，1993 年，第 1047 页。

对于"用"的理解，朱熹与杨辉因所站角度不同，两者的认识固然不相同，但是有一点却是共同的，那就是他们都强调在教学过程中"用"离不开日常生活。例如，谭家健在评述朱熹的"知行观"时说："朱熹同意程颐讲的通过一物一物的格，积习渐多，自然贯通。朱熹主张求理当以内事为主，外事为次。内事主要指从内心去体验人伦道德修养，外事主要指参与外界的物质生产和生活。当代学者指出，朱熹要求不脱离实际格物，要求对事物的大小精细进行周密的考虑，他的方法论在历史上产生很大影响。"[1] 同样，在数学教学过程中，杨辉注重从"用"的方面来加深对传统算学知识的理解和应用。在杨辉看来，首先应当在生活中学习算学知识。考《杨辉算书》三种，所选算题大多是人们在生产和生活实践中所遇到的实际问题，因此，杨辉在《日用算法·序》中明确提出了"命题须责实有"[2]的主张。另外，他还注重在生产和生活实践中总结和发现新的算学问题。例如，杨辉在《田亩比类乘除捷法》中参照当时的《台州量田图》，提出了"曲尺田""箭笴田"和"箭翎田"等多种新的几何田形。然而，"纵横图"实际上来源于南宋时期盛行于江浙一带地区的智力游戏，据日本学者坂根严夫考，南宋人"在填纵横图的基础上，发明了一种数学游戏——重排九宫"[3]，而当代的"数独"游戏亦与"纵横图"有关。最后，杨辉为了加强"用"在算学中的重要性，对"习题"的意义给予高度重视。例如，他在《法算取用本末》卷下"叙录"中说："夫算者，题从法取。法将题验。凡欲见明一法，必设一题"，因而他"以一至三百为题，验诸加减"。[4] 在此，"验诸加减"的过程即是学以致用的过程。可见，杨辉自觉地将宋代儒学的经世思想贯彻到算学的学习过程之中。正是由于这个特点，杨辉才被数学史学界称为"一代实用数学大师"。[5]

第二节　杨辉算书与宋代美学及社会心理

一、杨辉算书与宋什美学

（一）杨辉算书中的各种图画

1. 写实画

杨辉在《详解九章算法·序》中说："凡题法解白不明者，别图而验之。"[6] 甚至他在《黄

---

① 谭家健主编：《中国文化史概要》，北京：高等教育出版社，2010 年，第 262 页。
② （宋）杨辉：《日用算法》序，见《杨辉算法导读》，武汉：湖北教育出版社，1997 年，第 454 页。
③ 〔日〕坂根严夫著，明道等编译：《世界益智发明搜奇》，北京，学术期刊出版社，1988 年，第 77 页。
④ （宋）杨辉：《法算取用本末》卷下"叙录"，《中国科学技术典籍通汇·数学卷（一）》，开封：河南教育出版社，1993 年，第 1062 页。
⑤ 劳汉生：《珠算与实用算术》，石家庄：河北科学技术出版社，2000 年，第 342 页。
⑥ （宋）杨辉：《详解九章算法》序，《中国科学技术典籍通汇·数学卷（一）》，开封：河南教育出版社，1993 年，第 951 页。

帝九章算经细草》的基础上，又补充了图验而作为"卷首"。可惜的是，今《详解九章算法》"卷首"已佚，只剩一部分插图，依稀可见杨辉绘画之功力不凡。当然，杨辉深受宋代理学"格物致知"思想的影响，他注重将算学与生活实际相结合，尤其是在为算题配图的过程中，杨辉不但注意选题的实用性，还特别注意配图的写实性，即使图画切合客观对象的"物理"和"物性"。例如，"今有池，方一丈，葭生其中央"题材中的配图，就非常真实、生动，如图 9-4 所示。①

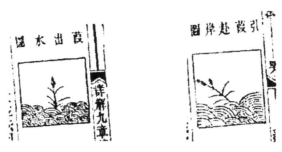

图 9-4　《详解九章算法》中的算题插图之一

"葭"是指芦苇（南方称"芦"，北方称"苇"），其花序呈圆锥形，芦花的主轴上常分出若干小枝。仔细观察，杨辉所绘"芦苇"形态逼真，意趣盎然。又"今有圆材"题中的配图，其所绘框锯，如图 9-5 所示②，结构完整，锯齿锋利，保存了宋代框锯的图像资料。《王祯农书》记载了宋、元时期人们制作锯条的方法："百炼出锻工，修薄见良铁；架木作梁横，错刃成齿列。直斜随墨弦，来去霏轻屑。倘遇盘错间，利器乃能别。"③ 由《梦溪笔谈》所载"百炼钢"的实例和苏轼所说徐州利国监用煤"冶铁作兵（器），犀利胜常"④可知，宋代的冶铁技术非常发达。所以，淳熙《三山志》载有宋代的冶铁三法，即"初炼去矿，用以铸器物者，为生铁；再三销拍，又以作镙者，为镙铁，亦谓之熟铁；以生柔相杂和，用以作刀剑锋刃者为钢铁"⑤。而宋代用冶铁制造的锯条，时人称其结构为"（锯）齿一左一右"，利则"片解木、石"⑥，看来并非虚言。

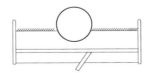

图 9-5　《详解九章算法》中的算题插图之二

---

① （宋）杨辉：《详解九章算法》，《中国科学技术典籍通汇·数学卷（一）》，开封：河南教育出版社，1993 年，第 975 页。
② （宋）杨辉：《详解九章算法》，《中国科学技术典籍通汇·数学卷（一）》，开封：河南教育出版社，1993 年，第 977 页。
③ （元）王祯：《王氏农书》卷 14《锯》，文渊阁《四库全书》本。
④ （宋）苏轼：《东坡全集》卷 10《石炭井引》，文渊阁《四库全书》本。
⑤ （宋）梁克家：《淳熙三山志》卷 41《土俗类三·物产·铁》，文渊阁《四库全书》本。
⑥ （宋）戴侗：《六书故》卷 4《地理一·锯》，文渊阁《四库全书》本。

其他还有"今有开门去阃"题中的"双扇门"配图①，如图 9-6 所示，门扇四周有木框，上部安装两根直棂，下部装嵌板，其门为下实上空的格子门，从效果来看，这种门达到了门窗功能的合二为一。

图 9-6 《详解九章算法》中的算题插图之三

2. 算学用图

（1）算题示量用图。有些算题如果没有一定的示量图帮助理解，人们就很难明确题设的内容，同时也不容易在头脑中建立起清晰的解题路径。因此，杨辉在其算学著作中大量绘制应用配图，从而使算题的逻辑理路更加直观和清晰。例如，"今有良马与驽马"②题的配图，就是非常典型的示量用图。其中一图"明确点明良马加速是离散量"，而另一图则明确点明"驽马减速也是离散量"③，因此为阶梯函数，配图如图 9-7 所示。

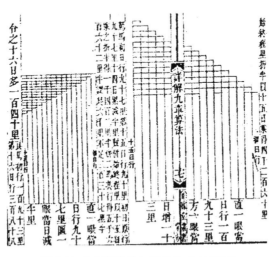

图 9-7 "今有良马与驽马"中的图解

① （宋）杨辉：《详解九章算法》，《中国科学技术典籍通汇·数学卷（一）》，开封：河南教育出版社，1993 年，第 977 页。
② （宋）杨辉：《详解九章算法》，《中国科学技术典籍通汇·数学卷（一）》，开封：河南教育出版社，1993 年，第 960 页。
③ 吴俊文主编：《中国数学史大系》第 5 卷《两宋》，北京：北京师范大学出版社，2000 年，第 672 页。

（2）示性用图（包括图解用图和证用图）。关于这个问题，《中国数学史大系》第5卷《两宋》之第六章中已有详论，笔者在此不作赘述。

（二）杨辉算书中各配图的美学特点

（1）紧密联系算题的内容，既生动贴切又便于解题思路的明晰化，像前面讲到的"今有开门去阃"算题配图、"良马驽马"算题的配图及"今有金箠"算题中的"差形"配图[①]等，都起到了这样的解题作用。

（2）一题一图，讲求完整和对称，趣味性突出。与传世的唐代之前的诸算书相比较，杨辉算书的显著特点是变枯燥的算学语言为灵活多样的图形，将算题与特定的图形结合起来，使算学更富有启发性和趣味性，这对于激发人们学习算学的兴趣尤为重要。以《田亩比类乘除捷法》为例，全书共63道算题，93幅配图，可见，配图对于解几何算题的重要性。正是从这个层面，郭熙汉认为，"《田亩比类乘除捷法》两卷，如其说是讲述了几何图形有关的计算问题，倒不如说是对一些代数给出了几何解释"[②]。如算题云："圆田用十八步，径六步。问：积几步？答曰：二十七步。"[③] 杨辉在具体求解这道题的过程中，共给出了 7 幅配图，（其中有两幅配图图形一样，然而解题方法不同，故仅就图形而言，应为 5 幅），分别对应于 7 种解题方法。前 5 幅配图（图 9-8）分别是"周自乘十二而一图""半周自乘三而一；图""径自乘三之四而一图""半径自乘三之一图"及"周径相乘四而一图"等。

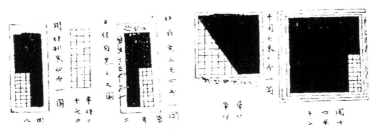

图 9-8 "圆田用十八步"题解配图

从图画美学的角度看，杨辉将圆田展开为方田，这种图形变换需要经过多种绘图形式的变化，如"周十八步"（图中一个方格表示一步）配图、"半周九步"配图、"径六步"配图及"径三步"配图等，图形各有变化，样式完整，有的图形呈现出对称美。当然，为了醒目起见，杨辉把求积部分涂成黑色，在视觉上给人一种虚实对比的强烈冲击感。

在"今有梭田"算题中，杨辉所绘"梭田四图"（图 9-9）[④]，不仅线条规整，而且讲求

① （宋）杨辉：《详解九章算法》，《中国科学技术典籍通汇·数学卷（一）》，开封：河南教育出版社，1993 年，第 998 页。
② 郭熙汉：《杨辉算法导读》，武汉：湖北教育出版社，1996 年，第 174 页。
③ （宋）杨辉：《田亩比类乘除捷法》，《中国科学技术典籍通汇·数学卷（一）》，开封：河南教育出版社，1993 年，第 1077 页。
④ （宋）杨辉：《田亩比类乘除捷法》，《中国科学技术典籍通汇·数学卷（一）》，开封：河南教育出版社，1993 年，第 1080 页。

对称，用图式来明确解题步骤，一步一图，使习算者在美的熏陶中理解和掌握解题技巧，这种教学方法无疑会增加习算者的学习效果。另外，将美育渗透到每题的每一步解题方法之中，既可激发习算者的学习兴趣，又可提高算术记忆和对算学这门功课的审美趣味，杨辉数学教学的成功秘诀就在于此。

（3）字与图相结合，使杨辉"题图"具有了更加丰富的美学意义。对此，分两个层面讲：第一个层面是将解题的步骤和方法填充到算题的图形之中，从而使题解更直观，同时亦更好学、易记。例如，"直田积八百六十四步，只云阔不及长一十二步。问：阔几何？答曰：二十四步。"[1] 为了明晰"欲演算之片段"，杨辉特绘制了"开方带从段数草图"（图9-10），这种简洁和格式化的"题图"，对于求解二次方程（因方程不只是一个根，故只取正根）很有必要。

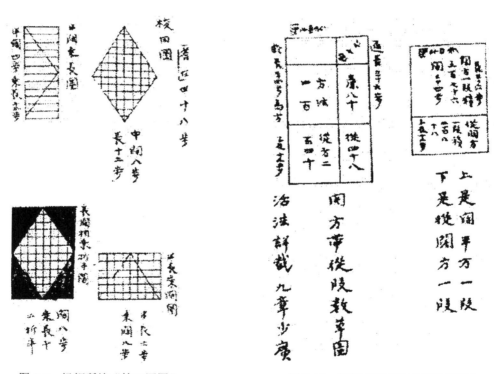

图 9-9　杨辉所绘"梭田四图"　　　　图 9-10　杨辉"开方带从段数草图"

如果说杨辉"题图"的内容还稍显隐晦的话，那么，华印椿将图 9-10 又作了进一步的具体阐释（图 9-11）。[2] 由于华印椿的图式细化了解题的过程，因而就更加一目了然。显而易见，在这个过程中，我们完全能够体悟到逻辑的美和演段的数学意义。

---

[1]　（宋）杨辉：《田亩比类乘除捷法》卷下，《中国科学技术典籍通汇·数学卷（一）》，开封：河南教育出版社，1993年，第1086页。

[2]　华印椿编著：《中国珠算史稿》，北京：中国财政经济出版社，1987年，第415页。

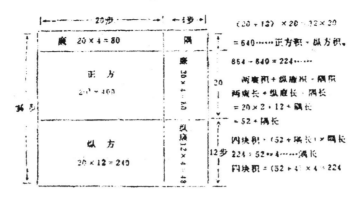

图 9-11　华印椿对杨辉"题图"的解析

第二个层面是将题问的内容图式化，从而使求解的问题更直观。例如，"圆田一段，直径十三步，今从边截积三十三步。问：所截弦矢各几何？答曰：弦十二步，矢四步。"①杨辉所绘图式如图 9-12 所示。

其筹式如图 9-13 所示②，图式中下廉"42"，误，应为"52"。用现代数学式表示，设弦长为 y，则

$$-5y^4 + 52y^3 + 128y = 4096$$

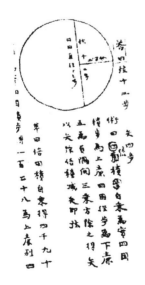

图 9-12　杨辉绘"圆田一段"题图

图 9-13　杨辉绘"圆田一段"之筹式

我们知道，简洁性是数学美的重要特征。而在杨辉的整个题图里，始终贯穿着寻找解法简洁性的科研原则。无论是勾股三图还是纵横图，抑或是田积图，每幅配图都深刻地体现着

---

① （宋）杨辉：《田亩比类乘除捷法》，《中国科学技术典籍通汇·数学卷（一）》，开封：河南教育出版社，1993 年，第 1093 页。
② （宋）杨辉：《田亩比类乘除捷法》，《中国科学技术典籍通汇·数学卷（一）》，开封：河南教育出版社，1993 年，第 1093 页。

自然规律的简洁性，并通过简洁的表达方式去理性地透视和把握自然万物的本质，这是一种"至高的美"[1]。诚如《数学中的美学方法》一书所说，数学语言以它的简洁、概括、精确、有序以及富于形象化与理想化的美的特征和形式，给人美的感受。[2] 杨辉算书中的各种"题图"就具备了简洁、概括和富于形象化与理想化的美的特征和形式，因而它们本身所投射到习算者头脑中的美，不但愉悦心神，更启发智慧，是促动数学研究和数学发展的一种深层动力。另外，杨辉对纵横图的研究则是"典型的纯数学理论性工作，由对数学本身的规律性或说对数学美的探求推动了的研究"[3]。

二、杨辉算书与南宋"中算"研究群体的社会境遇

说实话，杨辉的"儒吏"身份并不让人眼羡。尽管"吏"是宋代政治生活中一个重要的社会群体，甚至"宋代吏员的生活及政治待遇，应该说是不低的"[4]，但是正如漆侠所言：第一，吏员"没有告身，不能置身于官户的行列"[5]；第二，吏员构成宋代"地方上的实权派"[6]，是宋代贪腐之源，即"吏无薪俸，靠受贿而生"[7]，以至于有些宋代士大夫发出了"今夫蠹国害民，莫甚赃吏"[8]之叹。所以，陆九渊曾揭露了吏员对南宋政治的影响，说："官人视事，则左右前后皆吏人也，故官人为吏所欺，为吏所卖，亦其势然。吏人自食而办公事，且乐为之、争为之者，利在焉故也。故吏人之无良心、无公心，亦势使之然也。"[9] 整个吏员群体的情形如此，但具体到每个成员个体，则又另当别论，不可一概视之。例如，杨辉就是一个被时人称为"以廉饬己"的吏员。

在宋代，属于地方州县衙门的吏主要有两类：一类是以主管官物、课督赋税、追捕盗贼、供奔走驱使为职责的公人；另一类是以承办衙门公事、协助书抄、办理文案为任务的吏人。[10] 从种种迹象来推测，杨辉应为"吏人"一类的吏员。根据漆侠的论断，"吏"常与"当地财主"相联系，他说："能够为州县之吏的，也并不容易。首先要是当地的富豪。"[11] 杨辉有过"儒吏"的经历，又有刻书和教书的职场实践，表明他的家资比较殷实，否则刘碧涧等就不会携《诸家算法》奇题来找他帮忙刊刻，而杨辉也不会"愿助工板刊行"。[12]

① 〔英〕罗素：《我的哲学的发展》，北京：商务印书馆，1996 年，第 193 页。
② 徐本顺、殷启正：《数学中的美学方法》，大连：大连理工大学出版社，2008 年，第 81 页。
③ 梁宗巨等：《世界数学通史》下，沈阳：辽宁教育出版社，2001 年，第 417—418 页。
④ 赵世瑜：《吏与中国传统社会》，杭州：浙江人民出版社，1994 年，第 96 页。
⑤ 漆侠：《关于宋代差役法的几个问题》，《漆侠全集》第 8 卷，保定：河北大学出版社，2009 年，第 140 页。
⑥ 漆侠：《关于宋代差役法的几个问题》，《漆侠全集》第 8 卷，保定：河北大学出版社，2009 年，第 141 页。
⑦ 漆侠：《关于宋代差役法的几个问题》，《漆侠全集》第 8 卷，保定：河北大学出版社，2009 年，第 140 页。
⑧ （宋）蔡戡：《定斋集》卷 1《议治赃吏法状》，文渊阁《四库全书》本。
⑨ （宋）陆九渊：《象山集》卷 8《与赵推》，文渊阁《四库全书》本。
⑩ 何忠礼：《宋代官吏的俸禄》，《历史研究》1994 年第 3 期，第 111 页。
⑪ 漆侠：《关于宋代差役法的几个问题》，《漆侠全集》第 8 卷，保定：河北大学出版社，2009 年，第 140 页。
⑫ （宋）杨辉：《续古摘奇算法》序，《中国科学技术典籍通汇·数学卷（一）》，开封：河南教育出版社，1993 年，第 1095 页。

杨辉算术的流传，除了它本身具有很强的实用性之外，杨辉具有非一般算术家可比的经济势力，亦是一个不可忽视的因素。

前面业已讨论，南宋民间习算者比较多，这是因为南宋推行"经界"法，丈量田地，划分田亩等级，重定税额等，都需要懂得算学知识的人，如朱熹说："经界之法，打量一事，最费功力，而纽折算计之法，又人所难晓者……募本州旧来有曾经奉行谙晓算法之人，选折官吏将来可委者，日逐讲究听候指挥。"① 由此可见，经界对算法人才的需求量很大。我们不能说杨辉编写《田亩比类乘除捷法》的目的是满足"经界法"对算法人才的需要，但是杨辉算术确实与南宋经界法的推行存在着某种内在的必然联系。例如，杨辉在《田亩比类乘除捷法》中反复引用"台州量田图"的内容，而"台州量田图"即是南宋推行"经界法"的产物。所以，对于杨辉的工作，南宋士人基本持肯定态度，如陈知几在《日用算法·跋》中曾就称赞杨辉"内可以知外，表可以识里，其用心岂但为运牙筹，计金谷设而已哉"②，很显然，陈知几的言外之意是说杨辉的算法工作有补世用。秦九韶的遭遇与杨辉截然不同，从传世的宋代文集中，我们发现，南宋士人对秦九韶颇有微词，如周密及刘克庄等，具体情况可参见郭书春的《重新品评秦九韶》一文，笔者不拟详论。不管秦九韶的为人究竟是光明正大还是阴险狡诈，有一点是可以肯定的，那就是南宋士大夫目无算家。用秦九韶的话说，就是"若官府会事，则府史一二系之，算家位置，素所不识，上之人亦委而听焉。持算者惟若人，则鄙之也宜矣"③。秦九韶所说的情形，是南宋时期整个算家群体所遭遇的共同命运。对此，我们只要看看南宋竟然没有留下一位算家传记，就完全明白了在南宋士人的眼里，"算家位置，素所不识"的真实情形，由此可知秦九韶所言不虚。如果谈到他们的生活境遇，那我们就不得不遗憾地说，他们中的大多数人可谓是"为温饱而挣扎"的生活一族。例如，方岳在《赠算术汪生》一诗中说："十年不读床头易，山雨鸣蓑为口忙。行矣公无落吾事，水田漠漠正移秧。"④ 一位"算数"家竟然沦落到"山雨鸣蓑为口忙"的地步，足见南宋算学家社会地位之低下。黄榦明言："凡术数词章非道也。"⑤ 尽管此处的"术数"不单指算学，但是算学被排挤出"道"之外，应是南宋士人较为普遍的看法。所以，秦九韶才竭力申辩"数与道非二本"。这无疑是对南宋士人误数非道思潮的一种回应。又如，张定夫认为，像"兵与水利、算学等事"，皆"小学也"，而《中庸》《大学》等则谓"大学"。此大小之分，显示了"算学"与"道德之学"之间的地位差异。对此，汪应辰回驳说："学无大小之分，小学盖所以为大学也。"⑥ 这种对于算学地位的论争，在客观上折射出在南宋士人群体中，比较广泛地

① （宋）朱熹：《晦庵集》卷 19《条奏经界状》，文渊阁《四库全书》本。
② 成陈几：《日用算法》跋，郭熙汉：《杨辉算法导读》，武汉：湖北教育出版社，1996 年，第 454 页。
③ （宋）秦九韶：《数书九章序》，丛书集成初编本，北京：中华书局，1985 年。
④ （宋）方岳：《秋崖集》卷 4《赠算术汪生》，文渊阁《四库全书》本。
⑤ （宋）黄榦：《勉斋集》卷 3《中庸总论》，文渊阁《四库全书》本。
⑥ （宋）汪应辰：《文定集》卷 16《答张定夫》，文渊阁《四库全书》本。

存在着一种贱视算学的思想倾向。

三、南宋政治对算术的失语现象

不能说南宋没有算学人才，亦不能说南宋算学著作缺乏，因为仅就数量而言，宋代一朝所撰写的算学著作比唐朝之前各朝算学著作相加的总和还要多。然而，正如钱宝琮所说："若金代数学之发展超越前代，自非南宋所可伦比。"[1] 那么，何以会导致南宋数学不如金朝数学发达的学术后果呢？我们知道，在中国古代，尤其是宋代，社会政治对算学发展的影响至深。如前所述，算学作为一种官学的地位，在南宋已被废置，因而出现了南宋历官不得不屈身向民间通历算者学习天文历算的尴尬局面。[2] 另外，从北宋后期开始，宋朝官府虽然在名义上为 70 位算学先贤封爵从祀（内容见后），但是在实际执行的过程中，终因不知道"何礼事之"而作罢。《宋史》载礼部员外郎吴时的话说："今祠祀圣祖，祝板书臣名，而释奠孔子，但列中祀。数学，六艺之一耳，当以何礼事之？"乃止。[3] 这种在祀礼上的差异，反映了"德"与"艺"两者的社会地位截然不同。尤其是具体到算学这个领域，中国古代涌现出了那么多杰出人物，竟然不知道用什么祀礼来敬拜他们，实在有点儿说不过去。

据《宋史·艺文志》、官修《秘书省续编到四库书目》、《通志·艺文略》及《算法同宗》等典籍所载，宋代流行的数学著作计 60 余种，然而，流传至今者唯有《算经十书》及秦九韶和杨辉的著作，其他全部散佚，不知所在。我们承认，南宋是一个数学发展比较繁荣的历史时代，同时它又是一个数学著作散佚最多的时代。这样，人们就不禁会问：究竟是什么原因导致南宋算书大量散佚？当然，回答这个问题并不容易，本书不拟展开讨论，只是就中国古代学术文献传承的主体——封建国家这个层面，略陈管见。

国家对算学发展的宏观调控，在算学典籍的保存和流传方面发挥着非常关键的作用。例如，宋元丰七年（1084 年）官府刊刻《算经十书》（即《黄帝九章》《周髀算经》《五经算法》《海岛算经》《孙子算法》《张丘建算经》《五曹算法》《辑古算法》《夏侯阳算法》《算术拾遗》等）入密书省，而宋刻《算经十书》保存至今，传承不绝。可见，"官府"仍然是南宋科学发展的政治保证，是使各种科学文献传承于世的主要载体。另外，北宋大观三年（1109 年）立算学，礼部请，"以皇帝为先师"，以"昔著名算数者画像两庑，请加赐五等爵"[4]，接着，上谷公、箕子、商高、大挠、隶首、容成、耿寿昌、祖冲之、王孝通、张丘建等[5]总计 70 人被封爵，这是中国古代历史上最大一次同时也是最后一次对古代算学家的封爵活动。可以想

---

① 钱宝琮：《金元之际数学只传授》，中国科学院自然科学史研究所：《钱宝琮科学史论文选集》，北京：科学出版社，1983 年，第 319 页。

② 李俨：《中国数学大纲》上，上海：商务印书馆，1931 年，第 107 页。

③ 《宋史》卷 347《吴时传》，北京：中华书局，1985 年，第 10997 页。

④ 《宋史》卷 105《礼八》，北京：中华书局，1985 年，第 2552 页。

⑤ 《宋史》卷 105《礼八》，北京：中华书局，1985 年，第 2552 页。

象，北宋后期这次崇算运动虽然为昙花一现之举措，然而它对南宋民间算学的刺激作用是巨大的。南宋本来应当在北宋上述举措的基础上，对算学发展给予更多和更大的支持。可惜的是，终南宋一代，这种理想局面一直没有出现，于是，就出现了算学发展呈自生自灭的现象。如果我们把这种镜像加以放大，那么，下面的结果就是一种必然："朝廷并没有推行科学研究政策，也没有颁行培养科学人才的政策，为官者科学水平很低，甚至完全没有科学知识，所以不会重视科学研究，零零碎碎的民间科学家，就只有自生自灭。"[①]南宋算学的发展状况尤其如此，像 60 余种算学著作，仅存十五六种，约 3/4 的著作散佚，即是南宋政府漠视民间数学发展的一种必然后果。

---

① 刘昭民：《试探中国古代科学史之特征》，《大自然探索》1990 年第 3 期，第 117 页。

第十章　杨辉算书的时代局限与文化启示

杨辉算书的主要成就，见前述。作为一种历史文化现象，杨辉毕竟属于特定历史时代的算学家，他的思想和观察问题的视野不能不受到南宋晚期政治、经济和文化发展的深刻影响，因而被打上了他所生活的那个时代的历史烙印。下面我们试从两个方面来考察杨辉算书的局限与启示。

第一节　杨辉算书与中国传统数学的固有内伤

一、杨辉算书与工具意识

崇宁三年（1104 年）置算学，然而对于算学的归属，忽而归于国子监，忽而又并入太史局，之后，至宣和二年（1120 年）被罢。而对于罢算学的理由，宋徽宗在诏书中称：今算学"张官置吏，考选而任使之，大略与两学同，既失先帝本旨，赐第之后不复责以所学，何取于教养，可并罢"[①]。在宋代，算学始终没有形成像天文学和医学那样拥有属于自己的独立"选拔"体系，这就造成了它不得不依附于天文历法、易学及水利、建筑、赋税等具体科学，从而变成了其他学科的一种辅助性工具（算的本义就是一种工具）。

例如，翟汝文在《太史局冬官正姚舜辅除算学博士告词》一文中说："敕历数之设，推天地之纪，蟹九畴之叙。汝备畴人之职，王官之守也。往隶上痒，推所有余，以贻后学。"[②]所谓"畴人"，即是一种世承官职的人，他们实际上是变相的官奴。"历数"包括两层意思：历法与数术。在此，数术附属于历法，是为历法服务的，故北宋邹浩有"历家算术"[③]之说，南宋姜夔亦有"（盖天、宣夜、浑天）三家各自矜算术"[④]的议论。至和元年（1054 年）十

---

① 苗书梅等点校：《宋会要辑稿·崇儒》，开封：河南大学出版社，2001 年，第 156 页。
② （宋）翟汝文：《忠惠集》卷 3《外制·太史局冬官正姚舜辅除算学博士告词》，文渊阁《四库全书》本。
③ （宋）邹浩：《道乡集》卷 39《故观文殿大学士苏公行状》，文渊阁《四库全书》本。
④ （宋）姜夔：《白石道人诗集》卷上《丁巳七月望湖上书事》，文渊阁《四库全书》本。

二月丙午，宋仁宗诏"司天监天文算术官毋得出入臣僚家"①。可见，算术官的社会活动范围受到很大局限。而算术对宋代天文历法的影响，《宋史》的记载比较多，试举三例如下。

（1）《宋史·律例七》载："以历推之，是月入交二度弱，当食十五分之十三，而阳光自若，无纤毫之变，虽算术乖舛，不宜若是。"②

（2）《宋史·律例八》"求每月晨昏月"载："已前月度，并依九道所推，以究算术之精微。"③

（3）袁燮说："班氏《汉志》经星百一十八名，积数七百八十三名。后数术之家或谓二千五百而海人之占不存，或谓二百八十三万一千四百六十四星。夫星古犹今尔，而多寡若是不侔。"④

如上所引，对于算术这种天文工具，宋人批评者较多。钱宝琮曾评论说北宋、南宋各颁行了 9 部历法，"平均 17 年就要改革历法一次，但在天文学上并没有多大发展"⑤。造成这种后果的原因，除了实验和观测水平与唐代相比没有实质性的提高外，算术的附属地位使得习算者不能精于算术，亦是一个非常重要的原因。反过来，有许多知名的士大夫常常以不知算术为荣。例如，朱熹在《答蔡伯静》中说："《律书证辨》中论周径，自十一其长之分，至二里八毫者也。此一节未晓，恐有误字或重复处，幸更考之。算学文字，素所不晓，惟贤者之听耳。"⑥ 如果说朱熹之言含有几分谦虚的话，那么刘克庄下面所说就纯粹是一件非常得意的事情了。刘克庄对日者吕丙说："余不通算学，闻人说阴阳运限支干之类，漫不省为何物语，于世之淡天者，尤不解其工拙中否？故挟此枝访余者绝少。"⑦ 诚然，刘克庄所理解的算学属于数术中的末流，从这个层面看，他拒斥"算学"可算作是一位比较纯粹的学者。但是，这亦说明了一个问题，那就是当时的算学仍停留在杂乱的知识状态下，还没有形成一个完全的"自我"。

在宋人看来，数学仅仅是太极运动变化的一个环节和一个组成部分。比如，李纲说："物生而后又象，象而后有滋，滋而后有数。"所以，《易》之为书，该极象数，以冒天下之道者也"⑧。陈造亦说："《易》虽至妙，其起也，则由数。有数然后象，而至理可索也。"⑨ 从表面上看，宋人提高了"数"的地位，实则数被限制于《易》的思维范畴之中了。因此，真德秀云："《易》之为道，广大悉备，故凡天下之数术皆宗焉，而非数术所能尽也。"⑩ 可见，

　　① 《宋史》卷 12《仁宗四》，北京：中华书局，1985 年，第 237 页。
　　② 《宋史》卷 74《律例七》，北京：中华书局，1985 年，第 1695 页。
　　③ 《宋史》卷 75《律例八》，北京：中华书局，1985 年，第 1719 页。
　　④ 袁燮：《絜斋集》卷 6《历象一》，文渊阁《四库全书》本。
　　⑤ 钱宝琮：《从春秋到明末的历法沿革》，中国科学院自然科学史研究所：《钱宝琮科学史论文选集》，北京：科学出版社，1983 年，第 472 页。
　　⑥ 朱熹：《晦庵集·续集》卷 3《答蔡伯静》，文渊阁《四库全书》本。
　　⑦ 刘克庄：《后村集》卷 31《赠上饶日者吕丙》，文渊阁《四库全书》本。
　　⑧ 李纲：《梁溪集》卷 134《衍数序》，文渊阁《四库全书》本。
　　⑨ （宋）陈造：《江湖长翁集》卷 29《八卦由数起》，文渊阁《四库全书》本。
　　⑩ （宋）真德秀：《西山文集》卷 35《叶清父同归录后序》，文渊阁《四库全书》本。

数学仅仅是《易》学的注脚，而数学想要从《易》学的束缚中解脱出来，是非常困难的。对此，学界已有专论，如张图云的《周易中的数学——揲扐算法研究》，欧阳维诚的《易学与数学奥林匹克》，乐爱国的《周易对中国古代数学的影响》，孔宏安的《〈周易〉与古代数学》等，有鉴于此，笔者不拟重复。

秦九韶与杨辉都生活在南宋晚期，或者说宋元之际。元代的数学教育比较发达，中央和地方的各级各类学校都开设有术数课程，甚至地方学校还专门从至元二十八年（1291 年）始正式设有"阴阳学"，内容有天算科。即使如此，从官方的教育体制来看，算学的附属地位也始终不能对南宋算学的教育体制产生颠覆性的影响。况且包括秦九韶和杨辉在内，南宋算学的思维架框依然延续着《九章算术》的模式，其中杨辉虽然对《九章算术》的分类作了调整，但是"九类"这个总的编纂原则却基本上被保留了下来。因为《周礼》规定"教之六艺"，而"九数"则是"六艺"之一。这样，我们便过渡到了下一个问题。

二、杨辉算书与宋代数学的曲折发展

亢宽盈在《中国古代数学为什么没有产生和形成公理化体系》一文中说："《九章算术》成书于先秦墨家、名家思潮已经衰微，而儒家思想占统治地位的西汉时期，它深深地打上了儒家思想的烙印。《九章算术》其实就是儒家'九教'传统的表现，它与封建大一统治、经济结构及天人合一的思维方式相适应的。"[①] 一方面，汉武帝"罢黜百家，独尊儒术"有利于思想的统一和社会的稳定，同时在一定程度上对科学的发展也起到了积极的作用；另一方面，我们也必须看到，真正的科学发展却被至于从属的地位，因而它又程度不同地限制了中国古代科学尤其是数学的发展。

宋代推行"右文"政策，有学者甚至把宋代视为中国古代知识分子的黄金时期。[②] 关于这个问题，张邦炜曾撰《不必美化赵宋王朝——宋代顶峰论献疑》一文，对宋代士大夫的政治境遇作了较全面的考辨和商讨，他通过剖析宋代文字狱、官员"胡做得富"的主要手段如贪污、苞苴、经商和卖管等，得出了宋代并不"完美"的结论。笔者认为，张邦炜的见解值得重视。在宋代的士大夫群体中，有一类知识分子被排除在这个群体之外，那就是科技人才，亦称"伎术官"，包括"和安大夫至医学，太史令至挈壶正，书艺、图书奉御至待诏"[③]。北宋御史中丞王洪臣直言："翰林医官许希非士族，而其子乃与皇兄弈升之女纳婚，不可以乱宗室之制。"[④] 又诏令"伎术杂流玷辱士类……不得换授文资"[⑤]。终宋一代，算术始终没有自

① 亢宽盈：《中国古代数学为什么没有产生和形成公理化体系》，宋正海、孙关龙主编：《中国传统文化与现代科学技术》，杭州：浙江教育出版社，1999 年，第 412—412 页。
② 萧建生：《中国文明的反思》，北京：中国社会科学出版社，2007 年，第 128 页。
③ （清）徐松等辑：《宋会要辑稿》职官 56 之 43。
④ （宋）李焘：《续资治通鉴长编》卷 145 "仁宗庆历三年十二月庚戌"条，上海：上海古籍出版社，1985 年，第 1342 页。
⑤ （清）徐松等辑：《宋会要辑稿》职官 36 之 115，北京：中华书局影印本，1957 年。

己的官制体系，它先是属于司天监，司天监下设历算数，掌算术和造历。元丰改制之后，"罢司天监，立太史局，隶秘书省"[①]。其官品较低，最高阶为从七品，淳熙二年（1175 年），因宋孝宗意识到天文官的官品太低，故"自如医官有大夫数阶"[②]。即使如此，天文官的官品亦不过从六品。从总体上看，宋代伎术官的这种政治待遇对其科学技术的发展产生了非常不利的影响，对此，张邦炜、包伟民诸先辈均有专文论述，所以我们不拟详说，这里仅就算术这门学科的发展状况，略陈己见。

可以想见，天文官的官品才不过六七，至于其属下的历算科的算术人才，官品就更低了。在这种政治氛围里，算术人才的生存状态堪忧。于是，一些喜欢算术的士者便选择了先仕后算的途径，因为习算者一旦进入司天监，就永无出头之日了，如秦九韶、杨辉都是如此。据考，秦九韶是在任建康通判期间完成《数书九章》的[③]，杨辉也是在他担任台州等地的地方官吏期间编写了《详解九章算法》《日用算法》《乘除通变本末》等算学专著。诚然，宋代的数学成就十分突出，尤其是在代数学方面取得了突破性的发展。但是，在中国古代数学文化的传承方面，梗阻性休克现象非常严重。例如，杨辉在他的算书中反复用到"密率" $\left(\pi \approx 22\big/7\right)$ 和"徽术"（$\pi = 3.14$）。然而，祖冲之已经算得新的密率为 $\pi \approx 355\big/113$，原来的密率 $\pi = 22\big/7$ 则变成了"约率"，表明 $\pi \approx 22\big/7$ 的精确性不高，所以人们又将它称为"疏率"。不但祖冲之的圆周率方法在宋代失传，而且算家在实际计算过程中亦很少用到祖冲之的"密率"。在地径与天径之比方面，宋代更是基本上仍停留在张衡时代的水平，"这主要是由于缺乏对地径和天径进行测量的合理、有效的观念和方法，而是以主观臆测为断的缘故"[④]。在此，"方法的缺欠"当然包括几何方法在内。另外，宋代算家十分重视筹算的改革，而对笔算则缺乏深刻的认识，所以李迪认为，"宋元以后的中国传统笔算处于停顿状态"[⑤]。总之，对于宋代算学对中国古代算学传统的继承和发展，应当辩证地看，因为中国古代数学之所以无法完成向近代数学的转变，主要是因为宋代丧失了算法从筹算转为笔算的历史机遇，因而不能建立起一个符号系统。这样，由于不能实现算法的符号化，三角学也就不能建立起来。因此，有学者评论说："中国古代，科学理论，特别是天文、数学和政治的密切结合，它是中国封建社会结构的特殊产物"，而"科学理论一旦纳入儒家思想方法的框架之中，科学家一旦成为科学官僚，那么科学必然会官方化"。[⑥] 宋代数学发展所遇到的困难并不在于"官方化"本身，而是在科举制施行的过程中，数学发展却被多种政治因素所阻碍和窒息。

---

① 《宋史》卷 165《职官志五·司天监》，北京：中华书局，1985 年，第 3923 页。
② （清）徐松：《宋会要辑稿》职官 18 之 95，北京：中华书局影印本，1957 年。
③ 杜石然、孔国平主编：《世界数学史》，长春：吉林教育出版社，2009 年，第 252 页。
④ 陈美东：《古代天地结构理论的重大缺欠》，宋正海、孙关龙主编：《中国传统文化与现代科学技术》，杭州：浙江教育出版社，1999 年，第 424 页。
⑤ 李迪：《对中国传统笔算之探讨》，《数学传播（台）》2002 年第 3 期，第 65 页。
⑥ 江晓等：《古今中国解疑丛书·科技卷》，成都：四川人民出版社，1997 年，第 13 页。

三、杨辉算书与理学

前已述及，在《周礼》的知识体系里，数术属于"六艺"之一，享有比较高的政治地位。《后汉书》称：数术界虽有"奸妄不经"者，但亦多有"雅才伟德"者，"可以弘补时事"[①]。唐朝士人沿袭了汉代的这种认识，北宋初吕陶述云："昔者左丘明解《春秋》，好言卜筮；司马迁作《史记》，传龟策；《汉志》载杂占；《唐史》述卜相。大率可以明吉凶，著善恶，为小人之深戒，有辅于教也。"[②]然而，从北宋中后期开始，伎术的地位转而成为一种"诡诞不经，无补世教"[③]的异端末技。二程更将道与艺对立起来，主张"技艺不能安足耻！为士者当知道。已不知道，可耻也"[④]。在这种两极对立的思维方式下，算学不被关爱是其思维发展的必然后果。

说到宋代理学，我们当然不能不提到被称作"理学开山鼻祖"的周敦颐。理学有两脉：一脉为义理之学；另一脉为象数之学。对于两者的关系，南宋末年的俞琰有一段比较客观的评论，他说：

> 至宋濂洛诸公，彬彬辈出，一扫虚无之弊，圣人之本旨始明。奈何世之尚占而宗邵康节者，则以义理为虚文；尚辞宗程伊川者，则以象数为末枝。而程邵之学分为两家，牺画周经，亦为两途，遂使学者莫之适从。逮夫紫阳朱子本义之作，发程邵之未发，辞必归于画，理不外于象，圣人之本旨，于是乎大明焉。[⑤]

当然，仔细考察朱熹的易学哲学可知，象数之学的地位远远低于义理之学的地位。例如，朱熹说："不穷天理，明人伦、讲圣言，乃兀然存心于一草木一器用之间，此是何学问？如此而望有所得，是炊沙而欲其成饭也。"[⑥]在朱熹看来，天理人伦才是为学的本质，才是人生的目标。因而，朱熹的象数学是一种"理本论的象数观"[⑦]。对此，余敦康解释说：

> 朱熹的象数之学，以《本义》之九图与《启蒙》之四篇互相发明，构成为一个完整的体系。在这个体系中，卦亦图是孔子之《易》的象数，文王八卦是文王之《易》的象数，伏羲八卦是伏羲之《易》的象数，河图洛书是天地自然之《易》的象数。这四种象数虽然层次历然，不可混淆，其实皆不外乎阴阳奇偶之动静循环，至于其动其静，则必有所以动静之理，这就是所谓太极。因而太极阴阳变之妙就成为这四种不同象数的共同本质，从事象数之学的研究必须追求向上一路，直探本源，不可只从中半说起，以属于

---

① 《后汉书》卷 82 上《方术列传》，北京：中华书局，1987 年，第 2705—2706 页。
② （宋）吕陶：《净德集》卷 28《书术》，文渊阁《四库全书》本。
③ （宋）张世南：《游宦纪闻》卷 4，文渊阁《四库全书》本。
④ 《二程遗书》，聂明主编：《皇家藏书》5，北京：中央民族大学出版社，2001 年，第 151 页。
⑤ （宋）俞琰：《周易集说·自序》，文渊阁《四库全书》本。
⑥ （宋）朱熹：《晦庵集》卷 39《答陈齐仲》，文渊阁《四库全书》本。
⑦ 石训等：《宋代儒学与现代东亚文明》，开封：河南人民出版社，2003 年，第 71 页。

后天之学的今本《周易》为对象。太极是理，阴阳是气，所谓太极阴阳之妙，实质上就是一个理与气的关系问题，而这个问题就是朱熹的理学思想的核心。他的整个易学体系完全围绕这个核心而展开的。[①]

宋代的象数学注重图说，即"河图、洛书""太极图"及"先后天图"等。因此，杨辉的"纵横图"始于"河图、洛书"，而秦九韶的《数书九章》开篇就是"蓍卦发微"。可见，宋代算学的发展受到宋代象数学的深刻影响，但是，宋代象数学终究不能独立发展，而是"服务于儒家本体论、宇宙论的建立"[②]。从南宋统治者层面看，朱熹思想中受到推崇的不是他的象数学而是义理之学。例如，宝庆三年（1227 年）春正月辛酉，宋理宗诏曰："朕观朱熹集注《大学》、《论语》、《孟子》、《中庸》，发挥圣贤蕴奥，有补治道。朕励志讲学，缅怀典刑，可特赠熹太师，封信国公。"[③] 之后，宋理宗又于淳祐元年（1241 年）封周敦颐为汝南伯，张载为郿伯，程颢为河南伯，程颐为伊阳伯。[④] 很明显，在上述被封的宋代理学家中，象数学已经远离统治者的视野，于是，象数学不得不转向民间。这样，以二程为中枢的义理之学，就成为一种国家意识形态，与之不同，以邵雍和刘牧为基质的象数学作为"天地间一术"[⑤]却只能在民间流传与传授。这也是南宋没有出现官方算学家的根本原因之一，因为宋刻《算经十书》中有唐代王孝通撰《缉古算经》和韩延撰《夏侯阳算经》，又有李淳风注《周髀算经》《九章算经》《海岛算经》《五经算术》《张丘建算经》等，其中却没有一本宋人的著作，这与宋代算学发展的实际状况不符。

四、杨辉算书与逻辑思维

汉武帝"独尊儒术"的直接后果是墨学和名学的衰落。从《隋书·经籍志》的记载来看，直到隋朝墨家的著述仅见《墨子》及墨翟弟子所撰的《胡非子》和《随巢子》3 种[⑥]，名家中公孙龙的著作已不见载。《旧唐书·经籍志》所载，墨家的著作少一部《随巢子》，而名家的著作则已有《公孙龙子》3 卷[⑦]，《新唐书·艺文志》载墨家著作 3 种，与《隋书·经籍志》所载相同。到《宋史·艺文志》时，墨家只剩下《墨子》1 种。[⑧] 然而，无论是墨家还是名家，唐宋时期竟没有一部研究墨家和名家逻辑思想的著作。

在逻辑学方面，公孙龙正确揭示了形式逻辑概念论几乎所有的丰富内容和最基本的思维

① 余敦康：《汉宋易学解读》，北京：华夏出版社，2006 年，第 492 页。
② 中国孔子基金会编：《中国儒学百科全书》，北京：中国大百科全书出版社，1997 年，第 579 页。
③ 《宋史》卷 41《理宗本纪一》，北京：中华书局，1985 年，第 789 页。
④ 《宋史》卷 42《理宗本纪一》，北京：中华书局，1985 年，第 822 页。
⑤ （宋）陈长方：《唯室集》卷 2《答黄循圣书》，文渊阁《四库全书》本。
⑥ 《隋书》卷 34《经籍志三》，北京：中华书局，1987 年，第 1005 页。
⑦ 《旧唐书》卷 47《经籍志下》，北京：中华书局，1975 年，第 2031—2032 页。
⑧ 《宋史》卷 205《艺文志四》，北京：中华书局，1985 年，第 5203 页。

规律。① 墨子的逻辑思想大致可归结为六个方面：一是关于逻辑推论的基本范畴"类""故"和"法"；二是关于逻辑思维的基本规律，墨子运用矛盾律和排中律来揭露论敌的矛盾；三是关于名词概念的分析，提出"取实予名"的原则；四是关于判断的运用，主要有肯定与否定判断的连举，对立判断、矛盾判断、假言判断、假言，选言判断的联合运用、双重否定判断及选言判断 4 种形式；五是关于推理论证的各种形式，包括演绎推理、归纳推理和类比推理；六是关于逻辑方法的运用，主要有对比法、三表法、反诘法和定义法等。② 《墨子·非攻篇》云："谋而不得，则以往知来，以见知隐。"③ 此即科学之为科学的本质特征，当然，儒家也讲"以往知来"，但儒家用的方法是直观外推的思维方法，而不是逻辑的类推方法，用现代的逻辑概念讲，就是演绎推理与归纳推理。所以，汉代以降，中国古代数学主要"是以直观、直觉、体验、感悟甚至猜测的方式获得有关对象的全貌和整体的笼统的知识，而缺乏细密的分析和严格的逻辑论证"，因而"这就使得中国古代数学往往满足于知其然而不知其所以然（比如寓理于算、不证自明的特征），满足于经验、直观或者悟性"④。例如，杨辉算书中的"纵横图"，有许多图就是只有"图式"而没有推理过程和构造方法。⑤ 虽然杨辉确实因为《九章算术》"问题颇隐，法理难明"而运用"因法推类"编撰了《详解九章算法》，但是从杨辉算书所呈现出的题法及术文，以及把墨家逻辑作为一个体系来判断和分析，杨辉的逻辑思想既不系统也不完整和严密。对此，孙宏安就杨辉在《田亩比类乘除捷法》中把"直田面积"作为逻辑起点的问题，谈了以下认识："实际上，从逻辑的观点看，数学中的'直田'并不是抽象的终点，虽然对《田亩比类乘除捷法》所涉及的求面积问题来说，它可以作为最抽象的概念来看待，但在涉及更广泛的问题时，这种非抽象终点，即抽象不够的问题就产生了"，所以"逻辑起点的抽象不足表明该书的逻辑体系是不够严密的"。⑥ 诚如徐光启所言，中国传统数学的不足之处主要在于"第能言其阃，不能言其义"⑦。这个论断对杨辉算法亦同样适用，然而，它绝不否认杨辉的《详解九章算法》和《杨辉算法》等"都有不同程度的定义、推理和论证"，甚至像李约瑟已经指出的那样，"杨辉有演绎推理的倾向"⑧。

---

① 杨俊光：《公孙龙子蠡测》，济南：齐鲁书社，1986 年，第 29 页。
② 温公颐：《墨子的逻辑思想》，《中国逻辑思想论文选（1949—1979）》，1980 年，第 215 页。
③ 武振玉、彭飞注评：《墨子·非攻中》，南京：凤凰出版社，2009 年，第 59 页。
④ 亢宽盈《中国古代数学为什么没有产生和形成公理化体系》，宋正海、孙关龙主编：《中国传统文化与现代科学技术》，杭州：浙江教育出版社，1999 年，第 414 页。
⑤ 欧阳录：《幻方与幻立方的当代理论》，长沙：湖南教育出版社，2004 年，第 15 页。
⑥ 孙宏安《中国古代数学思想》，大连：大连理工大学出版社，2008 年，第 221 页。
⑦ （明）徐光启：《勾股义·自序》，文渊阁《四库全书》本。
⑧ 王洪波：《中国古代数学：不仅重"实用"，而且有"理论"——郭书春谈〈中国科学技术史·数学卷〉》，《中华读书报》2011 年 9 月 7 日第 12 版。

第二节　杨辉算书的文化启示

一、杨辉算书的经验和启示

（一）杨辉算书的成功经验

（1）"选萃法"与注重算题的典型性和趣味性。如何继承和发展中国古代算法的思想精髓，从而推陈出新，这是编写算术教材的疑难之一。我们知道，杨辉数学教学的经验主要体现在他的"习算纲目"里，但这还远远不够。实际上，剖析典型例题是杨辉数学教学的一种非常有效的方法。杨辉在《详解九章算法·序》中说：《九章算术》原有 246 道算题，如果依例题的编排顺序，一道一道地解析，那么就教学过程而言，则未必是一条捷径，同时也不是提高学习效果的有效方法，因为在特定的单位时间里，只有通过典型例题法，才能增强习算者的学习兴趣。所以，杨辉讲解《九章算术》采用的教学方法是特"择八十题以为矜式"[1]，而不是面面俱到。另外，《续古摘奇算法》也是择取了"诸家算法奇题"[2]，实际上它是"先萃法"的又一生动体现。

在解题的过程中，杨辉尽量从多个角度观察和解析问题，因而就出现了大量的一题多解现象。对于习算者来说，反思不同的解题方法，能够促使习算者从不同角度去思考问题，从而启迪思维，锻炼其分析问题的能力。例如，对于内容相对复杂艰深的重差术，杨辉不是进行繁缛的论证和抽象的分析，而是通过三道典型算题，凝练《海岛算经》的思想精髓，至于"其余"，他认为"好学君子自能触类而考，何必轻传"[3]。他又说："以隔水望木二题为问，验重差之术，引用《海岛》第一题，好事者得之，自可引而伸之，以开其余。"[4] 可见，将启发与引导结合起来编撰算书和习算教材，即成为杨辉"选萃法"的突出特点。

（2）典型算题的选择原则是注重选择与生活实际和社会现实联系比较密切的问题。杨辉在《日用算法·序言》中提出了典型算题的编选原则："用法必载源流，命题须则实有。"[5]"实有"当然是指我们非常熟悉的问题，是人们在生产实践和生活实际中经常面对的问题，这既是自《九章算术》以来中国传统算术产生和发展的基本前提，同时又是杨辉编撰算术教材的思想指南。这种利用社会生活中的资源来建设课程的做法，对我们现代教育仍有积极的借鉴

① （宋）杨辉：《详解九章算法·序》，《中国科学技术典籍通汇·数学卷（一）》，开封：河南教育出版社，1993 年，第 951 页。
② （宋）杨辉：《续古摘奇算法·序》，《中国科学技术典籍通汇·数学卷（一）》，开封：河南教育出版社，1993 年，第 1095 页。
③ （宋）杨辉：《续古摘奇算法》，《中国科学技术典籍通汇·数学卷（一）》，开封：河南教育出版社，1993 年，第 1114 页。
④ （宋）杨辉：《续古摘奇算法》，《中国科学技术典籍通汇·数学卷（一）》，开封：河南教育出版社，1993 年，第 1116 页。
⑤ （宋）杨辉：《日用算法·序》，郭熙汉：《杨辉算法导读》，武汉：湖北教育出版社，1996 年，第 454 页。

价值。[①] 恩格斯指出："和其他所有学科一样，数学是从人们的实际需要上产生的；是从丈量地段面积和衡量器物容积，从计算时间，从制造工作中产生的。"[②] 杨辉紧紧抓住田亩与南宋赋税及其与整个封建政治的关系，并将其看作是一切几何问题的基础，他说："为田亩算法者，盖万物之体，变段终归田势。"[③] 此处的"变段"，即用构造图形来进行几何证明，这是刘益和杨辉演段方法的精髓。前面指出，把"直田面积"作为逻辑起点，固然存在着抽象不足的问题，但是在当时的历史条件下，杨辉能够注意到"直田面积"与其他各种几何面积之间的内在联系，以直求曲，其解题思路是正确的。原因如下：第一，自井田制以来，"直田"始终是平原地区土地经济发展的主要载体，而随着南宋山地农业的开发，"田势"发生了很多变化，各种非直田的田亩形状不断出现，因此，如何计算非直田的面积就成了一个十分现实的经济问题；第二，将"直田面积公式"作为求各种非直田面积的一个"公理"，其中"段"是指各种田势都能转化为"直田"，即用一段一段的面积来表示，刘益认为，通过"段"的变换，则"能穷根源"[④]。可见，"田亩"问题不但是宋代社会经济的重大问题，而且更是杨辉算书的核心论题。

（3）汇集群书，构建算术研究中心。宋代的藏书事业非常发达，国家建立了"三馆六阁"（即"史馆、昭文馆和集贤馆；龙图阁、天章阁、宝文阁、显谟阁、徽猷阁和傅文阁）藏书体系，据《齐东野语》载："宋宣和殿、太清楼、龙图阁、御府所储尤盛于前代，今可考者，《崇文总目》四十六类三万六百六十九卷，史馆一万五千余卷，余不能具数。南渡以来，复加集录馆阁书目五十二类四万四千四百八十六卷、续目一万四千九百余卷，是皆藏于官府耳。"[⑤] 与之相适应，宋代还建立了与宋王朝官僚制度一致的秘书监制和馆阁制度。至于私人藏书更是蔚然壮观，例如，"南渡以来，惟叶少蕴梦得少年贵盛，平生好收书，逾十万卷，置之雪川弁山山居，建书楼以贮之"[⑥]。又绍兴五年（1135 年）甲戌"大理评事诸葛行仁献家藏书籍有一千五百卷"[⑦]；晁公武"书几五十箧……得二万四千五百卷有奇"[⑧]；郭叔谊"自号肖舟老人，筑室藏万卷书"[⑨]；明人谢肇淛说："宋人多善藏书，如郑夹漈、晁公武、李易安、尤延之、王伯厚、马端临等，皆手自校雠，分类精当。又有田伟者，为蒋陵尉，作

① 杨阳：《杨辉的数学教育思想及其现代数学教育的启示》，《现代企业教育》2008 年第 12 期，第 191—192 页。
② 恩格斯撰，吴黎平译：《反杜林论》，北京：人民出版社，1956 年，第 38 页。
③ （宋）杨辉：《田亩比类乘除捷法·序》，《中国科学技术典籍通汇·数学卷（一）》，开封：河南教育出版社，1993 年，第 1073 页。
④ （宋）杨辉：《田亩比类乘除捷法》卷下引刘益的话，《中国科学技术典籍通汇·数学卷（一）》，开封：河南教育出版社，1993 年，第 1086 页。
⑤ （宋）周密：《齐东野语》卷 12《书籍之厄》，纪晓岚总撰：《四库全书精编·子部》第 5 部，北京：中国文史出版社，1999 年，第 79 页。
⑥ （宋）王明清：《挥麈后录》卷 7，四部丛书续编本。
⑦ （宋）李心传：《建炎以来系年要录》卷 93"绍兴五年甲戌"条，北京：中华书局，1988 年，第 1543 页。
⑧ （宋）晁公武：《郡斋读书志序》，文渊阁《四库全书》本。
⑨ （宋）魏了翁：《鹤山集》卷 83《知巴州郭君叔谊墓志铭》，文渊阁《四库全书》本。

博古堂，藏书至五万七千余卷"①，等等。以藏书家的地区分布来看，浙江位居第一，其次是江苏和江西。②这种刻书和藏书之风气，对于浙江形成南宋的数学研究中心是起了关键作用的。我们很难想象一个不喜欢藏书的人，能够在自己的著作中征引那么多同时代算学著作里的算题。杨辉在《续古摘奇算法·序言》中说，当刘碧涧和丘虚谷把他们编集的《诸家算法》奇题请求杨辉板刻时，杨辉更"添摭诸家奇题与夫缮本及可以续古法"③者，没有大量的专业藏书，是做不到的。如果我们把杨辉、刘碧涧、丘虚谷及荣棨等联系起来，同时再结合杨辉的书院教学实际，特别是杨辉所征引的专业性比较强的算术著作，那么，我们有理由相信，当时以杨辉为轮轴，在浙江杭州和苏州一带形成了一个势力比较雄厚的算学研究和传播中心。

（4）把求理与创新作为推动数学发展的精神动力。生产实践是数学发展的物质基础，这是数学史的唯物主义观点。然而，就算学家个体来说，面对同样的生产实践和社会需要，为什么有的算学家就能把数学算题与生产实践相结合，成功地将生产实践所遇到的问题转变为算学问题，并从中总结、概括或提炼出一定的理论方法，比如，南宋的数学家不少，但能够为广大社会民众所认可的算学家，仅仅有秦九韶、杨辉等少数几位。究其原因，杨辉除了具备一般算学家所共有的专业素质之外，还有一种为其他算学家所不具有的特殊精神素质，那就是杨辉把求理作为自己数学研究和数学教学的最高目标和科学境界，进而在求理的过程中敢于突破前人的思维框架，大胆创新。譬如，杨辉针对习算者普遍感觉《九章算术》"法理难明，不得其门而入"④的问题，提出了以追求"算法之尽理"⑤为目标的算学思想。此处的"理"显然是指数学的法则和原理，在杨辉看来，算法可以千变万化，但是算理具有相对的稳定性和不变性，这就是"算无定法，惟理是用"⑥的思想内涵。具体言之，《九章算术》有246题，算法各异，然而从算理的层面讲，可概括如下：

题有分者，随母通之；母不同者，齐子并之；田不匠者，折并直之；数皆求者，互乘换之；差等除实，别而衰之；叠垒积者，以形测之；数隐互者，维乘并之；错糅为问，正负入之；勾股旁要，开方除之；节题匿积，演段取之。⑦

① （明）谢肇淛：《五杂俎》卷13《事部一》，上海：上海书店出版社，2001年，第263—264页。
② 潘美月：《宋代藏书家考》，北京：学海出版社，1980年，第27页。
③ （宋）杨辉：《续古摘奇算法·序》，《中国科学技术典籍通汇·数学卷（一）》，开封：河南教育出版社，1993年，第1095页。
④ （宋）杨辉：《详解九章算法纂类·序论》，《中国科学技术典籍通汇·数学卷（一）》，开封：河南教育出版社，1993年，第1004页。
⑤ （宋）杨辉：《详解九章算法·序》，《中国科学技术典籍通汇·数学卷（一）》，开封：河南教育出版社，1993年，第951页。
⑥ （宋）杨辉：《乘除通变本末》卷中《乘除通变算宝》，《中国科学技术典籍通汇·数学卷（一）》，开封：河南教育出版社，1993年，第1060页。
⑦ （宋）杨辉：《详解九章算法·序》，《中国科学技术典籍通汇·数学卷（一）》，开封：河南教育出版社，1993年，第951页。

数学方法源于数学原理，因此，在上述各种方法之间能够起贯通作用者，就是那些内在的数学原理。例如，"勾股旁要"法见于贾宪的《黄帝九章算经细草》，它是利用相似直角三角形对应边成比例来进行勾股形计算。杨辉在《详解九章算法》引贾宪"勾股旁要法"云："直田斜解勾股二段，其一容直，其一容方，二积相等。"[①] 实际上，这即是一条数学原理，刘徽名之曰"不失本率"原理，有的学者称为"容横容直原理"[②]，而"不失本率原理与勾股旁要同为一法，与今之相似勾股形对应边成比例相当"[③]，即勾股定理的证明虽然从表面上看主要是利用了"出入相补"等积转化的方法，但实质上是运用了等积原理来解决问题。又如，"叠垒积者，以形测之"，在此，"叠垒积"（西方称"积弹法"）即高阶等差级数的求和法，它不但在数学史上具有重要意义，而且作为一个普适性较强的"原理"（广义的"垒积"），可广泛应用于粮仓、材料制品、机件立体图等专业领域。有研究者认为，杨辉三角的性质中有一条是："以杨辉三角每个数的顶点（下面把每个顶点的数叫做杨辉码），从每个顶点向它的下层最接近的两个顶点画两条有向边，构成一个'杨辉图'，则每个顶点上的杨辉码恰为从根到此顶点的有向路径的条数。"[④] 而这条性质可以看作是分步分类计数原理的应用。当然，探明法理不是为了求理而求理，而是为了在融会贯通的基础上进行科学创新。例如，重差术是《海岛算经》的灵魂，其对于中国古代数学的重要性不言而喻。杨辉非常重视此术，他在《续古摘奇算法》专门设有一节"海岛算题"，不仅为重差术"说其源"，而且更运用"不失本率"原理对"重差术"作了新的发挥，详见"海岛算题"中的"第三题"。

（二）杨辉科学思想的基本内涵

（1）从"源"上寻找算学方法的精髓。杨辉在阐释传本《海岛算经》的缺陷时说："《海岛》题法隐奥，莫得其秘。李淳风中注，衹云下法，亦不曾说其源。《议古根源》原无细草，但依术演算，亦不知其旨。自《九章》勾股而有二书，因二书增续诸家之妙。"[⑤] 源即事物发生的根源，在此，杨辉实际上是主张探本寻源的科学研究方法。他说："开方乃算法中大节目，'勾股'、'旁要'、'演段'、'锁积'多用例。有七体，一曰开平方，二曰开平圆，三曰开立方，四曰开立圆，五曰开分子方，六曰开三乘以上方，七曰带从平方。并载'少广'、'勾股'二章。作一日学一法，用两月演习题目。须讨论用法之源，庶几而无失念矣。"[⑥] 在

① （宋）杨辉：《详解九章算法》，《中国科学技术典籍通汇·数学卷（一）》，开封：河南教育出版社，1993年，第980—981页。
② 傅海伦：《中外数学史概论》，北京：科学出版社，2007年，第95页。
③ （明）程大位著，梅荣照、李兆华校：《算法统宗校释》，合肥：安徽教育出版社，1990年，第793页。
④ 吴隆环：《对杨辉三角一条性质的引申》，《中学生数理化（学研版）》2010年第11期，第6页。
⑤ （宋）杨辉：《算法通变本末》卷上《习题纲目》，《中国科学技术典籍通汇·数学卷（一）》，开封：河南教育出版社，1993年，第1049页。
⑥ （宋）杨辉：《算法通变本末》卷上《习题纲目》，《中国科学技术典籍通汇·数学卷（一）》，开封：河南教育出版社，1993年，第1049页。

这里，"讨论用法之源"，也就是说学习和研究任何算学问题，都不要仅知其然，而且更要知其所以然。在杨辉看来，只有当人们将算法研究深入到"讨论用法之源"的层面时，才能够使问题变得更加明晰，记忆才能更持久和牢固。因此，他编撰算术教材始终以"用法必载源流"[①]为标准，做到阐幽发微，因法明理。例如，学习乘除法不能撇开加减法（乘除的替代方法），当然，加减法本身则具有内在的统一性和互根性，因而"加法乃生数也，减法乃去数也，有加则有减。凡学减，必以加法题答考之，庶知其源"[②]。事实上，这种方法的科学价值主要在于它适应了推广简捷算法的客观需要。

（2）按照教学规律，以学生的能动性和积极性为中心环节，倡导循序渐进，精讲多练，从而形成重在能力培养的教学思想。在《习题纲目》里，杨辉首先把数学知识看作是一个有机的整体，其中每个部分之间都有内在的逻辑关系，既相互独立又相互联系。因此，一方面，依据知识的难易程度，杨辉把算学的教学划分成几个阶段；另一方面，确定明确的教学计划，强化基础知识的训练，在此基础上注重知识的拓展和应用。为此，杨辉提出了几个原则：第一，"命题须责实有"，即每一道算题的取舍，都以此为准，体现了杨辉学以致用的教学理念。第二，"因法推类"，即注重数学知识的融会贯通，通过"法将题问"和"随题用法"的教学方法，训练习算者的逻辑思维能力，收到举一反三的效果，如《田亩比类乘除捷法》及《续古摘奇算法》都讲到了"引而伸之"的问题，事实上，杨辉正是围绕这个教学目标来进行算法教学实践活动的。第三，"用乘除为便"，算法力求简捷。这里包括两层意思：一是遵循思维发展规律，在选择算题时，本着由简到繁的原则，先从简单的算题开始，当夯实了算学基础理论之后，再进行相对繁难之题的练习，故杨辉说："（题繁）难见法理，今撰小题验法，理义即通，虽用繁题，了然可见也"[③]；二是在解题的过程中，化繁为简，简中求捷，如杨辉解释"重减术"的特点时说：对于"除题位繁者，约之；作两次减，或三次减，位捷必减"[④]。又说："随题用法者捷，以法就题者拙。"[⑤] 因此，我国学者将杨辉通过"简捷法"得到的算题称为"优美题"，如杨辉对"漆三油四""持金出关""有竹九节""持钱之蜀"等题所作的解析，"都胜于古《九章》原术，都是优美题"，另外，对"勾股章勾股容方题的推导，杨辉证法较刘徽简洁，也是优美题"[⑥]。

（3）注意细节，使中国古代传统算法更加趋于完美。所谓的教学细节，是指形成于特定

① （宋）杨辉：《日用算法·序》，郭熙汉：《杨辉算法导读》，武汉：湖北教育出版社，1996年，第454页。
② （宋）杨辉：《算法通变本末》卷上《习题纲目》，《中国科学技术典籍通汇·数学卷（一）》，开封：河南教育出版社，1993年，第1048页。
③ （宋）杨辉：《田亩比类乘除捷法》卷上，《中国科学技术典籍通汇·数学卷（一）》，开封：河南教育出版社，1993年，第1076页。
④ （宋）杨辉：《乘除通算变宝》卷中，《中国科学技术典籍通汇·数学卷（一）》，开封：河南教育出版社，1993年，第1057页。
⑤ （宋）杨辉：《乘除通算变宝》卷中，《中国科学技术典籍通汇·数学卷（一）》，开封：河南教育出版社，1993年，第1057页。
⑥ 吴文俊主编：《中国数学史大系》第5卷《两宋》，北京：北京师范大学出版社，2000年，第685页。

的教学情境中，是构成教学行为的外显的最小单位。[①] 在现实生活中，人们往往用"蝴蝶效应"来形容细节与成败的关系，也就是说，"一件表面上看来非常微小、毫不足道的事情，可能带来巨大的改变，甚至造成很严重的后果"[②]。对教学过程来说，细节意识实际上是考察师生是否具有观察问题、发现问题和解决问题能力的重要指标。杨辉重视细节的数学思想主要表现在以下几个方面：一是在算题的择取方面，重视小题和小法的作用，而《法算取用本末》即是专论"小题"的成功范例。杨辉在解释"小法"与"题算"的关系时，以"罗四百九十一丈五尺二寸"题为例，针对各种算法的繁简特点，得出结论说："若谓减二繁，则用折半六归代；六归繁，则以加五用九归代，或谓减六繁，用折半八归代；又谓八归繁，更以加二五代之；或三折半代加二五。此秖从人便用，既论小法，当尽其理。"[③] 二是对于算法讲求"思维的经济原则"。例如，杨辉在讲述腰鼓田的算法时，考虑到了这样一个细节：因为《五曹算法》和《应用算法》对于腰鼓田、鼓田、三广田都"作两段梯田取用"，他怕引起习算者的疑惑，于是"立小问图证，免后人之惑也"[④]。又杨辉对《议古根源》"立演段"方法的认同度甚高，认为"知片段则能穷根源"[⑤]，将求解的数学问题分成"片段"，既符合思维的经济原则，又体现了细节的重要性，而吴文俊机械化方法的基本原则，其本质与此相类。三是突出细节是为了消除"误碍"。缺少细节的关照，往往是造成算法怪奥而使人难以理解的根源，所以，杨辉认为，在研究算法的过程中，不能为了片面追求"简便"而忽视了细节，例如，他在批评这种学习倾向时说："因九九错综而有合数、阴阳，凡八十一句。今人求简，止念四十五句，余置不用……岂得有数不用者乎！"[⑥] 另外，在"定位"方面，杨辉主张"恐为学者惑，今立定率术曰：先以乘除本法定所得位，讫而后重互杂法，必无误碍也"[⑦]。可见，在数学的教学和科研实践过程中，只有重视细节，才能使人们研究问题时更加精确和深入。

二、中算如何影响世界——以吴文俊为例

吴文俊通过其"几何代数化"思想而用算法和可计算性的观点来分析我国古代数学的发展历史，于是，把我国数学史的研究推向了一个新的历史阶段。[⑧] 吴文俊为了纠正我国数学

---

① 王国伟：《注重教学细节，提高科学教学有效性》，《科教新报（教育科研）》2010 年第 35 期，第 5 页。
② 陈德华：《教学中的心理效应》，上海：上海教育出版社，2009 年，第 177 页。
③ （宋）杨辉：《算法取用本末》卷下，《中国科学技术典籍通汇·数学卷（一）》，开封：河南教育出版社，1993 年，第 1070—1071 页。
④ （宋）杨辉：《田亩比类乘除捷法》卷上，《中国科学技术典籍通汇·数学卷（一）》，开封：河南教育出版社，1993 年，第 1081 页。
⑤ （宋）杨辉：《田亩比类乘除捷法》卷上，《中国科学技术典籍通汇·数学卷（一）》，开封：河南教育出版社，1993 年，第 1086 页。
⑥ （宋）杨辉：《乘除通算变宝》卷中，《中国科学技术典籍通汇·数学卷（一）》，开封：河南教育出版社，1993 年，第 1061 页。
⑦ （宋）杨辉：《乘除通算变宝》卷中，《中国科学技术典籍通汇·数学卷（一）》，开封：河南教育出版社，1993 年，第 1061 页。
⑧ 骆祖英：《奉献——科学家的生命之光》，北京：科学出版社，2000 年，第 196 页。

史研究过程中过分强调西方数学模式的偏向，提出了研究我国数学史的两条原则：①"所有研究结论应该在幸存至今的原著基础上得出"；②"所有结论应该利用古人当时的知识、辅助工具和习惯用推理方法得出"[①]。我们知道，吴文俊是现代"定理机械证明"研究第一人，在世界数学史上影响深远。他在总结自己发现这种方法的思想来源时，反复强调一点，即"本人关于数学机械化的研究工作"，是中国古代机械化和代数化思想与成就启发下的产物，"它是我国自《九章算术》以迄宋元时期数学的直接继承"[②]。又说："几何定理证明的机械化问题，从思维到方法，至少在宋元时代就有蛛丝马迹可寻。"[③]对于几何代数的机械化证明来说，"杨辉三角"是一个经典范例。当然，吴文俊肯定自《九章算术》以来中国古代算学几何代数化方面的重要成就，目的很明确，就是把中国古代的数学思维方法看作是独立于西方逻辑体系之外的另一条数学发展途径，尽管这条途径曾经被人们所忽视，但它确实特色鲜明，生命力顽强。所以，从近代数学发展的大趋势看，"微积分发明属于数学发展的'主流'，不应排斥或否认中国古代数学对这一主流的贡献"[④]，事实上，解方程恰好是"中国传统数学蓬勃发展的一条主线"[⑤]。对于这条主线，吴文俊分析它的独特表达方式是：

> 中国数学的经典著作大都以依据不同的方法或不同类型分成章节的问题集的形式出现。每一各别问题又都分成若干个条目。条目一是"问"，提出有具体数值的问题。条目二是"答"，给出这一问题的具体数值答案。条目三称为"术"，一般说来乃是解答与条目一同种类型问题的普遍方法。实际上就相当于现在计算机科学中的"算法"，但有时也相当于一个公式或一个定理。条目四是"注"。说明"术"的依据与理由，实质上相当于一种证明。宋元以来，可能是由于印刷术的发达，往往加上条目五"草"，记述依据"术"得出的答案的详细计算过程。[⑥]

杨辉算书确实体现了上述特点，即主要围绕着实际问题而进行算法提炼和方法构造，在此基础上形成了具有中国特色的算学体系，因而《详解九章算法》《日用算法》《杨辉算法》等算学著作中蕴含着丰富的算法思想。对于创新思维而言，我们既需要以推理方式为主导的公理系统思维方法，同时又不能舍弃以算法方式为主导的算法构造思维方式，作为一种优秀的数学文化传统和卓有成效的创新思维，确立解题方法的精确描述需要比较严谨的思维训练，所以如何继承和发展杨辉的算法思想，是我们进行数学课程改革的重要内容之一。

① 吴文俊：《吴文俊论数学机械化》，济南：山东教育出版社，1996年，第83页。
② 吴文俊：《吴文俊论数学机械化》，济南：山东教育出版社，1996年，第365页。
③ 吴文俊：《吴文俊论数学机械化》，济南：山东教育出版社，1996年，第431页。
④ 骆祖英：《奉献——科学家的生命之光》，北京：科学出版社，2000年，第196页。
⑤ 骆祖英：《奉献——科学家的生命之光》，北京：科学出版社，2000年，第197页。
⑥ 吴文俊：《吴文俊论数学机械化》，济南：山东教育出版社，1996年，第32页。

三、社会需要与数学发展

宋元四大家（秦九韶、杨辉、李冶和朱世杰）是中国古代数学高峰的重要标志，他们创造了许多遥遥领先于世界的数学成就，为人类数学文化的大发展作出了突出贡献。究其原因，除了他们个人的天赋之外，社会需要应是其展开数学创新研究的根本动力。

如前所述，南宋临安的商品经济非常发达，像乡村集市贸易逐渐形成了颇为密集的区域分布网络，故南宋士人刘宰云："今夫十家之聚，必有米盐之市。曰市矣，则有市道焉。相时之宜，以懋迁其有无，揣人情之缓急而上下其物之估，以规圭黍勺合之利。"① 对于其城市经济而言，仅据《西湖老人繁胜录》所载，临安商业和服务业已出现了 414 行，其中服务业有 100 余行。临安御街两侧及各坊街巷中，无虚空之屋，"大小铺席，连门俱是"②。与之相连，群众文化事业空前繁荣，如《武林旧事》卷 6《诸色伎艺人》载有临安瓦市有各种伎艺 55 类，从艺者计 514 人。③ 据考，杨辉钻研"纵横图"与当时盛行于民间的"九宫智力"游戏有关。④ 尽管这种说法的真实性尚待考证，但"九宫图"在南宋民间的确是事实。

因此，杨辉算题深受这种商品经济发展形势的影响，商业色彩非常浓厚，如《日用算法》即以"秤斗尺田为问"⑤。而商业发展迫切需要既简便准确又易于操作的计算技术，于是，杨辉把改进筹算乘除计算技术和总结各种乘除捷算法作为鞭数学研究与数学教育工作之重点，即是上述商品经济发展的客观产物。从北宋的增成法到算盘的出现，杨辉记录和见证了这一运算工具改革的历史进程，比如，"九归新括"为算盘的早期歌诀。⑥ 有学者称：从增成法的运算程式看，"九归新括是增成法演变而成"⑦。

我们反复强调，杨辉算书主要是为了教学之用。在南宋，算学已经退出官方教育体系，但是算学发展有其自身运动的客观规律，它的兴盛与衰落主要不是由政治因素而是由社会经济的发展状况决定的。例如，《田亩比类乘除捷法》与南宋山区农田的开发与建设，《乘除通变本末》与南宋城镇商品消费市场的空前繁荣，等等。在此期间，为了维持商品生产和商品交换的顺利进行，没有一定的算学知识显然已经不能适应南宋商品经济快速发展的现实需要了。正是在这样的历史条件下，习算者形成了一个十分广阔的需求市场。而杨辉之所以受到杭州、苏州、台州等地民众的欢迎，主要就是因为他适应了这种市场发展的迫切需要。一句话，社会经济的发展状况决定着特定历史阶段数学进步的层次和水平。

---

① （宋）刘宰：《漫塘集》卷 23《丁桥太霄观记》，文渊阁《四库全书》本。
② 吴自牧：《梦粱录》卷 13《铺席》，杭州：浙江人民出版社，1980 年，第 117 页。
③ （宋）周密著，李小成、越锐评注：《武林旧事》卷 6《诸色伎艺人》，北京：中华书局，2007 年，第 179—192 页。
④ 许迪：《中华文明故事 100 个》，昆明：晨光出版社，1995 年，第 139—140 页。
⑤ （宋）杨辉：《日用算法·序》，郭熙汉：《杨辉算法导读》，武汉：湖北教育出版社，1997 年，第 454 页。
⑥ 中国数学会数学通报编委会：《初等数学史》，北京：科学技术出版社，1959 年，第 15 页。
⑦ 余宁旺主编：《中国珠算大全》，天津：天津科学技术出版社，1990 年，第 158 页。

主要参考文献

一、古代文献

（春秋）戴德：《大戴礼记》卷 8，文渊阁《四库全书》本。

（汉）旧题赵爽注，甄鸾重述，李淳风注释：《周髀算经》，上海：上海古籍出版社，1990 年。

（汉）许慎：《说文解字》，北京：中华书局影印，1987 年。

（汉）袁康：《越绝书》，《野史精品》第 1 辑，长沙：岳麓书社，1996 年。

（晋）刘徽：《九章算术注》，上海：上海古籍出版社，1990 年。

（南朝宋）范晔：《后汉书》，北京：中华书局，1987 年。

（北魏）张丘建：《张丘建算经》，文渊阁《四库全书》本。

（唐）李翱：《李文公集》，文渊阁《四库全书》本。

（唐）李鼎祚：《周易集解》，文渊阁《四库全书》本。

（唐）魏征等：《隋书》，北京：中华书局，1987 年。

（五代）刘昫等：《旧唐书》，北京：中华书局，1975 年。

（宋）蔡戡：《定斋集》，文渊阁《四库全书》本。

（宋）曹勋：《松隐集》，文渊阁《四库全书》本。

（宋）晁公武：《郡斋读书志序》，文渊阁《四库全书》本。

（宋）陈长方：《唯室集》，文渊阁《四库全书》本。

（宋）陈耆卿：《嘉定赤诚志》，文渊阁《四库全书》本

（宋）陈藻：《乐轩集》，文渊阁《四库全书》本。

（宋）陈造：《江湖长翁集》，文渊阁《四库全书》本。

（宋）陈振孙：《直斋书录解题》，文渊阁《四库全书》本。

（宋）陈著：《本堂集》，文渊阁《四库全书》本。

（宋）程大昌：《演繁露》，文渊阁《四库全书》本。

（宋）程颢、程颐：《二程集》，北京：中华书局，2004 年。

（宋）戴侗：《六书故》，文渊阁《四库全书》本。

（宋）窦仪等：《宋刑统》，萧榕主编：《世界著名法典选篇·中国古代法卷》，北京：中国民主法制出版社，1998 年。

（宋）范成大：《神鸾录》，《范成大笔记六种》，北京：中华书局，2002 年。

（宋）方逢辰：《蛟蜂文集》，文渊阁《四库全书》本。

（宋）方勺著，许沛藻等点校：《泊宅篇》卷中，北京：中华书局，1983 年。

（宋）方岳：《秋崖集》，文渊阁《四库全书》本。

（宋）方岳：《秋崖先生小稿》，文渊阁《四库全书》本。

（宋）韩彦直：《桔录》，文渊阁《四库全书》本。

（宋）洪迈著，何卓点校：《夷坚支戊》，北京：中华书局，2006 年。

（宋）黄柏思：《燕几图》，《丛书集成新编》本，台北：新文丰出版公司，1985 年。

（宋）黄榦：《勉斋集》，文渊阁《四库全书》本。

（宋）黄震：《黄氏日抄》，文渊阁《四库全书》本。

（宋）姜夔：《白石道人诗集》，文渊阁《四库全书》本。

（宋）黎靖德：《朱子语类》，北京：中华书局，2004 年。

（宋）李焘：《续资治通鉴长编》，上海：上海古籍出版社，1985 年。

（宋）李纲：《李纲全集》，长沙：岳麓书社，2004 年。

（宋）李纲：《梁溪集》，文渊阁《四库全书》本。

（宋）李籍：《九章算术音义》，上海：上海古籍出版社，1990 年。

（宋）李清照：《漱玉词》，文渊阁《四库全书》本。

（宋）李心传：《建炎以来朝野杂记》，上海：商务印书馆国学基本丛书本，1933 年。

（宋）李心传：《建炎以来系年要录》，台北：文海出版社，1980 年。

（宋）梁克家：《淳熙三山志》，《宋元珍稀地方志丛刊》本甲编，成都：四川大学出版社，2006 年。

（宋）林之奇：《拙斋文集》，文渊阁《四库全书》本。

（宋）刘攽：《彭城集》，文渊阁《四库全书》本。

（宋）刘克庄著，胡问侬、王皓叟校注：《后村千家诗校注》，贵阳：贵州人民出版社，1986 年。

（宋）刘宰：《漫塘集》，文渊阁《四库全书》本。

（宋）柳永：《柳永集》，长春：时代文艺出版社，2000 年。

（宋）陆九渊：《象山先生全集》，《四部丛刊》本。

（宋）陆游：《剑南诗稿》，文渊阁《四库全书》本。

（宋）陆游：《渭南文集》，《四部丛刊》本，上海：上海书店出版社，2015 年。

（宋）陆游：《渭南文集》，文渊阁《四库全书》本。

（宋）吕观仁注：《东坡词注》，长沙：岳麓书社，2004年。

（宋）吕陶：《净德集》，文渊阁《四库全书》本。

（宋）吕祖谦：《东莱集》，文渊阁《四库全书》本。

（宋）吕祖谦：《吕氏家塾读诗记》，文渊阁《四库全书》本。

（宋）罗愿：《新安志》，文渊阁《四库全书》本。

（宋）孟元老著，邓之诚注：《东京梦华录》，北京：中华书局，2004年。

（宋）倪朴：《倪石陵书》，文渊阁《四库全书》本。

（宋）欧阳修：《欧阳修集》，哈尔滨：黑龙江人民出版社，2005年。

（宋）欧阳修：《文忠集》，文渊阁《四库全书》本。

（宋）欧阳修：《新唐书》，北京：中华书局，1987年。

（宋）彭龟年：《止堂集》，文渊阁《四库全书》本。

（宋）秦观著，徐培均校注：《淮海居士长短句》，上海：上海古籍出版社，1985年。

（宋）秦九韶：《数书九章》，北京：中华书局，1985年。

（宋）阮阅：《诗话总龟》，文渊阁《四库全书》本。

（宋）《绍熙云间志》，《续修四库全书》编纂委员会编：《续修四库全书》687《史部·地理类》，上海：上海古籍出版社，1996年。

（宋）沈括：《长兴集》，文渊阁《四库全书》本。

（宋）沈括著，侯真平点较：《梦溪笔谈》，长沙：岳麓书社，1998年。

（宋）施宿等：《嘉泰会稽志》，文渊阁《四库全书》本。

（宋）史弥坚等：《嘉定镇江志》，宋元方志丛刊本，北京：中华书局，1990年。

（宋）苏轼著，孔凡礼点校：《苏轼文集》，北京：中华书局，1986年。

（宋）谈钥：《嘉泰吴兴志》，宋元方志丛刊本，北京：中华书局，1990年。

（宋）汪应辰：《文定集》，文渊阁《四库全书》本。

（宋）王安石：《临川文集》，文渊阁《四库全书》本。

（宋）王柏：《鲁斋集》，文渊阁《四库全书》本。

（宋）王楙：《野客丛书》，文渊阁《四库全书》本。

（宋）王溥：《唐会要》，《丛书集成初编》本，北京：中华书局，1985年。

（宋）王钦臣：《王氏谈录》，郑州：大象出版社，2003年。

（宋）王应麟：《玉海》，扬州：广陵书社，2003年。

（宋）王栐撰，诚刚点校：《燕翼诒谋录》，北京：中华书局，1997年。

（宋）卫泾：《后乐集》，文渊阁《四库全书》本。

（宋）魏了翁：《鹤山集》，文渊阁《四库全书》本。

（宋）吴泳：《鹤林集》，文渊阁《四库全书》本。

（宋）谢深甫等：《庆元条法事类》，燕京大学图书馆藏本。

（宋）邢昺：《论语注疏》，文渊阁《四库全书》本。

（宋）徐梦莘：《三朝北盟会编》，文渊阁《四库全书》本。

（宋）薛季宣：《浪语集》，文渊阁《四库全书》本。

（宋）杨辉：《乘除通变算宝》，《中国科学技术典籍通汇·数学卷（一）》，开封：河南教育出版社，1993年。

（宋）杨辉：《算法通变本末》，《中国科学技术典籍通汇·数学卷（一）》，开封：河南教育出版社，1993年。

（宋）杨辉：《田亩比类乘除捷法》，《中国科学技术典籍通汇·数学卷（一）》，开封：河南教育出版社，1993年。

（宋）杨辉：《详解九章算法》，《中国科学技术典籍通汇·数学卷（一）》，开封：河南教育出版社，1993年。

（宋）杨辉：《详解九章算法纂类》，《中国科学技术典籍通汇·数学卷（一）》，开封：河南教育出版社，1993年。

（宋）杨辉：《续古摘奇算法》，《中国科学技术典籍通汇·数学卷（一）》，开封：河南教育出版社，1993年。

（宋）杨潜：《云间志》，《丛书集成续编》本，台北：新文丰出版公司，1988年。

（宋）叶梦得：《石林燕语》，北京：中华书局，1997年。

（宋）叶绍翁：《四朝闻见录》，文渊阁《四库全书》本。

（宋）袁采：《袁氏世范》，文渊阁《四库全书》本。

（宋）袁说友：《东塘集》，文渊阁《四库全书》本。

（宋）翟汝文：《忠惠集》，文渊阁《四库全书》本。

（宋）张方平：《乐全集》，文渊阁《四库全书》本。

（宋）张九成：《横浦集》，文渊阁《四库全书》本。

（宋）张耒：《张太史明道杂志》，涵芬楼影印顾氏文房小说本。

（宋）张世南：《游宦纪闻》，文渊阁《四库全书》本。

（宋）赵鼎：《忠正德文集》，文渊阁《四库全书》本。

（宋）赵与时：《宾退录》，文渊阁《四库全书》本。

（宋）真德秀：《西山文集》，文渊阁《四库全书》本。

（宋）郑玄，字康成：《周易·乾凿度》，文渊阁《四库全书》本。

（宋）周邦彦：《周邦彦词选》，广州：广东人民出版社，1984 年。

（宋）周密：《齐东野语》，纪晓岚总撰：《四库全书精编·子部》第 5 辑，北京：中国文史出版社，1999年。

（宋）周密著，李小龙、赵锐评注：《武林旧事》，北京：中华书局，2007 年。

（宋）周去非著，屠友祥校注：《岭外代答》，上海：上海远东出版社，1996 年。

（宋）周应合：《景定建康志》，台北：大化书局，1981 年影印本。

（宋）朱熹：《晦庵集》，文渊阁《四库全书》本。

（宋）庄绰：《鸡肋篇》，北京：中华书局，1983 年。

（宋）邹浩：《道乡集》，文渊阁《四库全书》本。

（元）方回：《续古今考》，文渊阁《四库全书》本。

（元）李治著，刘德权点校：《敬斋古今黈》，北京：中华书局，1995 年。

（元）刘因：《静穆先生文集》，《四部丛刊》本。

（元）马端临：《文献通考》，北京：中华书局，1999 年。

（元）脱脱等：《宋史》，北京：中华书局，1985 年。

（元）王祯：《王氏农书》，文渊阁《四库全书》本。

（元）许有壬：《至正集》，文渊阁《四库全书》本。

（元）俞琰：《周易集说》，文渊阁《四库全书》本。

（元）朱世杰：《算学启蒙总括》，测海山房中西算学丛刻本，光绪年间上海制造局。

（元）朱世杰原著，李兆华校证：《四元玉鉴校证》，北京：科学出版社，2007 年。

（元）朱震亨撰，施仁潮整理：《格致余论》，北京：人民卫生出版社，2005 年。

（明）陈淳：《北溪大全集》，文渊阁《四库全书》本。

（明）程大位：《算法统宗》，《古今图书集成》本，上海：中华书局，1934 年。

（明）程敏政：《新安文献志》，文渊阁《四库全书》本。

（明）解缙等：《永乐大典》第一册，北京：中华书局，1986 年。

（明）宋诩：《竹屿山房杂部》，文渊阁《四库全书》本。

（明）陶宗仪：《辍耕录》，文渊阁《四库全书》本。

（明）王鏊：《姑苏志》，文渊阁《四库全书》本。

（明）谢肇淛：《五杂俎》，上海：上海书店出版社，2001 年。

（明）徐光启：《勾股义》，文渊阁《四库全书》本。

（清）顾观光：《九数存古》，北京：北京大学图书馆藏清抄本。

（清）顾廷龙主编：《续修四库全书》，上海：上海古籍出版社，2002 年。

（清）顾炎武著，周苏平、陈国庆点注：《日知录》，兰州：甘肃民族出版社，1997 年。

（清）黄宗羲原著，全祖望修补，陈金生、梁运华点校：《宋元学案》，北京：中华书局，1986 年。

（清）焦循：《易余籥录》，《丛书集成续编》本，台北：新文丰出版公司，1989 年。

（清）劳乃宣：《股筹算考释》，光绪十二年（1886 年）刊本。

（清）梅珏成：《增删算法统宗》，民国石印文。

（清）梅文鼎：《梅氏丛书辑要》，乾隆二十四年（1759 年）承学堂刊本。

（清）阮元撰：《畴人传》，《中国古代科技行实会纂》，北京：北京图书馆出版社，2006 年。

（清）沈垚：《落帆楼文集》，合肥：黄山书社，1985 年。

（清）徐松等辑：《宋会要辑稿》，北京：中华书局影印本，1957 年。

（清）叶德辉：《书林清话》，上海：上海古籍出版社，2008 年。

（清）张潮：《心斋杂俎》，北京：北京大学图书馆藏清乾隆年间诒清堂刻本。

（清）赵尔巽等：《清史稿》，乌鲁木齐：新疆青少年出版社，1999 年。

（清）周中孚：《郑堂读书记》，《丛书集成续编》本，台北：新文丰出版公司，1989 年。

北京师联教育科学研究所编选：《方以智 徐光启科学教育思想与教育论著选读》第 3 辑第 10 卷，北京：中国环境科学出版社，学苑音像出版社，2006 年。

郭书春、刘钝点校：《算经十书》，沈阳：辽宁教育出版社，1998 年。

苗书梅等点校，王云海审订：《宋会要辑稿·崇儒》，开封：河南大学出版社，2001 年。

曾枣庄、刘琳主编：《全宋文》，上海：上海辞书出版社，合肥：安徽教育出版社，2006 年。

王昶撰：《宋代石刻文献全编》，北京：北京图书馆出版社，2003 年。

武振玉、彭飞注评：《墨子》，南京：凤凰出版社，2009 年。

二、国内近代以来学者的相关研究成果

（一）专著

艾可叔：《木棉诗》，黎兴汤：《黄道婆研究》，北京：改革出版社，1991 年。

白尚恕：《中华文化集萃丛书——睿智篇》，北京：中国青年出版社，1991 年。

陈碧：《周易象数之美》，北京：人民出版社，2009 年。

陈德华：《教学中的心理效应》，上海：上海教育出版社，2009 年。

陈海萍：《梦幻天堂中国气功现象面面观及其思考》，武汉：长江文艺出版社，1993 年。

陈金干、孙映成编著：《中外数学简史》，徐州：中国矿业大学出版社，2002 年。

陈景润：《数学趣谈》，哈尔滨：黑龙江教育出版社，1986 年。

陈履生、张蔚星主编：《中国人物画·宋代卷》，桂林：广西美术出版社，2000 年。

陈美东：《古代天地结构理论的重大缺欠》，宋正海、孙关龙主编：《中国传统文化与现代科学技术》，

杭州：浙江教育出版社，1999 年。

陈书凯：《中国人一定要知道的历史小知识》，北京：中国城市出版社，2008 年。

陈竹如：《破译科学的密码·中国古代数学》，北京：人民日报出版社，1995 年。

程民生：《宋代物价研究》，北京：人民出版社，2008 年。

楚渔：《中国人的思维批判：导致中国落后的根本原因是传统的思维模式》，北京：人民出版社，2011 年。

崔清田：《墨家逻辑与亚里士多德逻辑比较研究——兼论逻辑与文化》，北京：人民出版社，2004 年。

戴再平：《数学方法与解题研究》，北京：高等教育出版社，1996 年。

杜瑞芝主编：《数学史辞典》，济南：山东教育出版社，2000 年。

杜石然：《数学·历史·社会》，沈阳：辽宁教育出版社，2003 年。

方健：《南宋农业史》，北京：人民出版社，2010 年。

冯立昇：《中日数学关系史》，济南：山东教育出版社，2009 年。

傅海伦：《传统文化与数学机械化》，北京：科学出版社，2003 年。

傅海伦：《中外数学史概论》，北京：科学出版社，2007 年。

高亨注：《诗经今注》，上海：上海古籍出版社，1984 年。

关丽、王涛主编：《英汉语言对比与互译指南》，哈尔滨：东北林业大学出版社，2008 年。

郭金彬、孔国平：《中国传统数学思想史》，北京：科学出版社，2004 年。

郭世荣：《中国数学典籍在朝鲜半岛的流传与影响》，济南：山东教育出版社，2009 年。

郭书春、刘钝校点：《算经十书·九章算术》，沈阳：辽宁教育出版社，1998 年。

郭书春：汇校《九章算术》，台北：九章出版社，1996 年。

郭熙汉：《杨辉算法导读》，武汉：湖北教育出版社，1996 年。

郭正忠：《三至十四世纪中国的权衡度量》，北京：中国社会科学出版社，1993 年。

韩茂莉：《宋代农业地理》，太原：山西古籍出版社，1993 年。

胡明主编：《胡适精品集》第 1 卷《问题与正义》，北京：光明日报出版社，1998 年。

胡适：《中国哲学史大纲》，北京：中华书局，1991 年。

胡维草：《中国传统文化荟要》，长春：吉林人民出版社，1997 年。

姬小龙，刘夫孔编著：《中外数学拾零》，兰州：甘肃教育出版社，2004 年。

纪志刚：《〈张丘建算经〉导读》，武汉：湖北教育出版社，1999 年。

纪志刚主编：《孙子算经·张邱建算经·夏侯阳算经导读》，武汉：湖北教育出版社，1999 年。

江苏省科普创作社会基础学科委员会编：《科学史上的悬案》，南京：江苏科学技术出版社，1986 年。

江晓等：《古今中国解疑丛书·科技卷》，成都：四川人民出版社，1997 年。

金圣龄：《九九图秘诀》，上海：上海交通大学出版社，2008 年。

康桥编著：《插图本古诗绝唱 100 首》，上海：上海人民出版社，2005 年。

亢宽盈：《中国古代数学为什么没有产生和形成公理化体系》，宋正海、孙关龙主编：《中国传统文化与现代科学技术》，杭州：浙江教育出版社，1999 年。

孔凡哲、张怡等：《教科书研究方法质量保障研究》，长春：东北师范大学出版社，2007 年。

孔国平：《李冶传》，石家庄：河北教育出版社，1988 年。

孔国平：《杨辉》，吴文俊主编：《世界著名数学家传记》，北京：科学出版社，1995 年。

孔令兵：《数学文化论十九讲》，太原：山西人民教育出版社，2009 年。

劳汉生：《珠算与使用算术》，石家庄：河北科学技术出版社，2000 年。

李崇高：《道教与科学》，北京：宗教文化出版社，2008 年。

李迪：《中国数学史简编》，沈阳：辽宁教育出版社，1984 年。

李迪：《中国数学通史》，南京：江苏教育出版社，1997 年。

李迪：《中国数学通史·宋元卷》，南京：江苏教育出版社，1999 年。

李迪：《中华传统数学文献精选导读》，武汉：湖北教育出版社，1999 年。

李继闵：《〈九章算术〉及其刘徽注研究》，西安：陕西人民教育出版社，1990 年。

李继闵：《算法的源流：东方古典数学的特征》，北京：科学出版社，2007 年。

李抗强：《数学趣味幻方》，香港：香港天马图书有限公司，2003 年。

李培业、（日）铃木久男主编：《世界珠算通典》，太原：山西人民出版社，1998 年。

李培业：《数术记遗释译与研究》，北京：中国财政经济出版社，2007 年。

李天华、许济华：《数学奇观》，武汉：湖北少年儿童出版社，1989 年。

李文林：《学术史教程》，北京：高等教育出版社，施普林格出版社，2000 年。

李文铭主编：《数学史简明教程》，西安：陕西师范大学出版社，2008 年。

李俨、钱宝琮：《李俨钱宝琮科学史全集》，沈阳：辽宁教育出版社，1998 年。

李俨：《中国数学大纲》，上海：商务印书馆，1931 年。

李印椿：《简捷珠算法》，北京：中国财政经济出版社，1979 年。

李印椿：《中国珠算史稿》，北京：中国财政经济出版社，1987 年。

李兆华：《〈算法统宗〉试探》，《古算今论》，天津：天津科学技术出版社，2000 年。

李周等：《中国天然林保护的理论与政策探讨》，北京：中国社会科学出版社，2004 年。

梁启超：《墨子学案》，上海：商务印书馆，1921 年。

梁宗巨等：《世界数学通史》下，沈阳：辽宁教育出版社，2001 年。

刘方章：《数学符号概论》，合肥：安徽教育出版社，1993 年。

刘福智等：《美学发展大趋势：科学美与艺术美的融合》，开封：河南人民出版社，2001 年。

刘辑熙：《奇妙的幻方》，重庆：重庆大学出版社，1996 年。

卢嘉锡、路甬祥主编：《中国古代科学史纲·数学史》，石家庄：河北科学技术出版社，1998 年。

卢嘉锡总主编，艾素珍、宋正海主编：《中国科学技术史·年表卷》，北京：科学出版社，2006 年。

卢嘉锡总主编，戴念祖卷主编：《中国科学技术史——物理学卷》，北京：科学出版社，2001 年。

吕国英等：《算法设计及应用》，北京：清华大学出版社，2008 年。

吕国英等编著：《高级语言程序设计 C 语言描述》，北京：清华大学出版社，2008 年。

罗树宝：《中国古代印刷史》，北京：印刷工业出版社，1993 年。

骆祖英：《奉献——科学家的生命之光》，北京：科学出版社，2000 年。

马光思：《组合数学》，西安：西安电子科技大学出版社，2002 年。

门岿、张燕瑾主编：《中华国粹大辞典》，北京：国际文化出版公司，1997 年。

蒙培元：《理学范畴系统》，北京：人民出版社，1998 年。

穆国杰：《数学的历程》，杭州：浙江大学出版社，2005 年。

欧阳录：《幻方与幻方得当代理论》，长沙：湖南教育出版社，2004 年。

潘美月：《宋代藏书家考》，北京：学海出版社，1980 年。

漆侠：《漆侠全集》，保定：河北大学出版社，2009 年。

漆侠：《宋代经济史》，北京：中华书局，2009 年。

钱克仁：《数学史选讲》，南京：江苏教育出版社，1989 年。

秦子卿、任兆凤等主编：《江苏历代货币史》，南京：南京大学出版社，1992 年。

尚云：《无缘小百科》，上海：上海社会科学院出版社，1990 年。

沈康身：《历史数学名题赏析》，上海：上海教育出版社，2002 年。

沈文选、杨清桃：《数学眼光透视》，哈尔滨：哈尔滨工业大学出版社，2008 年。

石训等：《宋代儒学与现代东亚文明》，开封：河南人民出版社，2003 年。

隋国庆：《名家名作中的为什么·自然科学卷》，北京：中国文史出版社，2002 年。

孙博文：《分形算法与程序设计 delphi 实现》，北京：科学出版社，2004 年。

孙宏安：《中国古代数学思想》，大连：大连理工大学出版社，2008 年。

孙宏安译注：《杨辉算法》，沈阳：辽宁教育出版社，1997 年。

孙剑：《数学家的故事》，成都：四川大学出版社，2009 年。

孙旭培主编：《华夏传播论——中国传统文化中的传播》，北京：人民出版社，1997 年。

谈祥柏：《数学不了情》，北京：科学出版社，2010 年。

谭家健主编：《中国文化史概要》，北京：高等教育出版社，2010 年。

汪圣铎：《两宋货币史》，北京：社会科学文献出版社，2003 年。

王朝闻主编：《中国美术史：宋代卷》（下册），济南：齐鲁书社，明天出版社，2000 年。

王介南：《周易自组织理论与二十一世纪》，杭州：浙江大学出版社，2010 年。

王守义著：《数学九章新释》，合肥：安徽科学技术出版社，1992 年。

王文书：《宋代借贷业研究》，河北大学博士学位论文，2011 年。

王亚森、郁祖权编著：《珠算撞十数新编》，合肥：安徽教育出版社，1988 年。

王友三：《吴文化史丛》，南京：江苏人民出版社，1996 年。

王渝生：《算学志》，上海：上海人民出版社，1998 年。

王渝生：《中国算学史》，上海：上海人民出版社，2006 年。

王仲荦遗著，郑宜秀整理：《金泥玉屑丛考》，北京：中华书局，1998 年。

王宗儒：《古算今谈》，武汉：华中工学院出版社，1986 年。

魏明孔主编，胡小鹏著：《中国手工业经济通史·宋元卷》，福州：福建人民出版社，2004 年。

魏文展主编：《文科高等数学基础 8——数学思想和方法》，上海：华东师范大学出版社，2002 年。

乌云其其格：《和算的发生——东方学术的艺道化发展模式》，上海：上海辞书出版社，2009 年。

吴鹤龄：《好玩的数学——娱乐数学经典名题》，北京：科学出版社，2003 年。

吴文俊：《吴文俊论数学机械化》，济南：山东教育出版社，1996 年。

吴文俊主编：《中国数学史大系》第 2 卷，北京：北京师范大学出版社，1998 年。

吴文俊主编：《中国数学史大系》第 5 卷《两宋》，北京：北京师范大学出版社，2002 年。

吴晓静主编：《人类文明之谜》，北京：中国戏剧出版社，2006 年。

夏征农、陈至立主编：《辞海》，上海：上海辞书出版社，2009 年。

萧建生：《中国文明的反思》，北京：中国社会科学出版社，2007 年。

肖学平：《中国传统数学教学概论》，北京：科学出版社，2008 年。

肖作政编译：《〈九章算术〉今解》，沈阳：辽宁人民出版社，1990 年。

徐本顺、殷启正：《数学中的美学方法》，大连：大连理工大学出版社，2008 年。

徐崇文主编：《高中学习潜能开发》，上海：上海三联书店，2006 年。

徐飞、柯资能：《中国科学技术》，合肥：安徽教育出版社，2003 年。

徐桂峰主编：《千万个为什么》8《数学篇》，台北：金色年代出版社，1981 年。

徐芹庭著：《易图源流》，北京：中国书店，2007 年。

许莼舫：《中算家的代数学研究》，上海：开明书店，1952 年。

许迪：《中华文明故事 100 个》，昆明：晨光出版社，1995 年。

燕星：《杨辉弧矢公式质疑》，中国数学会《数学通报》编委会编：《初等数学史》，北京：科学技术出版社，1960 年。

杨俊光：《公孙龙子蠡测》，济南：齐鲁书社，1986 年。

杨树枝、杨立江主编：《会计工作大全》下，牡丹江：黑龙江朝鲜民族出版社，1993 年。

杨新勋：《宋代疑经研究》，北京：中华书局，2007 年。

余敦康：《汉宋易学解读》，北京：华夏出版社，2006 年。

余宁旺主编：《中国珠算大全》，天津：天津科学技术出版社，1990年。

俞晓群：《数术探秘：数在中国古代的神秘意义》，北京：生活·读书·新知三联书店，1994年。

袁小明：《数学史话》，济南：山东教育出版社，1985年。

袁小明等编著：《中华数学之光》，长沙：湖南教育出版社，1999年。

云南省编辑组编：《云南回族社会历史调查》（二），北京：云南人民出版社，1985年。

詹剑锋：《墨子及墨家研究》，武汉：华中师范大学出版社，2007年。

张德和：《珠算长青》，北京：中国财政经济出版社，2008年。

张国祚、王渝生主编：《中国骄子数学大师》，北京：龙门书局，1995年。

张乃燧：《两浙人英传》，杭州：正中书局，1942年。

张素亮主编：《数学史简编》，呼和浩特：内蒙古大学出版社，1990年。

张正明：《晋商兴衰史 称雄商界500年》，太原：山西古籍出版社，1995年。

章太炎：《国故论衡》，上海：上海古籍出版社，2003年。

赵世瑜：《吏与中国传统社会》，杭州：浙江人民出版社，1994年。

赵钟邑：《蜗庐漫笔》，广州：广东人民出版社，1980年。

中国科学院自然科学史研究所：《钱宝琮科学史论文选集》，北京：科学出版社，1983年。

中国孔子基金会编：《中国儒学百科全书》，北京：中国大百科全书出版社，1997年。

中国数学会《数学通报》委员会编：《初等数学史》，北京：科学技术出版社，1959年。

周谷城：《周谷城学术精华录》，北京：北京师范大学出版社，1988年。

周瀚光、孔国平：《杨辉评传》，南京：南京大学出版社，2011年。

周瀚光、戴洪才：《六朝科技》，南京：南京出版社，2003年。

周瀚光、孔国平著，南京大学中国思想家研究中心编：《刘徽评传·附杨辉评传》，南京：南京大学出版社，1994年。

周明儒：《文科高等数学基础教程》，北京：高等教育出版社，2009年。

朱新明、李亦菲：《架设人与计算机的桥梁——西蒙的认知与管理心理学》，武汉：湖北教育出版社，2000年。

朱学志等：《数学的历史、思想和方法》下，哈尔滨：哈尔滨出版社，1990年。

邹庭荣：《数学文化欣赏》，武汉：武汉大学出版社，2007年。

《中国大百科全书·心理学》，北京：中国大百科全书出版社，2009年。

《中国历史大辞典·科技史卷》编纂委员会编：《中国历史大辞典·科技史卷》，上海：上海辞书出版社，2000年。

《珠算小辞典》编写组：《珠算小辞典》，北京：中国财政经济出版社，1988年。

（二）论文

陈伟、龚雷：《也谈"矩形格中的最短路径与杨辉三角"》，《数学教学》2004 年第 8 期。

陈友信、张峰荣：《"杨辉三角"中的矩阵的逆矩阵》，《数学通报》1993 年第 10 期。

崔清田：《推类：中国逻辑的主导推理类型》，《中州学刊》2004 年第 3 期。

邓宗琦：《数学传播史略》，《华中师范大学学报（自然科学版）》1992 年第 4 期。

董光侠：《宋代陶瓷的文化底蕴及其它》，《景德镇高专学报》1999 年第 3 期。

杜石然：《江陵张家山竹简〈算数书〉初探》，《自然科学史研究》1988 年第 3 期。

杜石然：《朱世杰研究》，《宋元数学史论文集》，北京：科学出版社，1966 年。

段耀勇等：《"增乘开方法"与"立成释锁"的关系研究》，《内蒙古师范大学学报（自然科学汉文版）》
2004 年第 2 期。

傅海伦、房元霞：《论贾宪的数学机械化思想》，《自然杂志》2003 年第 1 期。

傅海伦、郭书春：《"为数学而数学"——刘徽科学价值观探析》，《自然辩证法通讯》2003 年第 1 期。

郭书春：《关于〈九章算术〉的编纂》，陈美东等主编：《中国科学技术国际学术讨论会论文集》，北京：
中国科学技术出版社，1992 年。

郭书春：《贾宪〈黄帝九章算经细草〉初探——〈详解九章算法〉结构试析》，《自然科学史研究》1988
年第 4 期。

杭宏秋：《皖赣毗邻山区古梯田考略》，《农业考古》1992 年第 3 期。

何忠礼：《宋代官吏的俸禄》，《历史研究》1994 年第 3 期。

胡国珏：《〈墨子·小取篇〉释义》，《哲学》1922 年第 7 期。

胡重光：《记数法的历史及其对教学的启示》，《数学传播》1999 年第 3 期。

华罗庚：《数学的用场与发展》，《现代科学技术简介》，北京：科学出版社，1978 年。

黄顺进：《点对于直线对称问题的一种简捷求法》，《福建中学教学》2009 年第 7 期。

贾大泉：《宋代赋税结构初探》，《社会科学研究》1981 年第 3 期。

贾恒义：《中国梯田的探讨》，《农业考古》2003 年第 1 期。

蒋省吾：《杨辉三角中的行列式》，《衡阳师范专学报（自然科学版）》1987 年第 2 期。

琚国起：《杨辉三角与棋盘形街道走法》，《数学通讯》2007 年第 6 期。

孔国平：《对李冶〈益古演段〉的研究》，吴文俊主编：《中国数学史论文集》3，济南：山东教育出版
社，1987 年。

李迪：《对"如积释锁"的探讨》，《内蒙古大学学报（自然科学版）》2001 年第 6 期。

李迪：《对中国传统笔算之探讨》，《数学传播》（台）2002 年第 3 期。

李国伟：《从单表到双表——重差术的方法论研究》，《中国科技史论文集》，台北：联经出版公司，

1995 年。

李坤生：《杨辉三角的推广和应用》，《数学教学研究》1988 年第 1 期。

李培业：《中算家列方程的演段术》，《青海师范大学学报（自然科学版）》1989 年第 4 期。

李曙华：《洛书数字生成律与中国传统数学之源——兼评王介南〈洛书·终极理论——一个单独的公式〉》，《太原师范学院学报（社会科学版）》2008 年第 4 期。

李文林：《中国古代数学的发展及其影响》，《中国科学院院刊》2005 年第 1 期。

李旭：《梯田，不仅仅是风景——哀牢山红河哈尼梯田改变正在发生着》，《中国国家地理》2011 年第 6 期。

李裕民：《北宋前期方田均税考》，《晋阳学刊》1988 年第 6 期。

李泽厚：《中国思维是实用理性思维》，《人民日报》1986 年 3 月 14 日。

刘邦凡：《论推类逻辑与中国古代科学》，《哲学研究》2007 年第 11 期。

刘丹青：《从状态词看东方式思维》，东南大学东方文化研究所编：《东方文化》第 1 集，南京：东南大学出版社，1991 年。

刘建军：《组合学思想的东方起源》，《西北大学学报（自然科学版）》2001 年第 5 期。

刘秋根：《试论两宋高利贷资本利息问题》，《中国经济史研究》1987 年第 3 期。

刘树友、吴玉玲：《宋代以来中国人口问题形成探析》，《兰台世界》2009 年第 15 期。

刘元宗：《"吉祥数"的计数问题与杨辉三角》，《洛阳师范学院学报（自然科学版）》2012 年第 2 期。

刘昭民：《试探中国古代科学史之特征》，《大自然探索》1990 年第 3 期。

栾成显：《经济与文化互动——徽商兴衰的一个重要启示》，《部级领导干部历史文化讲座》资政卷下，北京：国家图书馆出版社，2010 年。

栾调甫：《墨子科学》，《国学汇编》1932 年第 1 期。

马兴东：《宋代"不立田制"问题试析》，《史学月刊》1990 年第 6 期。

梅荣照：《贾宪的增乘开方法——高次方程数值解的关键一步》，《自然科学史研究》1989 年第 1 期。

梅荣照：《唐中期到元末的实用算术》，钱宝琮等：《宋元数学史论文集》，北京：科学出版社，1966 年。

孟广言：《中西方传统数学的比较——浅析为什么中国数学没有走上近代化道路》，《良乡附中教育研究》2005 年第 15 期。

孟克申：《杨辉三角中被素数整除的组合数及其个数》，《廊坊师范学院学报（自然科学版）》2010 年第 5 期。

潘新生等：《"杨辉三角"中的行列式再探》，《湖南数学通讯》1989 年第 3 期。

钱克金：《宋代苏南地区人地矛盾及其引发的农业生态环境问题》，《中国农史》2008 年第 4 期。

任道勤：《三阶幻方如何构造》，《数理天地（初中版）》2009 年第 1 期。

邵晓叶等：《杨辉三角矩阵》，《工科数学》1999 年第 3 期。

沈康身：《更相减损术源流》，吴文俊主编：《〈九章算术〉与刘徽》，北京：北京师范大学出版社，1982年。

沈康身：《增乘开方法源流》，吴文俊主编：《秦九韶与数书九章》，北京：北京师范大学出版社，1987年。

盛志荣：《杨辉三角与素数的关系》，《湖南理工学院学报（自然科学版）》2009年第4期。

孙宏安：《关于"四不等田"的一点注记》，《辽宁师范大学学报（自然科学版）》2002年第3期。

孙宏安：《杨辉算法解方程一例》，《中学数学教学参考》2001年第8期。

谭戒甫：《〈墨子·小取〉第四章校释》，《文哲季刊》1935年第5卷第1期。

汪庆元：《明中期徽州绩溪鱼鳞册初探》，《国学研究》第19辑，2007年。

王奠基：《略论中国古代"推类"及"连珠式"》，《光明日报》1961年10月11日。

王国伟：《注重教学细节，提高科学教学有效性》，《科教新报（教育科研）》2010年第35期。

王洪波：《中国古代数学：不仅重"实用"，而且有"理论"——郭书春谈〈中国科学技术史·宋代卷〉》，《中华读书报》2011年9月7日第12版。

王丽歌：《福建地区人地矛盾及其调节》，《古今农业》2011年第1期。

王汝发：《从数学创新审视中国古代数学的发展》，《哈尔滨工业大学学报》2001年第1期。

王文佩：《杨辉算书与HPM——以"加因代乘三百题"为例》，李兆华主编：《汉字文化圈数学传统与数学教育——第五届汉字文化圈及近邻地区数学史与数学教育国际学术研讨会论文集》，北京：科学出版社，2004年。

王宪昌：《宋元数学与珠算的比较评价》，《自然科学史研究》1997年第1期。

王相：《三字经训诂》，冯国超主编：《增广贤文》，长春：吉林人民出版社，2005年。

王雅：《经学思维及对中国思维方式的影响》，《社会科学辑刊》2002年第4期。

温公颐：《墨子的逻辑思想》，《南开学报（哲学社会科学版）》1964年第1期。

吴鹤龄：《"纵横图"纵横谈》，《中国幻方》第1期，香港：香港天马图书有限公司，2006年。

吴立宝等：《"杨辉三角"的几种变体》，《唐山师范学院学报》2008年第2期。

吴隆环：《对杨辉三家一条性质的引申》，《中学生数理化（学研版）》2010年第11期。

吴琪：《河图与洛书——幻方的雏形》，《中学生数学》2005年第12期。

吴文俊：《从〈数书九章〉看中国传统数学构造性与机械化的特色》，吴文俊主编：《秦九韶与数书九章》，北京：北京师范大学出版社，1987年。

吴文俊：《近年来中国数学史的研究》，吴文俊主编：《中国数学史论文集》3，济南：山东教育出版社，1987年。

熊启才、韩涛：《关于一类杨辉三角的计算机程序解》，《河池师范高等专科学校学报（自然科学版）》2000年第4期。

徐寿椿：《筹算、笔算、机算——数学发展阶段的一种新观察》，王渝生主编：《第七届国际中国科学史会议文集》，郑州：大象出版社，1999 年。

徐蔚南：《上海棉布调查报告》，张渊、王孝俭主编：《黄道婆研究》，上海：上海社会科学出版社，1994 年。

徐泽林、卫霞：《"演段"考释——兼论东亚代数演算方式的演变》，《自然科学史研究》2011 年第 3 期。

徐泽林：《中算数学机械化思想在和算中的发展——解伏题的机械化特征》，《自然科学史研究》2001 年第 2 期。

严敦杰：《跋重新发现之〈永乐大典〉算书》，《自然科学史研究》1987 年第 2 期。

杨国宜：《关于"梯田"》，《历史教学问题》1985 年第 5 期。

杨阳：《杨辉的数学教育思想及其现代数学教育的启示》，《现代企业教育》2008 年第 12 期。

余天舒辑：《瑞安文史资料》第 17 辑《黄绍箕集》，政协瑞安市文史资料委员会 1998 年。

张功耀：《经学独尊对中国古代科学的恶劣影响》，《自然辩证法通讯》1997 年第 2 期。

张晓光：《中国古代逻辑传统中的类与类推》，《广东社会科学》2002 年第 3 期。

张学舒：《两宋民间丝织业的发展》，《中国史研究》1983 年第 1 期。

张研：《宋代高次方程数值解法和高阶等差数列求和的成就》，《史学月刊》1990 年第 1 期。

张永春：《〈习算纲目〉是杨辉对数学课程论的重大贡献》，《数学教育学报》1993 年第 1 期。

张肇祥：《将贾宪三角关系推广到三维空间图形》，《中等数学》1985 年第 1 期。

赵晓清：《也谈"杨辉三角"中的行列式》，《河北师范学院学报（自然科学版）》1990 年第 3 期。

朱志凯：《周易的类推思维方式》，《河北学刊》1992 年第 5 期。

邹大海：《墨家和名家的不可分量思想与运动观》，《汉学研究》2001 年第 6 期。

三、国外学者论著

〔美〕C. Smorynski：《数学——一种文化体系》，《数学译林》1988 年第 3 期。

〔美〕J. W. 海敦斯著，程子明等译：《美国现代小学数学》，武汉：华中师范大学出版社，1989 年。

〔日〕坂根严夫：《世界益智发明搜奇》，明道等编译，北京：学术期刊出版社，1988 年。

恩格斯：《反杜林论》，北京：生活·读书·新知三联书店，1950 年。

恩格斯：《自然辩证法》，北京：人民出版社，1957 年。

〔韩〕国史编纂委员会：《朝鲜王朝实录》，首尔：东国文化社，1955 年。

〔韩〕金容云主编：《韩国科学技术史资料大系·数学篇》，汉城：骊江出版社，1985 年。

〔英〕李约瑟著，《中国科学技术史》翻译小组译：《中国科学技术史》，北京：科学出版社，1978 年。

〔美〕英里斯·克莱恩，北京大学数学系数学史翻译组译：《古今数学思想》，上海：上海科学技术出版社，1979 年。

〔英〕罗素：《我的哲学的发展》，北京：商务印书馆，1996 年。

马克思：《数学手稿》，北京：人民出版社，1976 年。

〔德〕马克思、恩格斯：《马克思恩格斯全集》第四卷，北京：人民出版社，1960 年。

〔法〕皮索特、扎曼斯基著，邓应生译：《普通数学》，北京：人民教育出版社，高等教育出版社，1981 年。

〔法〕沙娜：《杨辉〈详解九章算法纂类〉研究》，李迪主编：《数学史研究文集》第 5 辑，呼和浩特：内蒙古大学出版社，台北：九章出版社，1993 年。

〔日〕小室直树著，李毓昭译：《给讨厌数学的人》，哈尔滨：哈尔滨出版社，2006 年。